软件技术系列丛书

U0159050

Java 程序设计基础

主编 单光庆

西南交通大学出版社
·成 都·

图书在版编目（CIP）数据

Java 程序设计基础 / 单光庆主编. 一成都：西南
交通大学出版社，2020.6
（软件技术系列丛书）
ISBN 978-7-5643-7307-8

Ⅰ. ①J… Ⅱ. ①单… Ⅲ. ①JAVA 语言 – 程序设计 –
高等学校 – 教材 Ⅳ. ①TP312.8

中国版本图书馆 CIP 数据核字（2020）第 004401 号

软件技术系列丛书
Java Chengxu Sheji Jichu
Java 程序设计基础

主　编／单光庆

责任编辑／李芳芳

封面设计／墨创文化

西南交通大学出版社出版发行

（四川省成都市金牛区二环路北一段 111 号西南交通大学创新大厦 21 楼　610031）
发行部电话：028-87600564　028-87600533
网址：http://www.xnjdcbs.com
印刷：成都蓉军广告印务有限责任公司

成品尺寸　185 mm×260 mm
印张　25.25　字数　627 千
版次　2020 年 6 月第 1 版　印次　2020 年 6 月第 1 次

书号　ISBN 978-7-5643-7307-8
定价　58.00 元

课件咨询电话：028-81435775
图书如有印装质量问题　本社负责退换
版权所有　盗版必究　举报电话：028-87600562

前　言

一、关于本书

21 世纪挑战与机遇并存，没有足够的知识储备必将被时代抛弃。中国 IT 教育产业竞争日趋激烈，用户需求凸显个性，行业发展更需要理性。未来五年 IT 行业将以每年 18% 的速度连续增长，将引发 IT 产业新的发展高潮。要实现信息产业大国的目标，应该依赖教育，要圆信息产业强国的梦想，依然要寄托于教育。IT 教育事业任重道远，其产业也正面临着机遇与挑战。我国的计算机教学长久以来一直重原理、轻应用。高等院校的计算机教学机制和教材对计算机本身的认识都存在误区。要改革高校计算机教学，教材改革是重要方面，用计算机教材的改革促进基础教育的改革势在必行。教材是教学过程的重要载体，一本好书，是人生前进的阶梯；一套好教材，是教学成功的基础。加强教材建设是推进人才培养模式改革的重要条件，也是推动中高职协调发展的基础性工程，对促进现代职业教育体系建设，切实提高职业教育人才培养质量具有十分重要的作用。

为什么学习 Java？找一份好工作？个人兴趣爱好？还是公司培训需要？不管大家的最终目的是什么，我们都有一个共同的基础目标：学好 Java。因为 Java 是一种纯面向对象程序设计语言。Java 具有支持网络应用编程、可跨平台使用、安全性好、支持多线程等特点，使它成为非常适合网络应用程序开发的一种程序设计语言。

在编写本书之前，作者已在高校从事了多年的“Java 语言程序设计”“面向对象程序设计”“C/C++程序设计”“数据库技术”等课程的教学及科研工作，对于该语言的概念、功能及应用有着较深入的理解和丰富的实践经验。由于 Java 语言的概念、功能及应用相对抽象，在教学过程中，我们发现已有的大部分教材注重文字理论描述，学生难以理解，不能很好地适应教学需求，故组织编写了这本教材。对抽象且难于理解的知识点，用代码实例进行验证，让学生先看到结果，再返回去理解原理。本教材在内容安排、教学深度、习题、实验及课程设计等方面均满足“Java 程序设计”课程的教学要求。

本书以现代教育理念为指导，在讲授方式上注意结合应用开发实例，注重培养学生理解面向对象程序设计思想，以提高分析和解决实际问题的能力。

书中的所有程序源代码都经上机调试通过。

二、本书结构

全书共 12 章，可分为五个部分。具体结构如下：

第一部分为 Java 开发环境搭建，由第 1 章组成。

第 1 章：Java 开发入门。主要介绍 JDK 安装、Java 开发常用工具、Java 开发环境搭建。

第二部分为 Java 开发语言基础和数组，由第 2～3 章组成。

第 2 章：Java 编程基础。主要介绍 Java 开发中的常量、变量、数据类型、类型转换、流程控制语句结构等。

第 3 章：数组。主要介绍数组的定义、初始化等操作，分别针对一维数组、二维数组和多维数组进行案例演示。

第三部分为面向对象，由第 4~7 章组成

第 4 章：面向对象。主要介绍封装、方法、构造方法和方法的重载等。

第 5 章：类的继承、接口。主要介绍类的继承、接口、多态和异常等。

第 6 章：JAVA API。主要介绍 String 类和 StringBuffer 类、System 类和 Runtime 类、Math 类与 Random 类等。

第 7 章：框架与集合类。主要介绍 Collection 接口、List 接口、Set 接口、Map 接口等。

第四部分为 IO 输入输出与图形用户界面，由第 8~9 章组成。

第 8 章：IO 输入输出。主要介绍字节流、字符流和 File 类的常用操作。

第 9 章：GUI 图形用户界面。主要介绍 AWT 布局管理器、AWT 事件处理、AWT 绘图中的常用组件和常用操作。

第五部分为网络编程部分，由第 10~12 章组成。

第 10 章：JDBC。主要介绍对数据库的访问和连接。

第 11 章：多线程。主要介绍多线程的操作工作原理等。

第 12 章：网络编程。主要介绍网络通信与协议、网络编程中的应用。

三、本书特点

本书由易到难，层次结构清晰，实用性较强，强调理论与实践的结合，让读者动脑的同时动手，动手的同时动脑，从而得到真正质的飞跃。本书的主要特点如下：

（1）案例贯穿。以"问题启发"引入知识点，用针对知识点实际案例调试验证解决证明问题，以"知识点案例"式为主的上机调试教学。

（2）图文并茂。本书配备大量的图片，可读性强，能激发学生学习的兴趣，可供高职学生使用。

（3）方便教与学。每章都有案例源代码，并经上机调试通过，方便教师教授和学生学习。

（4）任务驱动。为了完成课程案例，设计了很多任务。通过任务驱动的方法，学生亲历真实任务的解决过程，在解决实际技术问题的过程中掌握相应的知识点，做到"做中学"。

（5）案例贴近生活。在案例的选取上力争贴近学生的生活，让学生有亲切感。

（6）完整的课程资源。提供教学课件、理论及上机源代码、教学例题及答案。

为了方便读者自学，编者尽可能详细地讲解 Java 环境搭建和各主要部分的内容，并附有大量的屏幕图例供读者学习参考，使读者有身临其境的感觉。

本书由重庆城市管理职业学院教师和行业、企业相关人员参与编写。具体分工如下：第1~7章、第9章由重庆城市管理职业学院单光庆编写，第8章和第11章由重庆城市管理职业学院朱儒明编写，第10章由重庆城市管理职业学院朱广福编写，第12章由重庆城市管理职业学院唐世毅编写。全书由单光庆策划和统稿。

四、适用对象

本书既可作为高职高专计算机专业和非计算机专业的数据库基础教材，又可供广大计算机爱好者自学使用。

由于编者水平有限，加之时间仓促，书中难免存在疏漏之处，希望广大读者多提宝贵意见。

编　者
2020 年 3 月

目　录

第1章 Java 开发入门

随着网络的发展和技术的改进，各种编程语言随之产生，Java 语言就是其中之一。Java 产生的时间并不长，其发展史要追溯到 1991 年，源于 James Gosling 领导的绿色计划。Java 是由 Sun Microsystems 公司于 1995 年 5 月推出的 Java 面向对象程序设计语言和 Java 平台的总称。由 James Gosling 和同事们共同研发，并在 1995 年正式推出，2009 年 4 月被 oracle 公司收购。Java 可运行于多个平台，如 Windows, Mac OS，及其他多种 UNIX 版本的系统。Java 语言的诞生解决了网络程序的安全、健壮、平台无关、可移植等很多难题。本教程通过简单的实例将让大家更好地了解 JAVA 编程语言。

1.1 初识 Java

在正式学习 Java 之前，先来了解几个关键性问题。那就是什么是 Java，为什么要学习 Java，Java 有哪些特点，Java 有哪些机制，如何来学习 Java 等几个问题。通过这几个问题让大家了解 Java 的一些内容，从而展开 Java 的学习。

1.1.1 Java 简介

1. Java 是什么

首先 Java 是一门计算机编程语言。Java 语言作为一种编程语言，它的语法规则与 C++很相似，但又避免了 C++中存在的弊端，因此有其自身的优点，如简单、面向对象、分布式、解释性、可靠、安全、可移植性、高性能、多线程、动态性等。所以说 Java 是一种解释性、跨平台、通用的编程语言。

Java 也是一种网络程序设计语言。Applet 程序编译器编译成的字节码文件，将被放在 WWW 网页中，并在 HTML 做出标记，只要是用户的主机安装了 Java 就可以直接运行 Applet。Java 比较适合网络环境，因此，成为 Internet 中最流行的编程语言之一。

如果有人认为 Java 只是一门语言的话，那就错了，Java 还是一种计算机语言开发平台。Sun 公司开发了 Java 语言之后，它已经从一门语言演化为一个计算机平台。Java 以其独特的优势，将给未来的网络世界带来巨大的变革。Java 具有"编写一次，到处运行"的特点，完全实现了不同系统之间的相互操作。Java 平台包括 Java 虚拟机和 Java 应用程序界面，其中虚拟机所写的是 JVM，Java 应用程序界面所写的是 Java API。Java 所有的开发都是基于 JVM 和 API 开发的，也就是基于 Java 平台。

2. 为什么要学习 Java

网络使得 Java 成为最流行的编程语言，反过来说 Java 也促进了网络的发展。Java 不但占据网络，而且涉及很多方面，包括桌面级的开发、网络开发和嵌入式开发等。在动态网站和企业级开发中，Java 作为一种主流编程语言占到了很大份额。在嵌入式方面的发展更是迅速，现在流行的手机游戏，几乎都是应用 Java 语言开发的。可以说 Java 和人们的生活息息相关。目前 IT 行业 Java 技术人员短缺，而且 Java 涉及 IT 行业的各个方面及各个环节，所以说学习 Java 这门技术是从事 IT 职业很不错的选择。

3. Java 的特点

任何一种流行的东西都是有原因的。同样，Java 作为一门流行语言，也是有一定原因的。下面就来介绍一下 Java 有哪些特点，为什么它优于其他语言。

（1）Java 语言是简单的。

很多学习编程技术的人遇到的真正困难往往是编程语言的基础，例如 C 指针，甚至有些技术人员工作几年后还不能完全搞懂 C 指针是怎么回事。对于这个问题，Java 语言从设计之初就注意到了。Java 实际上是一个 C++ 去掉了复杂性之后的简化版。Java 丢弃了 C++ 中很少使用的、很难理解的、令人迷惑的那些特性，如操作符重载、多继承、自动的强制类型转换。特别地，Java 语言不使用指针，而是引用。如果读者没有编程经验，会发现 Java 并不难掌握，而如果读者有 C 语言或是 C++ 语言基础，则会觉得 Java 更简单，因为 Java 继承了 C 和 C++ 的大部分特性。Java 语言是一门非常容易入门的语言，但是需要注意的是，入门容易不代表真正精通容易。对 Java 语言的学习中还要多理解、多实践才能完全掌握。

（2）Java 语言是面向对象的。

虽然现在很多语言都号称是面向对象语言，但 Java 才是一门纯粹的面向对象语言，从设计之初就是按照面向对象语言设计的。面向对象是一个非常抽象的思想，在后面会有单独一篇来进行介绍。这里只需要知道 Java 面向对象的思想有三大特征：继承、多态和封装。Java 语言提供类、接口和继承等面向对象的特性。为了简单起见，只支持类之间的单继承，但支持接口之间的多继承，并支持类与接口之间的实现机制（关键字为 implements）。Java 语言全面支持动态绑定，而 C++ 语言只对虚函数使用动态绑定。总之，Java 语言是一个纯的面向对象程序设计语言。

（3）Java 语言是健壮性和自动内存管理的。

学过 C 或者 C++ 的人都知道，对内存操作时，都必须手动分配并且手动释放内存。如果将技术分为 10 个等级的话，8 个等级的人都是会犯没有释放内存的错误。没有释放内存在短期内是不容易被发现的，而且也不影响程序运行，但是长时间后就会造成内存的大量浪费，甚至造成系统崩溃。一门语言的健壮性就体现在它对常见错误的预防能力。Java 语言用的是自动内存管理机制，通过自动内存管理机制就可以自动地完成内存分配和释放的工作。Java 的强类型机制、异常处理、垃圾的自动收集等是 Java 程序健壮性的重要保证，对指针的丢弃是 Java 的明智选择。Java 的安全检查机制使得 Java 更具健壮性。

（4）Java 语言是安全的。

网络的发展给人们的生活带来了很多便捷之处，但也为一些不法分子提供了新的犯罪方式。目前网络中的黑客和病毒还没有从根本上得到根治，这就是由于开发的程序中存在漏洞，使用的编程语言安全性不高。Java 作为一种新出现的语言，对安全性上的考虑和设计，首先表现在 Java 是一门强类型语言，其中定义的每一个数据都有一个严格固定的数据类型；并且当数据间进行传递时，要进行数据类型匹配，任何不能匹配的结果都是会报错的。指针一直是黑客侵犯内存的重要手段，在 Java 中，对指针进行了屏蔽，从而不能直接对内存进行操作，进而大大提高了内存的安全性。由于 Java 通常被用在网络环境中，为此，Java 提供了一个安全机制以防恶意代码的攻击。除了 Java 语言具有的许多安全特性以外，Java 对通过网络下载的类具有一个安全防范机制（类 Class Loader），如分配不同的名字空间以防替代本地的同名类、字节代码检查，并提供安全管理机制（类 Security Manager）让 Java 应用设置安全哨兵。

（5）Java 语言是跨平台的。

随着硬件和操作系统越来越多样化，编程语言的跨平台性越来越重要。一门语言的跨平台性的优劣体现在该语言程序跨平台运行时修改代码的工作量。Java 是一门完全的跨平台语言，它的程序跨平台运行时，对程序本身不需要进行任何修改，真正做到"一次编写，到处运行"。

（6）Java 语言是体系结构中立的。

Java 程序（后缀为 Java 的文件）在 Java 平台上被编译为体系结构中立的字节码格式（后缀为 class 的文件），然后可以在实现这个 Java 平台的任何系统中运行。这种途径适合于异构的网络环境和软件的分发。

（7）Java 语言是可移植的。

Java 的可移植性来源于体系结构中立性，另外，Java 还严格规定了各个基本数据类型的长度。Java 系统本身也具有很强的可移植性，Java 编译器是用 Java 实现的，Java 的运行环境是用 ANSIC 实现的。

（8）Java 语言是解释型的。

如前所述，Java 程序在 Java 平台上被编译为字节码格式，然后可以在实现这个 Java 平台的任何系统中运行。在运行时，Java 平台中的 Java 解释器对这些字节码进行解释执行，执行过程中需要的类在连接阶段被载入运行环境中。

（9）Java 是高性能的。

与那些解释型的高级脚本语言相比，Java 的确是高性能的。事实上，Java 的运行速度随着 JIT(Just-In-Time）编译器技术的发展越来越接近于 C++。

（10）Java 语言是多线程的。

在 Java 语言中，线程是一种特殊的对象，它必须由 Thread 类或其子（孙）类来创建。通常有两种方法来创建线程：其一，使用型构为 Thread(Runnable)的构造子将一个实现了 Runnable 接口的对象包装成一个线程；其二，从 Thread 类派生出子类并重写 run 方法，使用该子类创建的对象即为线程。值得注意的是 Thread 类已经实现了 Runnable 接口，因此，任何一个线程均有它的 run 方法，而 run 方法中包含了线程所要运行的代码。线程的活动由一组方法来控制。Java 语言支持多个线程的同时执行，并提供多线程之间的同步机制（关键字为 synchronized）。

（11）Java 语言是动态的。

Java 语言的设计目标之一是适应于动态变化的环境。Java 程序需要的类能够动态地被载入运行环境，也可以通过网络来载入所需要的类。这也有利于软件的升级。另外，Java 中的类有一个运行时刻的表示，能进行运行时刻的类型检查。

（12）Java 语言是分布式的。

Java 语言支持 Internet 应用的开发，在基本的 Java 应用编程接口中有一个网络应用编程接口（Javanet），它提供了用于网络应用编程的类库，包括 URL、URLConnection、Socket、ServerSocket 等。Java 的 RMI（远程方法激活）机制也是开发分布式应用的重要手段。

1.1.2　Java 发展历史

　　1990 年 Sun 公司启动 James Gosling 领导的绿色计划，1992 年创建 Oak 语言——Java，1994年 Gosling 参加硅谷大会演示 Java 功能，震惊世界。1995 年 Sun 正式发布 Java 第一个版本，目前最新是 jdk13.0。

- 1995 年 5 月 23 日，Java 语言诞生。
- 1996 年 1 月，第一个 JDK-JDK1.0 诞生。
- 1996 年 4 月，10 个最主要的操作系统供应商申明将在其产品中嵌入 Java 技术。
- 1996 年 9 月，约 8.3 万个网页应用了 Java 技术来制作。
- 1997 年 2 月 18 日，JDK1.1 发布。
- 1997 年 4 月 2 日，JavaOne 会议召开，参与者逾一万人，创当时全球同类会议规模之纪录。
- 1997 年 9 月，JavaDeveloperConnection 社区成员超过十万。
- 1998 年 2 月，JDK1.1 被下载超过 2 000 000 次。
- 1998 年 12 月 8 日，Java2 企业平台 J2EE 发布。
- 1999 年 6 月，Sun 公司发布 Java 的三个版本：标准版（JavaSE，以前是 J2SE）、企业版（JavaEE 以前是 J2EE）和微型版（JavaME，以前是 J2ME）。
- 2000 年 5 月 8 日，JDK1.3 发布。
- 2000 年 5 月 29 日，JDK1.4 发布。
- 2001 年 6 月 5 日，Nokia 宣布，到 2003 年将出售 1 亿部支持 Java 的手机。
- 2001 年 9 月 24 日，J2EE1.3 发布。
- 2002 年 2 月 26 日，J2SE1.4 发布，自此 Java 的计算能力有了大幅提升。
- 2004 年 9 月 30 日，J2SE1.5 发布，成为 Java 语言发展史上的又一里程碑。为了表示该版本的重要性，J2SE1.5 更名为 JavaSE 5.0。
- 2005 年 6 月，JavaOne 大会召开，Sun 公司公开 JavaSE 6。此时，Java 的各种版本已经更名，以取消其中的数字 "2"：J2EE 更名为 JavaEE，J2SE 更名为 JavaSE，J2ME 更名为 JavaME。
- 2006 年 12 月，SUN 公司发布 JRE6.0。
- 2009 年 04 月 20 日，甲骨文 74 亿美元收购 Sun，取得 Java 的版权。
- 2010 年 11 月，由于甲骨文对于 Java 社区的不友善，因此 Apache 扬言将退出 JCP。
- 2011 年 7 月 28 日，甲骨文发布 Java7.0 的正式版。
- 2014 年 3 月 18 日，Oracle 公司发表 JavaSE 8。
- 2016 年 9 月，JavaSE 9 Oracle 宣布发布。
- 2018 年 3 月，Java10 发布。
- 2018 年 9 月，Java11 发布。
- 2019 年 3 月，Java12 发布。

1.1.3　Java 平台简介

1. Java 平台

Java 编程可以分成三个方向：

（1）JavaSE（J2SE）（Java2 Platform Standard Edition，Java 平台标准版）桌面开发：Java 基础中的基础。

（2）JavaEE（J2EE）（Java2 Platform Enterprise Edition，Java 平台企业版）：用于 Web 开发。

（3）JavaME（J2ME）（Java2 Platform Micro Edition，Java 平台微型版）：用于小型电子设备上的软件开发。

2005 年 6 月，JavaOne 大会召开，Sun 公司公开 JavaSE 6。此时，Java 的各种版本已经更名，以取消其中的数字"2"：J2EE 更名为 JavaEE，J2SE 更名为 JavaSE，J2ME 更名为 JavaME。

Java 程序需要在虚拟机上才可以运行，换言之，只要有虚拟机的系统都可以运行 Java 程序。不同系统上要安装对应的虚拟机才可以运行 Java 程序。

2. 开发步骤

（1）编写源文件（源代码）（.java）。

（2）编译器编译源文件为类文件（.class），可用 J2SE 或 J2EE 编译。

（3）在虚拟机（JVM）上运行。

运行 Java 程序之前要先安装和配置 JDK。

3. JDK 是什么？

（1）JDK 全称为 Java Development Kit；中文：Java 开发工具包。

（2）JDK 是 Sun 公司开发的。

（3）JDK 包括 JRE（Java Runtime Environment）Java 运行环境、Java 工具和 Java 基础的类库（类共 3600 个左右，常用类在 150 个左右），JDK 可以在 Oracle 的官方网站（http://www.oracle.com/technetwork/java/index.html）中下载。

4. JDK、JRE、JVM 的作用及关系

（1）作用。

- JVM：保证 Java 语言跨平台；
- JRE：Java 程序的运行环境；
- JDK：Java 程序的开发环境。

（2）关系。

- JDK：JRE+工具；
- JRE：JVM+类库。

1.2 Java 开发环境配置

1.2.1 Window 操作系统下安装 Java 步骤

1. 下载 JDK

首先，需要下载 Java 开发工具包 JDK，下载地址：http://www.oracle.com/technetwork/java/javase/downloads/index.html，单击图 1.1 所示的下载按钮。

在下载页面中选择"接受许可"，并根据自己的系统选择对应的版本。本文以 Window 64

位系统为例，如图 1.2 所示。

　　下载后根据提示进行 JDK 的安装。在安装 JDK 时也会安装 JRE，一并安装即可。安装过程中可以自定义安装目录等信息，例如选择安装目录为 C:\Program Files（x86）\Java\jdk1.8.0_91。

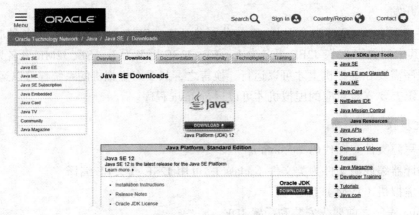

图 1.1　Java 下载

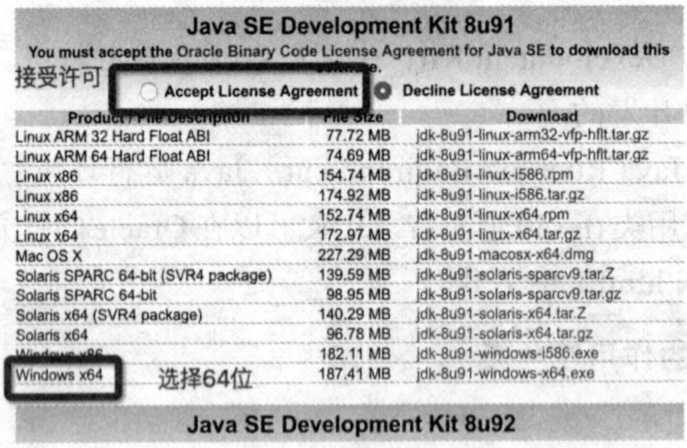

图 1.2　匹配 Window 64 位的 JDK

2. 安装 JDK

　　下载 JDK 后，双击下载的 EXE 文件，即可开始安装 JDK。首先是弹出许可证协议窗口，其中给出了 Sun 公司的一些开发协议，单击其中的"接受"按钮，就会弹出如图 1.3 所示的"自定义安装"窗口。

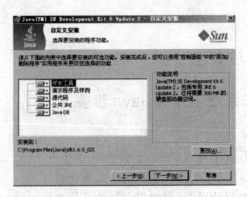

图 1.3　"自定义安装"窗口

在窗口中可以选择要安装的 Java 组件和 JDK 文件的安装路径。这里可以采用默认安装 Java 的所有组件并在 C 盘安装。也可以自定义安装目录等信息，例如我们选择安装目录为 C:\Program Files (x86)\Java\jdk1.8.0_91。在后面的配置中，也将按照默认安装进行配置。单击"下一步"按钮后就开始安装 JDK，稍后，单击窗口中的"完成"按钮，就正式完成了 JDK 的安装。

3. 配置环境变量

- path 环境变量：存放可执行文件的存放路径，路径之间用逗号隔开。
- classpath 环境变量：类的运行路径，JVM 在运行时通过 classpath 加载需要的类。

方法：

（1）安装完成后，右击"我的电脑"，单击"属性"，选择"高级系统设置"，如图 1.4 所示。

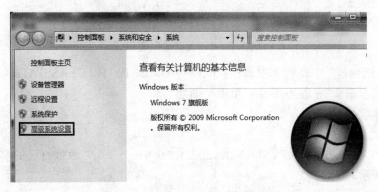

图 1.4 "高级系统设置"窗口

（2）选择"高级"选项卡，单击"环境变量"，如图 1.5 所示，就会出现如图 1.6 所示的画面。

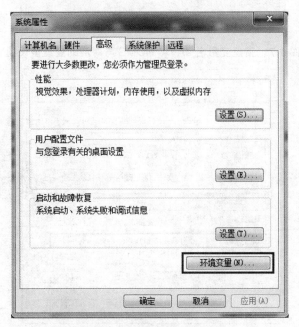

图 1.5 "环境变量"按钮

图 1.6 "环境变量"窗口

（3）在"系统变量"中设置 3 项属性：JAVA_HOME，PATH，CLASSPATH（大小写都可）。若已存在则单击"编辑"；若不存在则单击"新建"。

变量设置参数如下：

① 变量名：JAVA_HOME。

变量值：C：\Program Files（x86）\Java\jdk1.8.0_91   // 根据自己的实际路径配置，如图 1.7、1.8 所示。

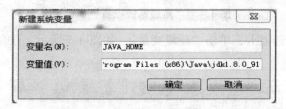

图 1.7　新建变量名 JAVA_HOME 与对应的变量值设置

图 1.8　编辑变量名 JAVA_HOME 与对应的变量值

② 变量名：CLASSPATH。

变量值：.；%JAVA_HOME%\lib\dt.jar；%JAVA_HOME%\lib\tools.jar；   //注意前面有个"."，如图 1.9 所示。

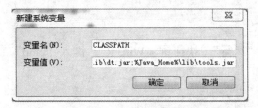

图 1.9　变量名 CLASSPATH 与对应变量值

③ 变量名：Path。

变量值：%JAVA_HOME%\bin；%JAVA_HOME%\jre\bin；如图 1.10、1.11 所示。

图 1.10　变量名 Path 与对应变量值设置

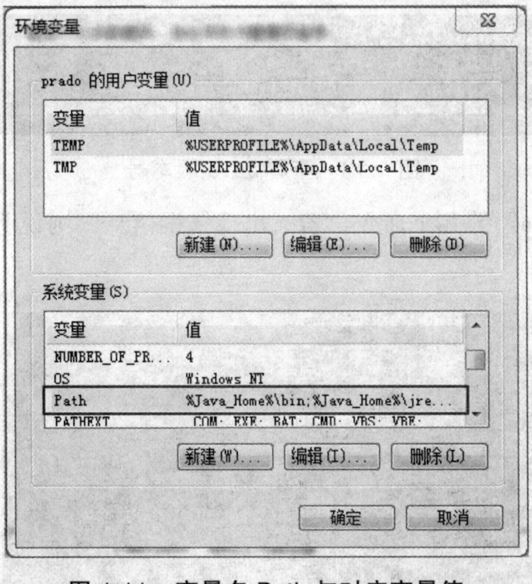

图 1.11　变量名 Path 与对应变量值

这是 Java 的环境配置。配置完成后，可以启动 Eclipse 来编写代码，它会自动完成 Java 环境的配置。

注意：如果使用 1.5 以上版本的 JDK，不用设置 CLASSPATH 环境变量，也可以正常编译和运行 Java 程序。

4. 测试 JDK 是否安装成功

重点掌握两个程序：

• javac.exe：Java 编译器工具，可以将编写好的 Java 文件（.java）编译成 Java 字节码文件（.class）。

• java.exe：Java 运行工具，启动 Java 虚拟机进程，运行编译器生成的字节码文件（.class）。

方法：

（1）单击"开始"→"运行"（快捷键：Win+R），键入"cmd"，单击"确定"，如图 1.12 所示。

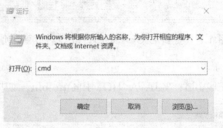

图 1.12　cmd 窗口

（2）查看当前 Java 运行的版本：可以使用 -version 参数来查看当前 Java 的运行版本，命令如下：

java–version

执行结果如图 1.13 所示。

```
C:\Users\prado>java -version
java version "1.8.0_91"
Java(TM) SE Runtime Environment (build 1.8.0_91-b14)
Java HotSpot(TM) 64-Bit Server VM (build 25.91-b14, mixed mode)
```

图 1.13　查看 Java 版本号

再键入"javac""java"等几个命令，若无出现错误信息，则说明环境变量配置成功，如图 1.14 所示。

```
管理员: C:\Windows\system32\cmd.exe

Microsoft Windows [版本 6.1.7600]
版权所有 (c) 2009 Microsoft Corporation。保留所有权利。

C:\Users\Administrator>javac
用法: javac <选项> <源文件>
其中, 可能的选项包括:
  -g                         生成所有调试信息
  -g:none                    不生成任何调试信息
  -g:{lines,vars,source}     只生成某些调试信息
  -nowarn                    不生成任何警告
  -verbose                   输出有关编译器正在执行的操作的消息
  -deprecation               输出使用已过时的 API 的源位置
  -classpath <路径>          指定查找用户类文件和注释处理程序的位置
  -cp <路径>                 指定查找用户类文件和注释处理程序的位置
  -sourcepath <路径>         指定查找输入源文件的位置
  -bootclasspath <路径>      覆盖引导类文件的位置
  -extdirs <目录>            覆盖安装的扩展目录的位置
  -endorseddirs <目录>       覆盖签名的标准路径的位置
  -proc:{none,only}          控制是否执行注释处理和/或编译。
  -processor <class1>[,<class2>,<class3>...]要运行的注释处理程序的名称; 绕过默认的搜索进程
  -processorpath <路径>      指定查找注释处理程序的位置
  -d <目录>                  指定存放生成的类文件的位置
  -s <目录>                  指定存放生成的源文件的位置
  -implicit:{none,class}     指定是否为隐式引用文件生成类文件
  -encoding <编码>           指定源文件使用的字符编码
  -source <版本>             提供与指定版本的源兼容性
  -target <版本>             生成特定 VM 版本的类文件
  -version                   版本信息
  -help                      输出标准选项的提要
  -Akey[=value]              传递给注释处理程序的选项
  -X                         输出非标准选项的提要
  -J<标志>                   直接将 <标志> 传递给运行时系统
```

图 1.14　环境变量配置成功

1.2.2 编写 Java 程序

安装好以上的工具，并配置好环境变量后，下面就可以规范 Java 中编写代码的格式。

【例 1.1】第一个 Java 程序，通过一个简单的实例来展示 Java 编程与运行过程，在 F 盘下创建文件 HelloWorld.Java(文件名需与类名一致)，在屏幕上显示 Hello World 代码字样。

1. 在记事本中编写程序 HelloWorld. Java 代码

```java
public class HelloWorld {
    public static void main(String []args) {
System.out.println("Hello World");
    }
}
```

输入代码后，不要忘记保存，且一定要将文件扩展名改为.java，否则不能编译。在有些计算机中，默认是没有显示扩展名的，所以要首先将文件扩展名显示出来。具体操作方法：

双击"我的电脑"图标，选择菜单栏中的"工具"→"文件夹选项"→"查看"命令，如图 1.15 所示。

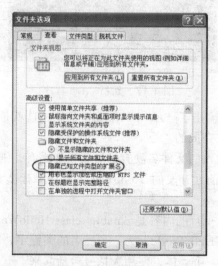

图 1.15 扩展名设置

在图 1.15 中取消"隐藏已知文件类型的扩展名"复选框的勾选，单击"确定"按钮，这样系统中的所有文件就都具有扩展名了。

2. 编译 HelloWorld. Java 程序

编写并保存 Java 程序后，选择"开始"→"运行"命令，在"运行"命令框中输入"cmd"，弹出命令提示符界面。首先输入"f:"命令，这样就切换到 F 盘下，这是因为上一节开发的程序保存在 F 盘中。(如果读者编写的程序不在 F 盘中，这里就输入所编写程序所在的位置。)进入 F 盘后，输入"javac HelloWorld.java"命令，其中 javac 是 JDK 中的编译命令，而HelloWorld.java 是上一节中编写的 Java 程序的文件名。执行"javac HelloWorld.java"命令后，会在 F 盘下产生一个名称为 HelloWorld.class 的文件，它是执行编译命令所产生的文件。操作方式如图 1.16 所示。

图 1.16　编译 Java 程序

注意：在 javac 命令后输入的文件名中一定要有 .java 扩展名，否则会发生错误。

3. 运行 Java 程序

编译 Java 程序后，产生一个以 .class 为扩展名的文件，运行 Java 程序就是运行该文件。在图 1.16 所示界面的命令输入下继续输入"javaHelloWorld"命令，如图 1.17 所示。

图 1.17　运行 Java 程序

从运行结果中可以看到输出了"Hello World"信息，这就是开发的该程序的功能。运行 Java 程序是通过 Java 命令来完成的。

注意：在 Java 命令后输入的文件名没有扩展名，如果有，则会发生错误。

接下来简单地讲解一下前面开发的 HelloWorld 程序，让读者对 Java 程序先有一个初步了解。

HelloWorld 程序中的第一行的内容是"public class HelloWorld"，其中"HelloWorld"是一个类名，"class"是判断"HelloWorld"为一个类名的关键字，而"public"是用来修饰类的修饰符。每一个基础类都有一个类体，使用大括号包括起来。

程序中的第二行为"public static void main(String args[])"，它是一个特殊方法，主体是"main"，其他的都是修饰内容。这条代码语句是一个 Java 类固定的内容，其中 main 定义一个 Java 程序的入口。和类具有类体，方法具有方法体一样，其同样也要使用大括号括起来。

程序的第三行为"System.out.println("Hello World");"，该语句的功能是向输出台输出内容。在该程序中输入的是"Hello World"信息，从而才有了图 1.15 的运行结果。

1.3　Eclipse 的安装与启动

在前面讲解了使用记事本来开发 Java 程序，因为要调用命令提示符界面，所以显得有些麻烦。而 Java 的一些集成开发工具解决了这一问题。目前 Java 的集成开发工具有很多，这里采用开发中最常用 Eclipse 来进行讲解。

Eclipse 是一个开放源代码的、基于 Java 的可扩展开发平台。就其本身而言，它只是一个框架和一组服务，用于通过插件组件构建开发环境。幸运的是，Eclipse 附带了一个标准的插件集，包括 Java 开发工具（JavaDevelopment Tools，JDT）。安装 Eclipse 前需要安装 JDK，关于 JDK 的安装和配置参见前述内容。从 Eclipse 的官方网站：（http://www.eclipse.org/）下载最新版本的 Eclipse。

1. Eclipse 的下载

（1）登录其官方网站：www.eclipse.org。图 1.18 所示为 Eclipse 官方网站的首页。

图 1.18　Eclipse 官网首页

（2）从首页中单击"Download"按钮，进入图 1.19 所示的页面。

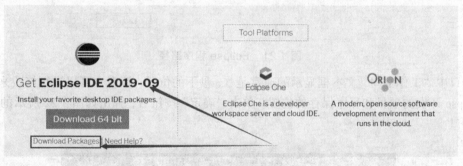

图 1.19　跳转页面

（3）单击"Download Packages"，进入 Eclipse 下载页面。从"Eclipse IDE for Enterprise Java Developers"后面选择适合当前系统的版本，这里单击 64 bit 按钮，下载 64 位的安装包，如图 1.20 所示。

图 1.20　下载 Eclipse

下载完成后会得到一个名为"eclipse_jee_2019_09_win32_x86_64.zip"的压缩文件。虽然 Eclipse 本身是用 Java 语言编写,但下载的压缩包中并不包含 Java 运行环境(即安装 Eclipse,应首先安装 JDK),需要用户自己另行安装 JRE,并且要在操作系统的环境变量中指明 JRE 中 bin 的路径。

(4)Eclipse 的安装非常简单,只需将下载的压缩包进行解压,然后双击"eclipse.exe"文件即可。

2. 启动 Eclipse

由于 Eclipse 是一个开源项目,因此,所有社区和开发者都可以为 Eclipse 开发扩展功能。

下载和安装 Eclipse 后,就可以启动 Eclipse。在 Eclipse 文件下有一个 eclipse.exe 文件,双击该文件,就可以启动 Eclipse。第一次启动 Eclipse 时,会要求用户选择一个工作空间(Workspace),会出现如图 1.21 所示的窗口。

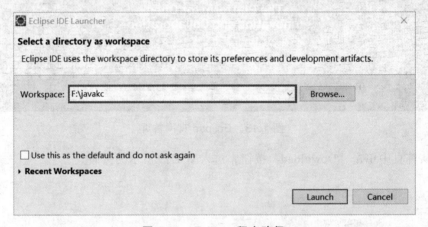

图 1.21 Eclipse 程序路径

窗口中"工作空间"文本框显示的通常是 C 盘下的位置,读者也可以进行修改来确定通过 Eclipse 开发的项目和程序保存的位置。单击"确定"按钮后,弹出如图 1.22 所示的 Eclipse 欢迎窗口。

图 1.22 Eclipse 欢迎窗口

关闭欢迎窗口后，就会弹出真正用于开发的窗口。

在 Eclipse 集成开发工具开发 HelloWorld 程序的步骤分为：新建 Java 项目、新建 Java 类、编写 Java 代码、运行程序。

（1）选择菜单栏中"文件"→"新建"→"项目"命令，弹出如图 1.23 所示的"新建项目"窗口。

（2）选择"Java 项目"选项，单击"下一步"按钮，弹出如图 1.24 所示的"新建 Java 项目"窗口。

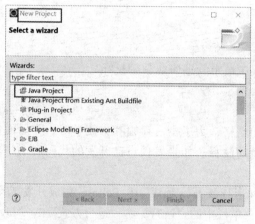

图 1.23 "新建项目"窗口

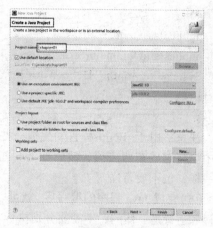

图 1.24 "新建 Java 项目"窗口

（3）在"新建 Java 项目"窗口的"项目名"文本框中输入自己要创建的项目名。由于这里是本书的第一章，就设置创建的项目名为"chap1"，单击"完成"按钮，这样就创建了一个名称为"chapter01"的 Java 项目，此时就会在 Eclipse 开发窗口的项目结构区显示该项目。

（4）在"chapter01"项目上右击，选择"新建"→"类"命令，弹出如图 1.25 所示的"新建 Java 类"窗口。

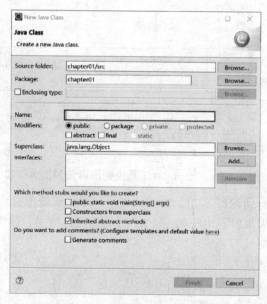

图 1.25 "新建 Java 类"窗口

在"新建 Java 类"窗口中有很多需要填写的选项。首先是填写包，包的概念会在后面进行讲解，如果这里不填，则采用默认值，也就是不使用包。下面需要填写的就是 Java 类的名称，在名称文本框输入"HelloWorld"。最后在"想要创建哪些方法存根"中勾选第一个复选框，也就是 main 方法，因为它是一个类的入口。设置好这些选项后，单击"完成"按钮，在编码区输入如下代码。

```
//日期：2019 年 10 月 23 日
//功能：在控制台显示" Hello World!"
//作者：光庆
publicclassHelloWorld{
publicstaticvoidmain(String[]args){
System.out.println("Hello World! 欢迎来重庆城市管理职业学院！");
}
}
```

注意：由于 Eclipse 自动生成一些注释和空格，为了少占篇幅和方便学习，在后面的代码中会将这些东西去掉，然后加上一些更易懂的注释。如果发现自己开发的代码和书中的不太一样，也不要奇怪。

（5）完成 Java 程序的编写后，就可以编译和运行该 Java 程序。在 Eclipse 集成开发工具中，编译和运行是一体的，不需要分别执行。选择菜单栏中的"运行"→"运行方式"→"Java 运行程序"命令，选择要运行的 HelloWorld.java 程序，单击"确定"按钮，即可运行 Java 程序。

说明：并不是每一次运行 Java 程序都是这么复杂的。第一次这样运行后，如果后面代码被修改需要再次运行，可以直接选择"运行"→"运行上次启动"命令来运行该程序。也可以通过单击 Eclipse 工具栏中的 按钮运行程序。

如在 Eclipse 中，执行结果如图 1.26 所示。

图 1.26　在 Eclipse 工具中输出语句加上单位名

从运行结果中可以看到输出了"Hello World!欢迎来重庆城市管理职业学院！"信息，从而完成了该程序的开发。如果没有出现如图 1.24 所示的运行结果，读者就需要认真查一下什么地方出了问题，或者重新编写开发。

```
注：
public static void main（String args []）{
}都是 Java 一切程序运行的入口。
```

1.4 本章小结

　　本章初步介绍了 Java 程序开发的相关知识和过程。首先简单地讲解了读者最关心的几个问题，并没有过多地讲解 Java 发展和起源等内容。接着讲解了 Java 开发环境的搭建，以及如何使用该开发环境进行 Java 程序开发。最后讲解了 Eclipse 这一集成开发工具的基本功能及如何在集成工具中进行程序开发。

第 2 章　Java 编程基础

在上一章中，读者已经了解了如何搭建 Java 开发环境及 Java 程序的开发过程。从本章开始讲解 Java 的基本语法。这些基本语法和其他一些编程语言相比有些是类似的，但还有很多不同之处，下面就一起来了解这些最基本的语法。

2.1　Java 基础语法

一个 Java 程序可以认为是一系列对象的集合，而这些对象通过调用彼此的方法来协同工作。下面将简要介绍类、对象、方法和实例变量的概念。

对象：对象是类的一个实例，有状态和行为。例如，一条狗是一个对象，它的状态有：颜色、名字、品种；行为有：摇尾巴、叫、吃等。

类：类是一个模板，它描述一类对象的行为和状态。

方法：方法就是行为、动作，一个类可以有很多方法或动作。逻辑运算、数据修改以及所有行为动作都是在方法中完成的。

实例变量：每个对象都有独特的实例变量，对象的状态由这些实例变量的值决定。

2.1.1　基本语法

1. Java 代码的规范格式

```
//注释（解释）作者：
//功能：在控制台显示"Hello"
//日期：2019.1.28
修饰符 class 类名{
        //一个主函数，相当于是程序的入口
        public static void main（String args[]）{
程序代码；
        }
}
```

编写 Java 程序时，应注意以下几点：

（1）大小写敏感：Java 是大小写敏感的，这就意味着标识符 Hello 与 hello 是不同的。

（2）类名：对于所有的类来说，类名的首字母应该大写。如果类名由若干单词组成，那么每个单词的首字母应该大写，例如 MyFirstJavaClass。

（3）方法名：所有的方法名都应该以小写字母开头。如果方法名含有若干单词，则后面的每个单词首字母需大写。

（4）源文件名：源文件名必须和类名相同。当保存文件的时候，应该使用类名作为文件名保存（切记 Java 是大小写敏感的），文件名的后缀为.java。（如果文件名和类名不相同，则会导致编译错误）。

主方法入口：所有的 Java 程序都由 public static void main（String []args）方法开始执行。

2. 编译

编译 Hello.java 使用 javac Hello.java。

3. 执行

执行 Hello.java 使用 javaHello。

从上面的格式中可以看出，一个 Java 程序是由很多部分组成，其中任何一个单词都有它存在的意义，这些单词就是构成一个 Java 程序的基本语言要素。本节就来讲解这些基本语言要素，包括标识符、关键字、分隔符和注释等。

2.1.2 标识符

标识符是程序员为自己定义的类、方法或者变量等起的名称，例如第 1 章程序中的 HelloWorld 和 main 都是标识符，其中 HelloWorld 是类名，main 是方法名，除此之外还可以为变量名、类型名、数组名等。

Java 所有的组成部分都需要名字。类名、变量名以及方法名都被称为标识符。

关于 Java 标识符，有以下几点需要注意：

（1）所有的标识符都应该以字母（A-Z 或者 a-z），美元符（$）或者下划线（_）开始。

（2）首字符之后可以是字母（A-Z 或者 a-z），美元符（$）、下划线（_）或数字的任何字符组合。

（3）关键字不能用作标识符。

（4）标识符区分大小写，且没有长度限制。

合法标识符举例：age、$salary、_value、__1_value、abc、c1_c、$A12、Class、_heh、amountOfApple。

非法标识符举例：123abc、-salary、\abc、"cc、2abc、class、%cd、"heh。

为了增强代码的可读性，建议初学者在定义标识符时还遵循以下规则：

（1）包名所有字母一律小写。例如：cn.cswu.test。

（2）类名和接口名每个单词的首字母都要大写。例如：ArrayList、Iterator。

（3）常量名所有字母都大写，单词之间用下划线连接。例如：MONTH_OF_YEAR。

（4）变量名和方法名的第一个单词首字母小写，从第 2 个单词开始，每个单词首字母大写。例如：lineNumber，getLineNumber。

（5）在程序中，应该尽量使用有意义的英文单词来定义标识符，使得程序便于阅读。例如使用 userName 表示用户名，password 表示密码。

注意：标识符不能使用 Java 语言中的关键字。

2.1.3 Java 中的关键字

类似于封建社会中一些文字有避讳，例如不能使用皇帝名字中的字，同样在 Java 语言中也存在这样的字，这些字就是 Java 中的关键字。关键字是编程语言里事先定义好并赋予了特殊含义的单词，也称作保留字。和其他语言一样，Java 中保留了许多关键字，例如 class、public 等，程序员是不能使用这些关键字作为标识符的，这些关键字只能由系统来使用。在程序中，关键字具有特殊的意义，Java 平台根据关键字来执行程序操作。

下面列举了 Java 中所有的关键字。

abstract	Boolean	break	byte	case	catch	char
const	class	continue	default	do	double	else
extends	false	final	finally	float	for	goto
if	implements	import	instance of	int	interface	long
native	new	null	package	private	protected	public
return	short	static	strictfp	super	switch	this
throw	throws	transient	true	try	void	volatile
while	synchronized					

这里我们简单地给这些关键字分一下类，并进行简单讲解。在后面的讲解中还要对大部分关键字进行详细讲解。

1. 访问修饰符关键字

在 HelloWorld 程序中出现的第一个单词就是 public，它就是一个访问修饰符关键字。修饰符关键字包括如下几种。

public：所修饰的类、方法和变量是公共的，其他类可以访问该关键字修饰的类、方法或者变量。

protected：用于修饰方法和变量。这些方法和变量可以被同一个包中的类或者子类进行访问。

private：同样修饰方法和变量。方法和变量只能由所在类进行访问。

2. 类、方法和变量修饰符关键字

class：告诉系统后面的单词是一个类名，从而定义一个类。

interface：告诉系统后面的单词是一个接口名，从而定义一个接口。

implements：让类实现接口。

extends：用于继承。

abstract：抽象修饰符。

static：静态修饰符。

new：实例化对象。

还有几种并不常见的类、方法和变量修饰符，例如 native、strictfp、synchronized、transient 和 volatile 等。

3. 流程控制关键字

流程控制语句包括 if-else 语句、switch-case-default 语句、for 语句、do-while 语句、break 语句、continue 语句和 return 语句，这都是流程控制关键字。还有一个关键字应该也包括在流

程控制关键字中，那就是 instance of 关键字，用于判断对象是否是类或者接口的实例。

4. 异常处理关键字

异常处理的基本结构是 try-catch-finally，这三个单词都是关键字。异常处理中还包括 throw 和 throws 这两个关键字。assert 关键字用于断言操作中，也算是异常处理关键字。

5. 包控制关键字

包控制关键字只有两个：import 和 package。import 关键字用于将包或者类导入程序中；package 关键字用于定义包，并将类定义到这个包中。

6. 数据类型关键字

Java 语言中有 8 种基本数据类型，每一种基本数据类型都需要一个关键字来定义，除布尔型（boolean）、字符型（char）、字节型（byte）外，还有数值型。数值型又分为 short、int、long、float 和 double。

7. 特殊类型和方法关键字

super 关键字用于引用父类，this 关键字用于应用当前类对象。void 关键字用于定义一般方法，该方法没有任何返回值。在 HelloWorld 程序中的 main 方法前就有该关键字。

8. 没有使用的关键字

在关键字家族中有两个另类：const 和 goto。在前面已经知道关键字是系统使用的单词，这两个另类虽然是关键字，但系统并没有使用它们。这是初学者应特别注意的地方，在一些考试或者公司面试中经常会问到这个问题。

最后说一个显而易见但很多人注意不到的问题，那就是所有的关键字都是小写的，如果采用了大写，那就肯定不是关键字。

2.1.4　Java 注释

在前面介绍使用 Eclipse 开发 Java 程序时已经看到了，工具会自动产生一些注释，后面作者又将自动生成的注释去掉，然后加上自定义的注释。从这里可以看到注释对于程序的运行是不起作用的。

注释添加在代码中，是给程序员看的，当系统运行程序，读取注释时会越过不执行。随着技术的发展，现在具有百万行代码的程序已经很常见了，在这样一个大型的代码中，如果没有注释，可想而知，对于后面的修改和维护会产生多大的麻烦。

【例 2.1】编写一段代码，输出 Hello World，并在源代码中加入语句注释，如文件 2-1 所示。

下面将逐步介绍如何保存、编译以及运行这个程序：

打开 Notepad，把上面的代码添加进去；

文件 2-1　Example01.java

```
package cn.cswu.chapter02.example01;
publicclassExample01{
/* 这是第一个 Java 程序
*它将打印 Hello World *
```

```
这是一个多行注释的示例
 */
publicstaticvoidmain（String[]args）{
// 这是单行注释的示例
/* 这个也是单行注释的示例 */
System.out.println（"Hello World"）;
}
}
```

（2）录入完后，把文件名保存为：C：\HelloWorld.java。

（3）打开 cmd 命令窗口，进入目标文件所在的位置，假设是 C：\。

（4）在命令行窗口键入"javac HelloWorld.java"，按下"Enter"键编译代码。如果代码没有错误，cmd 命令提示符会进入下一行（假设环境变量都设置好了）。

（5）再键入"javaHelloWorld"，按下"Enter"键就可以运行程序了，然后将会在窗口看到 Hello World。

```
C：>javac HelloWorld.java
C：>JavaHelloWorld
Hello World
```

注：Java 空行、空白行，或者有注释的行，Java 编译器都会忽略掉。

5. 分号、块和空白

（1）分号（；）：在 Java 中，分号作为一个语句的结束标志，即在一个表达式需要结束的地方加上一个分号就成为一条语句。

（2）块：（{}）：在 Java 程序中使用大括号来标志不同的程序块，适当的缩进以及单行注释的使用会更容易判断大括号是如何配对的。

（3）空白（）：空白在 Java 程序中具有很好的缩进效果，可以使得程序具有良好的可读性，通常在 Java 程序中使用 4 个空格来达到缩进的效果。

2.2 Java 中的常量和变量

在正式学习 Java 中的基本数据类型前，先来学习一下数据类型的载体常量和变量。从名称上就可以看出常量和变量的不同：常量表示不能改变的数值，而变量表示能够改变的数值。

2.2.1 Java 中的常量

常量就是在程序运行过程中，其值固定不变的量，是不能改变的数据。在 Java 中，常量包括整型常量、浮点数常量、布尔常量、字符常量等。

1. 整型常量
整型常量是整数类型的数据，它的表现形式有四种，具体如下：
•   二进制：由数字 0 和 1 组成的数字序列，如：00110101。

- 八进制：以 0 开头，并且其后由 0~7 范围（包括 0 和 7）内的整数组成的数字序列，如：0342。
- 十进制：数据以非 0 开头，由数字 0~9 范围（包括 0 和 9）内的整数组成的数字序列。如：198。整数以十进制表示时，第一位不能是 0，0 本身除外。
- 十六进制：以 0x 或者 0X 开头，并且其后由 0~9、A~F（包括 0 和 9、A 和 F）组成的数字序列，如 0x25AF。

2. 浮点数常量

浮点数常量是在数学中用到的小数，分为 float 单精度浮点数和 double 双精度浮点数两种类型。为了区分 float 和 double 两类常量，单精度浮点数后面以 F 或 f 结尾，而双精度浮点数则以 D 或 d 结尾。当然，在使用浮点数时也可以在结尾处不加任何的后缀，此时虚拟机会默认为 double 双精度浮点数。浮点数常量还可以通过指数形式来表示。具体示例如下：

```
2e3f   3.6d   0f   3.84d   5.022e+23f
```

上述列出的浮点数常量中用到的 e 和 f，初学者可能会对此感到困惑，在后面的 2.2.2 小节中将会详细介绍。

3. 字符常量

字符常量用于表示一个字符，一个字符常量要用一对英文半角格式的单引号（''）引起来，它可以是英文字母、数字、标点符号、以及由转义序列来表示的特殊字符。具体示例如下：

```
'a'   '1'   '&'   '\r'   '\u0000'
```

在上面的示例中，'\u0000'表示一个空白字符，即在单引号之间没有任何字符。之所以能这样表示是因为，Java 采用的是 Unicode 字符集，Unicode 字符以\u 开头，空白字符在 Unicode 码表中对应的值为'\u0000'。

4. 字符串常量

字符串常量用于表示一串连续的字符，一个字符串常量要用一对英文半角格式的双引号（""）引起来，具体示例如下：

```
"HelloWorld"   "123"   "Welcome   \n XXX"   ""
```

一个字符串可以包含一个字符或多个字符，也可以不包含任何字符，即长度为零。

5. 布尔常量

布尔常量即布尔型的两个值：true 和 false，该常量用于区分一个事物的真与假。

6. null 常量

null 常量只有一个值 null，表示对象的引用为空。关于 null 常量将会在第 3 章中详细介绍。

7. Java 修饰符

像其他语言一样，Java 可以使用修饰符来修饰类中方法和属性。主要有两类修饰符：

（1）访问控制修饰符：default，public，protected，private。

（2）非访问控制修饰符：final，abstract，strictfp。在后面的章节中我们会深入讨论 Java 修饰符。

2.2.2 Java 中的变量

为什么有变量？不论是使用哪种高级程序语言编写程序，变量都是其程序的基本组成单位。Java 中的基本数据类型的定义与 C/C++ 中大体一致。变量是 Java 程序中的基本存储单元，它的定义包括变量类型、变量名和作用域 3 个部分。

（1）变量名：它是一个合法的标识符，是字母、数字、下划线或美元符 "$" 的序列，Java 对变量名区分大小写，变量名不能以数字开头，而且不能为关键字。合法的变量名如：myName、value_1、dollar$ 等。非法的变量名如：2mail、room#、class（保留字）等。变量名应具有一定的含义，以增加程序的可读性。

（2）变量类型：简单数据类型和引用数据类型中的任意一种类型。

（3）变量作用域：变量只能在某个作用范围之内才可以进行访问。变量的作用域是根据变量声明时所处的位置决定的，如果变量在类的块中声明，则作用域就是整个类的内部；如果变量在方法块中声明，那么变量就只有在该方法块中才能访问到，这时变量也称作局部变量。

实例：

```
①int a;    //声明了一个变量，该变量名为 a，变量类型为整型。
②
{
    int a；//变量 a 的作用域开始
        {
            int b；//变量 b 的作用域开始
        } //变量 b 的作用域结束
} //变量 a 的作用域结束
```

1. Java 基本语法——定义变量、初始化、赋值

（1）定义变量。

语法格式：数据类型变量名；如图 2.1 所示。

如：

int a；定义了一个变量，变量名是 a。

float haha；这也定义了一个变量，表示一个 float 类型的小数，变量名是 haha。

（2）给变量赋值。

语法格式：变量名 = 变量值；如图 2.2 所示。

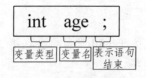
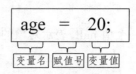

图 2.1　变量语法格式　　　图 2.2　给变量赋值

比如先定义了变量：int tt；然后再给值 tt=780；这就是给变量赋值。在程序运行期间，随时可能产生一些临时数据，应用程序会将这些数据保存在一些内存单元中，每个内存单元都用一个标识符来标识。这些内存单元被称之为变量，定义的标识符就是变量名，内存单元中

存储的数据就是变量的值。

（3）变量的声明+赋值。

在定义变量的时候就给值，也可理解为变量的声明+赋值。

语法格式：数据类型变量名[=值][，变量名2[=值]…]；如图2.3所示。

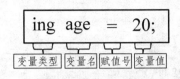

图2.3　变量的声明+赋值

如：

int a=45；这就是初始化变量a。

定义各种不同数据类型变量的同时初始化变量的实例：

```
int        i=10，j=20；
char       myChar='c'；
booleanisCopied=false；
float      memberSalery=1000.0F；
double     aDoubleNumber=0.0；
long       diskBytes=80000000000L；
```

下面的代码中，第一行代码的作用是定义了两个变量x和y，也就相当于分配了两块内存单元，在定义变量的同时为变量x分配了一个初始值0，而变量y没有分配初始值，变量x和y在内存中的状态如图2.4所示。

```
int x = 0，y；
y = x+3；
```

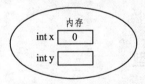

图2.4　变量x和y在内存中的状态

在执行第二行代码时，程序首先取出变量x的值，与3相加后，将结果赋值给变量y，此时变量x和y在内存中的状态发生了变化，如图2.5所示。

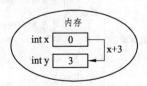

图2.5　变量x和y在内存中的状态变化

【例2.2】变量应用测试实例，如文件2-2所示。

```
package cn.cswu.chapter02.example02；
/**日期：2020 年 03 月
 * 功能：变量中的数据发生变化
 * 作者：软件技术教研室
 */
public class Example02{
public static void main（String []args）{
    int a=1；//定义一个整形变量，取名 a，并赋初值 1
    int b=3；//定义一个整形变量，取名 b，并赋初值 3
    b=89；//给变量 b 赋 89
System.out.println（a）；//输出语句，把变量 a 的值输出
System.out.println（b）；//把变量 b 的值输出
}
}
```

执行结果

```
1
89
```

Java 中主要有如下几种类型的变量。

（1）局部变量：类的方法中的变量。

（2）类变量（静态变量）：独立于方法之外的变量，用 static 修饰。

（3）成员变量（非静态变量、实例变量）：独立于方法之外的变量，不过没有 static 修饰。

2.3　Java 基本数据类型

2.3.1　Java 的两大数据类型

1. 基本数据类型

Java 语言提供了八种基本类型：六种数字类型（四个整数型，两个浮点型），一种字符类型，还有一种布尔型。具体内容如图 2.6 所示。

图 2.6　基本数据类型

（1）整数类型变量。

整数类型变量用来存储整数数值，即没有小数部分的值。整数类型分为 4 种不同的类型，所占存储空间的大小以及取值范围如表 2-1 所示。

表 2-1　整数类型

类型名	占用空间	取值范围
byte	8 位（1 个字节）	-2^7　～　2^7-1
short	16 位（2 个字节）	-2^{15}　～　$2^{15}-1$
int	32 位（4 个字节）	-2^{31}　～　$2^{31}-1$
long	64 位（8 个字节）	-2^{63}　～　$2^{63}-1$

- 占用空间指变量占用的内存大小。
- 取值范围是变量存储的值所不能超出的范围。
- 为一个 long 类型的变量赋值时需要注意一点，所赋值的后面要加上一个字母"L"（或小写"l"），说明赋值为 long 类型。如果赋的值未超出 int 型的取值范围，则可以省略字母"L"（或小写"l"）。

```
long num = 2200000000L；  //所赋的值超出了 int 型的取值范围，后面必须加上字母 L
long num = 198L；        //所赋的值未超出 int 型的取值范围，后面可以加上字母 L
long num = 198；         //所赋的值未超出 int 型的取值范围，后面可以省略字母 L
```

（2）浮点数类型变量。

浮点数类型变量用来存储小数数值。

浮点数类型分为两种：单精度浮点数（float）、双精度浮点数（double）。double 型所表示的浮点数比 float 型更精确。两种浮点数所占存储空间的大小以及取值范围如表 2-2 所示。

表 2-2　浮点数类型

类型名	占用空间	取值范围
float	32 位（4 个字节）	1.4e-45 ～ 3.4e+38，-3.4e+38 ～ -1.4e-45
double	64 位（8 个字节）	4.9e-324 ～ 1.7e+308，-1.7e+308 ～ -4.9e-324

在取值范围中，e 表示以 10 为底的指数，e 后面的"+"号和"-"号代表正指数和负指数，例如 1.4e-45 表示 1.4×10^{-45}。

在 Java 中，一个小数会被默认为 double 类型的值。因此，在为一个 float 类型的变量赋值时需要注意一点，所赋值的后面一定要加上字母"F"（或"f"），而为 double 类型的变量赋值时，可以在所赋值的后面加上字符"D"（或"d"），也可不加。

```
float f = 123.4f；      //为一个 float 类型的变量赋值，后面必须加上字母 f
double d1 = 100.1；     //为一个 double 类型的变量赋值，后面可以省略字母 d
double d2 = 199.3d；    //为一个 double 类型的变量赋值，后面可以加上字母 d
```

在程序中也可以为一个浮点数类型变量赋予一个整数数值。

（3）字符类型变量。

用于存储一个单一字符，在 Java 中用 char 表示。每个 char 类型的字符变量都会占用 2 个字节（可以存放汉字）。赋值时，要用英文半角格式的单引号（' '）把字符括起来，如'a'，也可以赋值为 0~65 535 范围内的整数，计算机会自动将这些整数转化为所对应的字符，如数值 97 对应的字符为'a'. 具体代码如下：

```
char c = 'a'; // 为一个 char 类型的变量赋值字符'a'
char ch = 97; // 为一个 char 类型的变量赋值整数 97，相当于赋值字符'a"
```

我们称多个字符为字符串，在 Java 中用 String 这种数据类型表示，但是 String 不是基本数据类型，而是类，类是复合数据类型。

结论：在 Java 中，对 char 进行运算的时候，直接当作 ASCII 码对应的整数对待。

```
思考：int test1='a'+'b'; 输出值 195
char test2='a'+'b'; 输出值?
char test3='中'; 输出值 195
```

（4）布尔类型变量。

布尔类型变量用来存储布尔值，在 Java 中用 boolean 表示，该类型的变量只有两个值，即 true 和 false。比如：

```
booleanspBool=true; //给变量 spBool 定义为 boolean 型并赋值为真
```

具体示例如下：

```
boolean flag = false;      // 声明一个 boolean 类型的变量，初始值为 false
flag = true;               // 改变 flag 变量的值为 true
```

2. 引用数据类型

引用数据类型在后面的章节中会进行逐一讲解。

2.3.2 变量的类型转换

Java 中基本数据类型转换是指把一种数据类型的值赋给另一种数据类型的变量时，需要进行的数据类型转换。根据转换方式的不同，数据类型转换可分为两种：自动类型转换和强制类型转换。

1. 自动类型转换

自动类型转换也叫隐式类型转换，指的是两种数据类型在转换的过程中不需要显式地进行声明，即取值范围小的类型（低精度）赋值给取值范围大的类型（高精度）。如：

```
double a=1.2;
int b=3;
a=b;
```

通过上例可以说明，要实现自动类型转换，必须同时满足两个条件：一是两种数据类型彼此兼容；二是目标类型的取值范围大于源类型的取值范围。如：

```
byte b = 3;
int x = b;      //程序把 byte 类型的变量 b 转化成了 int 类型，无须特殊声明
```

（1）整数类型之间可以实现转换，如 byte 类型的数据可以赋值给 short、int、long 类型的

变量，short、char 类型的数据可以赋值给 int、long 类型的变量，int 类型的数据可以赋值给 long 类型的变量

（2）整数类型转换为 float 类型，如 byte、char、short、int 类型的数据可以赋值给 float 类型的变量。

（3）其他类型转换为 double 类型，如 byte、char、short、int、long、float 类型的数据可以赋值给 double 类型的变量。

结论：数据类型可以自动地从低精度转化为高精度而高精度不能自动转为低精度。

不同数值型数据类型间的精度高低顺序排序如下：

> byte<short<int<long<float<double

在 Java 中的小数默认是 double 数据类型，float 赋值时要在值后加字母 f，long 赋值时要在值后加字母 l。

2. 强制类型转换

强制类型转换也叫显式类型转换，指两种数据类型之间的转换需要进行显式地声明。

当两种类型彼此不兼容，或者高精度转为低精度时，自动类型转换无法进行，这时就需要进行强制类型转换。

强制类型转换的格式如下所示：

目标类型变量 =（目标类型）值

在学习强制类型转换之前，先来看一个例子。

【例 2.3】将 int 类型数据强制转换为 byte 数据类型。如文件 2-3 所示。

文件 2-3　Example03.java

```
package cn.cswu.chapter02.example03;
/**日期：2020 年 03 月
 * 功能：强制类型转换
 * 作者：软件技术教研室
 */
publicclass Example03 {
publicstaticvoid main（String[] args）{
    int num = 4；
    byte b =（byte）num；
    System.out.println（b）；
}
}
```

执行结果

4

在对变量进行强制类型转换时，会发生取值范围较大的数据类型向取值范围较小的数据类型的转换，如将一个 int 类型的数转为 byte 类型，这样做极容易造成数据精度的丢失。接下

来，通过一个案例来说明。

【例 2.4】不采取数据强制类型转换导致数据精度丢失源代码，如文件 2-4 所示。

文件 2-4　Example04.java

```java
package cn.cswu.chapter02.example04;
/**
 * 日期：2020 年 03 月
 * 功能：数据精度丢失
 * 作者：软件技术教研室
 */
publicclass Example04 {
publicstaticvoid main（String[] args）{
    byte a; // 定义 byte 类型的变量 a
    int b = 298; // 定义 int 类型的变量 b
    a=（byte）b;
    System.out.println（"b=" + b）;
    System.out.println（"a=" + a）;
}
}
```

执行结果

```
b=298
a=42
```

多学一招

所谓表达式是指由变量和运算符组成的一个算式。变量在表达式中进行运算时，也有可能发生自动类型转换，这就是表达式数据类型的自动提升，如一个 byte 型的变量在运算期间类型会自动提升为 int 型，请查看例 2.5 文件源代码。

【例 2.5】表达式数据类型的自动提升源代码，如文件 2-5 所示。

文件 2-5　Example05.java

```java
package cn.cswu.chapter02.example05;
/**
 * 日期：2020 年 03 月
 * 功能：表达式类型自动提升
 * 作者：软件技术教研室
 */
publicclass Example05 {
publicstaticvoid main（String[] args）{
```

```
byte b1 = 43；// 定义一个 byte 类型的变量
byte b2 = 56；
byte b3 = ( byte ) ( b1 + b2 )；// 两个 byte 类型变量相加，赋值给一个 byte 类型变量
System.out.println ( "b3=" + b3 )；
    }
}
```

执行结果

```
b3=99
```

2.3.3　变量的作用域

变量需要在它的作用范围内才可以被使用，这个作用范围称为变量的作用域。在程序中，变量一定会被定义在某一对大括号中，该大括号所包含的代码区域便是这个变量的作用域。如图 2.7 所示。

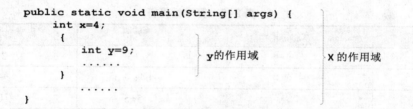

图 2.7　变量的作用域

变量的作用域在编程中尤为重要，接下来，通过一个案例来熟悉变量的作用域。

【例 2.6】变量的作用域源代码，如文件 2-6 所示。

文件 2-6　Example06.java

```
package cn.cswu.chapter02.example06;
/**
 * 日期：2020 年 03 月
 * 功能：变量的作用域
 * 作者：软件技术教研室
 */
publicclass Example06 {
publicstaticvoid main ( String[] args ) {
    int x = 12; // 定义了变量 x
    {
        int y = 96; // 定义了变量 y
        System.out.println ( "x is " + x ); // 访问变量 x
        System.out.println ( "y is " + y ); // 访问变量 y
    }
    //y = x; // 访问变量 x，为变量 y 赋值
```

```
        System.out.println（"x is " + x）; // 访问变量 x
    }
}
```

执行结果

```
x   is   12
y   is   96
x   is   12
```

2.4 Java 中的运算符

2.4.1 算术运算符

算术运算符是用来处理四则运算的符号，最简单、最常用的运算符号如表 2-3 所示。

表 2-3 算术运算符

运算符	运算	范例	结果
+	正号	+3	3
-	负号	b4；-b	-4
+	加	5+5	10
−	减	6-4	2
*	乘	3*4	12
/	除	5/5	1
%	取模（即算数中的求余数）	7%5	2
++	自增（前）	a=2；b=++a;	a=3；b=3;
++	自增（后）	a=2；b=a++	a=3；b=2;
--	自减（前）	a=2；b=--a	a=1；b=1
--	自减（后）	a=2；b=a--	a=1；b=2

算术运算符看上去比较简单，也很容易理解，但在实际使用时有很多需要注意的问题，具体如下：

（1）在进行自增（++）和自减（--）的运算时，如果运算符放在操作数的前面则是先进行自增或自减运算，再进行其他运算。反之，如果运算符放在操作数的后面，则是先进行其他运算再进行自增或自减运算。

表 2-4 自增自减运算

表达式	运算	含义
j=++k	前置形式自增	k=k+1; j=k;
j=k++	后置形式自增	j=k; k=k+1
j=--k	前置形式自减	k=k-1; j=k;
j=k--	后置形式自减	j=k; k=k-1;

算术运算符：++自加、--自减。这两个运算符比较特殊，请大家思考一下：

```
int a=90;
a++;                //此句等同于（a=a+1）
这时 a 等于？此时变量 a 的值为 91。
int b=89;
b--;                //等同于（b=b-1）
这时 b 等于？此时变量 b 的值为 88。
如果是下列情况：
int a=56;
int b=a++;
System.out.println（b）；56
System.out.println（a）；57
注意：int b=++a；相当于 a=a+1；再执行 b=a；
    int b=a++；相当于 b=a；再执行 a=a+1。
```

（2）在进行除法运算时，当除数和被除数都为整数时，得到的结果也是一个整数。如果除法运算有小数参与，得到的结果会是一个小数。

（3）在进行取模（%）运算时，运算结果的正负取决于被模数（%左边的数）的符号，与模数（%右边的数）的符号无关，其实%运算就是求得两个数的余数。

Java 中常用的算术运算符是：+加、-减、*乘、/除、%取模。

表 2-5　Java 中常用的算术运算符

运算	运算符	Java	代数
加	+	x+2	x+2
减	−	m−2	m−2
乘	×	m*2	2m 或 2×m
除	/	x/y	x÷y 或 $\frac{x}{y}$
取模	%	x%y	x modulo（其中 x，y 都是整数）

例如：

```
3/ 2        ==>结果为 1，类型是整数；
3.0 / 2.0   ==>结果为 1.5，类型为浮点数；
3/ 2.0      ==>结果为 1.5，类型为浮点数；
3.0 / 2     ==>结果为 1.5，类型为浮点数；
7 % 5       ==> 7 对 5 取模等于 2；
5 % 7       ==> 5 对 7 取模等于 5；
-7 % 5      ==> -7 对 5取模等于-2；
-27 %-5     ==> 7 对 -5 取模等于 2；
7 + 5       ==> 7 加 5 之和等于 12；
```

```
5 * 7              ==> 7 乘 5 之积等于 35；
7 - 5              ==> 7 减 5 等于 2；
12 - 5*2           ==>先进行 5 乘 2 操作结果为 10，再用 12 减 10，最后等于 2。
```

2.4.2 赋值运算符

赋值运算符的作用就是将常量、变量或表达式的值赋给某一个变量，表中列出了 Java 中的赋值运算符及用法。

表 2-6　赋值运算符

运算符	运算	范例	结果
=	赋值	a=3；b=2；	a=3；b=2；
+=	加等于	a=3；b=2；a+=b	a=5；b=2；
-=	减等于	a=3；b=2；a-=b	a=1；b=2；
*=	乘等于	a=3；b=2；a*=b	a=6；b=2；
/=	除等于	a=3；b=2；a/=b	a=1；b=2；
%=	模等于	a=3；b=2；a%=b	a=1；b=2；

在使用赋值运算符时，需要注意以下几个问题：

（1）在 Java 中可以通过一条赋值语句对多个变量进行赋值

```
int   x，y，z；
x = y = z = 5；              //为三个变量同时赋值
int   x = y = z = 5；        //这样写是错误的
```

（2）除了 "="，其他的都是特殊的赋值运算符，以 "+=" 为例，x += 3 就相当于 x = x + 3，首先会进行加法运算 x+3，再将运算结果赋值给变量 x。-=、*=、/=、%=赋值运算符都可依此类推。

请大家看看几个案例，就明白了：

```
int a=90；
a+=90；              //（相当于 a=a+90）
```
请问，a 现在等于多少？此时变量 a 的值为 180。
```
float b=89.7f；
b+=a；              //（相当于 b=b+a）
```
请问，b 现在等于多少？此时变量 b 的值为 269.7。
```
int a=56；int b=90；
a-=34；b%=a；              //（相当于 a=a-34，b=b%a）
System.out.println（b）；// 此时变量 b 的值为 2
System.out.println（a）；// 此时变量 a 的值为 22
```

多学一招

在为变量赋值时，当两种类型彼此不兼容，或者目标类型取值范围小于源类型时，需要进行强制类型转换。然而在使用+=、-=、*=、/=、%=运算符进行赋值时，强制类型转换会自动完成，程序不需要做任何显式地声明。接下来，通过一个案例来演示这种情况，如文件 2-7 所示。

文件 2-7　Example07.java

```
package cn.cswu.chapter02.example07;
/**
 *日期：2020 年 03 月
 * 功能：赋值运算符中的自动类型转换
 * 作者：软件技术教研室
 */
publicclass Example07 {
publicstaticvoid main（String[] args）{
    short s = 4;
    inti = 5;
    s += i;
    System.out.println（"s = " + s);
}
}
```

执行结果

s=9

2.4.3　比较运算符

比较运算符用于对两个数值或变量进行比较，其结果是一个布尔值，即 true 或 false，如表 2-7 所示。

表 2-7　比较运算符

运算符	运算	范例	结果
==	相等于	4==3	false
! =	不等于	4! =3	true
<	小于	4<3	false
>	大于	4>3	true
<=	小于等于	4<=3	false
>=	大于等于	4>=3	true

在使用比较运算符时需要注意一个问题，不能将比较运算符"=="误写成赋值运算符"="。

```
int a=90；int b=90；
if（a==b）{System.out.println（"ok1"）;  }
b--;
```

```
if（a>b）{System.out.println（"ok2"）；}
if（a>=b）{System.out.println（"ok3"）；}
```

【例 2.8】请编写一个程序，该程序可以接收两个数（可以是整数，也可是小数），并判断两个数是大于、小于还是等于？如文件 2-8 所示。

文件 2-8　Example08.java

```
package cn.cswu.chapter02.example08;
importJava.io.*; //载入 IO 流包
/**
 * 日期：2020 年 03 月
 * 功能："&" 和 "&&" 的使用
 *作者：软件技术教研室
 */
publicclass Example08{
publicstaticvoid main（String []args）{
try{
//输入流，从键盘接收数
InputStreamReaderisr=newInputStreamReader（System.in）;
BufferedReaderbr=newBufferedReader（isr）;
//给出提示
System.out.println（"请输入第一个数"）;
//从控制台读取一行数据
String a1=br.readLine（）;
System.out.println（"请输入第二个数"）;
String a2=br.readLine（）;
//把 String 转为 float
float num1=Float.parseFloat（a1）;
float num2=Float.parseFloat（a2）;
if（num1>num2）{System.out.println（"第一个大"）; }
if（num1==num2）{System.out.println（"相等"）; }
if（num1<num2）{System.out.println（"第二个大"）; }
}catch（Exception e）{
e.printStackTrace（）;
}
}
}
```

| 执行结果 |

请输入第一个数

2.4.4 逻辑运算符

逻辑运算符用于对布尔型的数据进行操作，其结果仍是一个布尔型，如表 2-8 所示。

表 2-8　逻辑运算符

运算符	运算	范例	结果
&	与	true & true	true
		true & false	false
		false & false	false
		false & true	false
|	或	true | true	true
		true | false	true
		false | false	false
		false | true	true
^	异或	true ^ true	false
		true ^ false	true
		false ^ false	false
		false ^ true	true
!	非	! true	false
		! false	true
&&	短路与	true && true	true
		true && false	false
		false && false	false
		false && true	false
||	短路或	true || true	true
		true || false	true
		false || false	false
		false || true	true

在使用逻辑运算符的过程中，需要注意以下几个细节：

（1）逻辑运算符可以针对结果为布尔值的表达式进行运算。如：x > 3 && y != 0。

（2）运算符"&"和"&&"都表示与操作，当且仅当运算符两边的操作数都为 true 时，其结果才为 true，否则结果为 false。当运算符"&"和"&&"的右边为表达式时，两者在使用上具有一定的区别。在使用"&"进行运算时，不论左边为 true 或者 false，右边的表达式都会进行运算。如果使用"&&"进行运算，当左边为 false 时，右边的表达式不会进行运算，因此，"&&"被称作短路与。

请大家看如下所示案例，请问输出什么：

```
int a=90；int b=90；
if（a==b || a>8）{System.out.println（"ok1"）; }
b--；
if（a>b && a>45）{System.out.println（"ok2"）; }
if（!（a<=b））{System.out.println（"ok3"）; }
```

【例 2.9】为了深入了解&和&&的区别，下面通过一个案例来演示这两者的区别，如文件 2-9 所示。

文件 2-9　Example09.java

```
package cn.cswu.chapter02.example09;
/**
 * 日期：2020 年 03 月
 * 功能："&"和"&&"的使用
 *作者：光庆
 */
publicclass Example09 {
publicstaticvoid main（String[] args）{
    int x = 0; // 定义变量 x，初始值为 0
    int y = 0; // 定义变量 y，初始值为 0
    int z = 0; // 定义变量 z，初始值为 0
    boolean a，b; // 定义 boolean 变量 a 和 b
    a= x > 0 & y++ > 1; // 逻辑运算符&对表达式进行运算
    System.out.println（a）;
    System.out.println（"y = " + y）;
    b = x > 0 && z++ > 1; // 逻辑运算符&&对表达式进行运算
    System.out.println（b）;
    System.out.println（"z = " + z）;
}
}
```

执行结果

```
false
y = 1
false
z = 0
```

（3）运算符"|"和"||"都表示或操作，当运算符两边的操作数的任何一边的值为 true 时，其结果为 true；当两边的值都为 false 时，其结果为 false。同与操作类似，"||"表示短路或，当运算符"||"的左边为 true 时，右边的表达式不会进行运算。

（4）运算符"^"表示异或操作，当运算符两边的布尔值相同时（都为 true 或都为 false），其结果为 false。当两边布尔值不相同时，其结果为 true。

2.4.5 运算符的优先级

在对一些比较复杂的表达式进行运算时，要明确表达式中所有运算符参与运算的先后顺序，这种顺序称作运算符的优先级，如表 2-9 所示。

表 2-9　运算符的优先级

优先级	运算符
1	、[]、（）
2	++、--、!
3	*、/、%
4	+、-
5	<<、>>、>>>
6	<、>、<=、>=
7	==、!=
8	&
9	^
10	|
11	&&
12	||
13	?:
14	=、*=、/=、%=、+=、-=、&=、^=、|=

2.5　三大流程控制

2.5.1　顺序控制

听其名而知其意，顺序控制即让程序可以顺序地执行。

【例 2.10】写一段顺序结构的代码，输出笑脸，如文件 2-10 所示。

文件 2-10　Example10.java

```
package cn.cswu.chapter02.example10;
/**
 * 日期：2020 年 03 月
 * 功能："&"和"&&"的使用
 *作者：光庆
 */
publicclass Example10 {
```

```
publicstaticvoid main（String[] args）{
int a=7；
System.out.println（"a="+a）；
System.out.println（"hello!"）；
a++；
System.out.println（"a="+a）；
System.out.println（"Ø（∩_∩）Ø"）；
a++；
System.out.println（"a="+a）；
}
}
```

执行结果

```
a=7
hello！
a=8
Ø（∩_∩）Ø
a=9
```

2.5.2　选择结构语句

在实际生活中经常需要做出一些判断，比如开车来到一个十字路口，这时需要对红绿灯进行判断，如果是红灯，就停车等候；如果是绿灯，就通行。Java 中有一种特殊的语句叫作选择语句，它也需要对一些条件做出判断，从而决定执行哪一段代码。选择语句分为 if 条件语句和 switch 条件语句。下面对以上 2 种选择结构语句进行介绍。

分支控制

让程序有选择地执行，分支控制有三种：① 单分支；② 双分支；③ 多分支。
单分支语法：
```
if（条件表达式）{
    语句；
}
```

if 条件语句

if 条件语句分为三种语法格式，具体如下：
① if 语句；
② if...else 语句；
③ if...else if...else 语句。

由于这三种语法格式都有自身的特点，因此，接下来针对这三种格式进行详细讲解。

1. if 语句

if 语句是指如果满足某种条件，就进行某种处理，其语法格式如下所示：

```
if（条件语句）{
代码块
}
```

在上述语法格式中，判断条件是一个布尔值，当值为 true 时，才会执行{}中的语句。
if 语句的执行流程如图 2.8 所示。

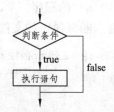

图 2.8　if 语句的执行流程

对 if 语句有所了解后，下面通过一个案例来学习 if 语句的具体用法。

【例 2.11】if 语句判定一个整数是否为偶数，如文件 2-11 所示。

文件 2–11　Example11.java

```java
package cn.cswu.chapter02.example11;
/**
 * 日期：2020 年 03 月
 *功能：if...else...语句的使用
 *作者：软件技术教研室
 */
publicclass Example11 {
publicstaticvoidmain（String[] args）{
    int num = 18;
    if（num % 2 == 0）{
        // 判断条件成立，num 被 2 整除
        System.out.println（"num 是一个偶数"）;
    }
}
}
```

执行结果

num 是一个偶数

2. if...else 语句

if...else 语句是指如果满足某种条件，就进行某种处理，否则就进行另一种处理，其语法

格式如下所示：

```
if（判断条件）{
执行语句 1
……
}else
执行语句 2
……
}
```

接下来，通过例 2.12 来实现判断奇偶数的程序。

【例 2.12】用 if……else 语句来实现判断奇偶，如文件 2-12 所示。

文件 2-12 Example12.java

```
package cn.cswu.chapter02.example12;
importjava.util.Scanner;
publicclass Example12 {
publicstaticvoid main（String[] args）{
Scanner scanner=new Scanner（System.in）;
System.out.println（"输入一个整数："）;
long num=scanner.nextLong（）;
if（num % 2 != 0）{
System.out.println（"奇数"）;
}
else {
System.out.println（"偶数"）;
}
}
}
```

执行结果

请输入一个整数：
38
偶数

多学一招

在 Java 中有一种特殊的运算叫作三元运算，它和 if…else 语句类似，语法如下：
判断条件？表达式 1：表达式 2
三元运算通常用于对某个变量进行赋值，当判断条件成立时，运算结果为表达式 1 的值，否则结果为表达式 2 的值。
例如，如下所示：

```
int x = 0;
int y = 1;
int max;
if ( x > y ) {
max = x;
} else {
max = y;
}
```

上述代码中的 if...else 语句可等价于下面语句：

```
int max = x > y ? x： y;
```

3. 多分支语法

（1）if...else if...else 语句。

这种语句用于对多个条件进行判断，进行多种不同的处理，其语法格式如下所示：

```
if（判断条件 1）{
执行语句 1
} else if（判断条件 2）{
执行语句 2
}
…
else if（判断条件 n）{
执行语句 n
} else {
执行语句 n+1
}
```

if...else if...else 语句的执行流程如图 2.9 所示。

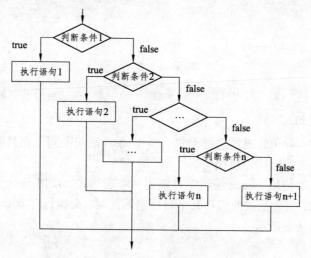

图 2.9   if···else if···else 语句的执行流程

接下来，通过一个案例来实现对学生考试成绩等价划分的程序。

【例 2.13】用 if…else if…else 语句来实现对学生考试成绩等价划分，如文件 2-13 所示。

文件 2-13　Example13.java

```
package cn.cswu.chapter02.example13;
/**
 * 日期：2020 年 03 月
 * if…else if…else 语句的使用
 * 作者：软件技术教研室
 */
publicclass Example13 {
publicstaticvoid main（String[] args）{
    int grade = 75；// 定义学生成绩
    if（grade > 80）{
        // 满足条件 grade > 80
        System.out.println（"该成绩的等级为优"）；
    } elseif（grade > 70）{
        // 不满足条件 grade > 80，但满足条件 grade > 70
        System.out.println（"该成绩的等级为良"）；
    } elseif（grade > 60）{
        // 不满足条件 grade > 70，但满足条件 grade > 60
        System.out.println（"该成绩的等级为中"）；
    } else {
        // 不满足条件 grade > 60
        System.out.println（"该成绩的等级为差"）；
    }
}
}
```

执行结果

该成绩的等级为良

4. switch 条件语句

switch 语句也是一种很常见的选择语句。和 if 条件语句不同，它只能针对某个表达式的值做出判断，从而决定执行哪一段代码。

在 switch 语句中，使用 switch 关键字来描述一个表达式，使用 case 关键字来描述和表达式结果比较的目标值，当表达式的值和某个目标值匹配时，会执行对应 case 下的语句，switch 语句的基本语法结构如下所示。

```
switch（表达式）{
case    目标值 1；
```

```
执行语句 1
break；
case    目标值 2；
执行语句 2
break；
......
case    目标值 n；
执行语句 n
break；
default：
执行语句 n+1
break；
}
```

例如，在程序中使用数字 1~7 表示周一到周日，如果想根据某个输入的数字输出中文格式的星期值，可以通过下面所示的代码来实现。

```
switch（用于表示星期的数字）{
    case 1：
输出星期一；
        break；
    case 2：
输出星期二；
        break；
    case 3：
输出星期三；
        break；
    case 4：
输出星期四；
        break；
    case 5：
输出星期五；
        break；
    case 6：
输出星期六；
        break；
    case 7：
输出星期天；
        break；
}
```

需要注意的是，在 switch 语句中的表达式只能是 byte、short、char、int、枚举（JDK1.5 引入的）、String 类型（JDK1.7 引入的）的值，如果传入其他值，程序会报错。

【例 2.14】通过 switch 条件语句演示根据数字来输出中文格式的星期，如文件 2-14 所示。

文件 2-14　Example14.java

```java
package cn.cswu.chapter02.example14;
/**
 * 日期：2020 年 03 月
 * switch 语句的使用
 * 作者：软件技术教研室
 */
publicclass Example14 {
publicstaticvoid main（String[] args）{
    int week = 7;
    switch（week）{
    case 1：
        System.out.println（"星期一"）;
        break;
    case 2：
        System.out.println（"星期二"）;
        break;
    case 3：
        System.out.println（"星期三"）;
        break;
    case 4：
        System.out.println（"星期四"）;
        break;
    case 5：
        System.out.println（"星期五"）;
        break;
    case 6：
        System.out.println（"星期六"）;
        break;
    case 7：
        System.out.println（"星期天"）;
        break;
    default：
        System.out.println（"输入的数字不正确..."）;
        break;
    }
}
}
```

星期天

在使用 switch 语句的过程中，如果多个 case 条件后面的执行语句是一样的，则该执行语句只需书写一次即可。

【例 2.15】要判断一周中的某一天是否为工作日，同样使用数字 1~7 来表示星期一到星期天，当输入的数字为 1、2、3、4、5 时就视为工作日，否则就视为休息日，如文件 2-15 所示。

文件 2-15　Example15.java

```
package cn.cswu.chapter02.example15;
/**
 * 日期：2020 年 03 月
 *功能：switch 语句的使用（多个 case 条件后面的执行语句是一样的情况）
 *作者：软件技术教研室
 */
publicclass Example15 {
publicstaticvoid main（String[] args）{
    int week = 3;
    switch（week）{
    case 1:
    case 2:
    case 3:
    case 4:
    case 5:
        // 当 week 满足值 1、2、3、4、5 中任意一个时，处理方式相同
        System.out.println（"今天是工作日"）;
        break;
    case 6:
    case 7:
        // 当 week 满足值 6、7 中任意一个时，处理方式相同
        System.out.println（"今天是休息日"）;
        break;
    }
}
}
```

执行结果

今天是工作日

2.5.3 循环结构

1. while 循环语句

while 语句和 if 条件语句有点类似，都是根据条件判断来决定是否执行后面的代码，它们的区别在于，while 循环语句会反复地进行条件判断，只要条件成立，{}内的执行语句就会执行，直到条件不成立，while 循环结束。

while 循环语句的语法结构如下所示：

```
while （循环条件）{
执行语句
……

}
```

while 循环语句的执行流程如图 2.10 所示。

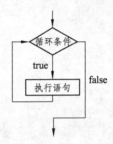

图 2.10　while 循环语句的执行流程

【例 2.16】用 while 循环语句来打印 1~4 之间的自然数，如文件 2-16 所示。

文件 2-16　Example16.java

```java
package cn.cswu.chapter02.example16;
/**
 *日期：2020 年 03 月
 *功能：while 循环
 *作者：软件技术教研室
 */
publicclass Example16 {
publicstaticvoid main（String[] args）{
    int x = 1; // 定义变量 x，初始值为 1
    while（x <= 7）{// 循环条件
        System.out.println（"x = " + x）; // 条件成立，打印 x 的值
        x++; // x 进行自增
    }
}
}
```

执行结果

```
x = 1
x = 2
x = 3
x = 4
x = 5
x = 6
x = 7
```

2. do…while 循环语句

do…while 循环语句和 while 循环语句功能类似，其语法结构如下所示：

```
do   {
    执行语句
    ……
} while（循环条件）;
```

do…while 循环语句的执行流程如图 2.11 所示。

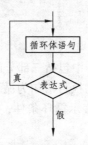

图 2.11   do…while 循环语句的执行流程

【例 2.17】使用 do…while 循环语句实现 1~7 自然数的打印，如文件 2-17 所示。

文件 2-17   Example17.java

```
package cn.cswu.chapter02.example17;
/**
 *日期：2019 年 03 月
 *功能：do...while 循环
 *作者：软件技术教研室
 */
publicclass Example17 {
publicstaticvoid main（String[] args）{
    int x = 1; // 定义变量 x，初始值为 1
    do {
        System.out.println（"x = " + x）; // 打印 x 的值
        x++; // 将 x 的值自增
```

```
        } while（x <= 7）; // 循环条件
    }
}
```

执行结果

```
x = 1
x = 2
x = 3
x = 4
x = 5
x = 6
x = 7
```

3. for 循环语句

for 循环语句是最常用的循环语句，一般用在循环次数已知的情况下，其语法格式如下所示：

```
for（初始化表达式；循环条件；操作表达式）{
    执行语句
    ……
}
```

在上述语法格式中，for 后面的（ ）中包括三部分内容：初始化表达式、循环条件和操作表达式。它们之间用"；"分隔，{}中的执行语句为循环体。

如果用① 表示初始化表达式，② 表示循环条件，③ 表示操作表达式，④ 表示循环体，则 for 循环的执行流程如下所示：

```
for（①；②；③）{
④
}
```

第一步，执行①

第二步，执行②，如果判断结果为 true，执行第三步，如果判断结果为 false，执行第五步

第三步，执行④

第四步，执行③，然后重复执行第二步

第五步，退出循环

【例 2.18】用 for 循环语句实现对自然数 1~6 进行求和，如文件 2-18 所示。

文件 2-18　Example18.java

```
package cn.cswu.chapter02.example18;
/**
*日期：2020 年 03 月
*功能：for 循环
*作者：软件技术教研室
```

```
*/
publicclass Example18 {
publicstaticvoid main（String[] args）{
    int sum = 0;  // 定义变量 sum，用于记住累加的和
    for（inti = 1；i<= 6；i++）{ // i 的值会在 1~6 之间变化
        sum += i;  // 实现 sum 与 i 的累加
    }
    System.out.println（"1+2+3+4+5+6 的 sum = " + sum）;  // 打印累加的和
}
}
```

执行结果

1+2+3+4+5+6 的 sum = 21

4. 循环嵌套

嵌套循环是指在一个循环语句的循环体中再定义一个循环语句的语法结构。while、do...while、for 循环语句都可以进行嵌套，并且它们之间也可以互相嵌套，如最常见的是在 for 循环中嵌套 for 循环，格式如下：

```
for（初始化表达式；循环条件；操作表达式）{
    ………
    for（初始化表达式；循环条件；操作表达式）{
        执行语句
        ……
    }
    ……
}
```

【例 2.19】用 for 循环嵌套语句实现使用 "*" 打印直角三角形，如文件 2-19 所示。

文件 2-19　Example19.java

```
package cn.cswu.chapter02.example19;
/**
*日期：2020 年 03 月
*功能：for 循环（使用*打印直角三角形）
*作者：软件技术教研室
*/
publicclass Example19 {
publicstaticvoid main（String[] args）{
    inti, j;  // 定义两个循环变量
    for（i = 1；i<= 9；i++）{ // 外层循环
        for（j = 1；j <= i；j++）{ // 内层循环
```

```
                System.out.print（"*"）; // 打印*
            }
            System.out.print（"\n"）; // 换行
        }
    }
}
```

执行结果

```
*
**
***
****
*****
******
*******
********
*********
```

5. 跳转语句（break、continue）

跳转语句用于实现循环执行过程中程序流程的跳转，在 Java 中的跳转语句有 break 语句和 continue 语句。

（1）break 语句：用在 switch 条件语句和循环语句中，它的作用是终止某个 case 并跳出 switch 结构。

（2）continue 语句：用在循环语句中，它的作用是终止本次循环，执行下一次循环。

【例 2.20】用 break 语句演示案例，如文件 2-20 所示。

文件 2-20　Example20.java

```
package cn.cswu.chapter02.example20;
/**
 *日期：2020 年 03 月
 *功能：break 语句
 *作者：软件技术教研室
 */
publicclass Example20 {
publicstaticvoid main（String[] args）{
    int x = 1; // 定义变量 x，初始值为 1
    while（x <= 4）{ // 循环条件
        System.out.println（"x = " + x）; // 条件成立，打印 x 的值
        if（x == 3）{
```

```
            break;
        }
        x++; // x 进行自增
    }
}
}
```

```
x = 1
x = 2
x = 3
```

当 break 语句出现在嵌套循环的内层时，它只能跳出内层循环，如果想跳出外层循环，则需要对外层循环添加标记。

【例 2.21】通过对外层循环添加标记，演示 break 语句跳出外层循环的案例，如文件 2-21 所示。

文件 2-21　Example21.java

```
package cn.cswu.chapter02.example21;
/**
 * 日期：2020 年 03 月
 *功能：break 语句（跳出外层循环）
 *作者：软件技术教研室
 */
publicclass Example21 {
publicstaticvoid main（String[] args）{
    inti, j; // 定义两个循环变量
    cswu: for（i = 1; i<= 9; i++）{// 外层循环
        for（j = 1; j <= i; j++）{// 内层循环
            if（i> 5）{// 判断 i 的值是否大于 4
                breakcswu; // 跳出外层循环
            }
            System.out.print（"*"）; // 打印*
        }
        System.out.print（"\n"）; // 换行
    }
}
}
```

```
*
**
***
****
*****
```

【例 2.22】continue 语句的作用演示案例，如文件 2-22 所示。

文件 2-22　Example22.java

```java
package cn.cswu.chapter02.example22;
/**
 *日期：2020 年 03 月
 *功能：continue 语句
 *作者：软件技术教研室
 */
publicclass Example22 {
publicstaticvoid main（String[] args）{
    int sum = 0; // 定义变量 sum，用于记住和
    for（inti = 1；i<= 100；i++）{
        if（i % 2 == 0）{ //i 是一个偶数，不累加
            continue; // 结束本次循环
        }
        sum += i; // 实现 sum 和 i 的累加
    }
    System.out.println（"sum = " + sum）;
}
}
```

执行结果

```
sum = 2500
```

2.6　本章小结

在这一章中，主要学习了基本数据类型和各种表达式的使用。在实际运用中这些表达式是十分有用的。本章主要介绍了学习 Java 所需的基础知识。首先介绍了 Java 语言的基本语法、常量、变量的定义以及一些常见运算符的使用，通过表达式将各种数据合理有效地结合在一

起，是使程序高效、简洁的秘诀所在。然后介绍了条件选择结构语句和循环结构语句的概念和使用，希望读者认真阅读。通过本章的学习，能够掌握 Java 程序的基本语法、格式，以及变量和运算符、运算符优先级的使用，能够掌握几种流程控制语句的使用，为以后的学习打下良好的基础。

第3章　数组

Java 语言中的数组是用来存放同一种数据类型数据集的特殊对象。在本章中，首先介绍数组的创建、初始化，然后是它们的基本使用情况。学习完这些基础知识后，本章会介绍几种基本的排序方法，然后是多维数组的使用。有些内容放在本章讲有些早，但为了使全书的内容组织有序，所以把数组相关的内容都放到了本章来讲解，如果读者觉得有的内容难于理解，等学习了以后的内容，再来回顾一下，一定会有更好的理解。

Java 语言中的数组是用来存放同一种数据类型数据集的特殊对象。在本章中，首先介绍数组的创建、初始化，然后是它们的基本使用情况。学习完这些基础知识后，本章会介绍几种基本的排序方法，然后是多维数组的使用。有些内容放在本章讲有些早，但为了使全书的内容组织有序，所以把数组相关的内容都放到了本章来讲解，如果读者觉得有的内容难于理解，可以先暂时放一下，等学习了以后的内容，再来回顾一下，一定会有更好的理解。

3.1　数组基础

3.1.1　为什么要使用数组

假设有一个程序要求输入一周内每天的天气情况，然后计算这一周内的平均气温。可以通过让用户输入一周七天的每天气温，然后来计算平均气温，最后显示出来。程序代码如下。

```java
importJava.util.*;
public class AverageTemperatures{
public static void main(String args[ ]){
int count;
double next,sum,average; sum=0;
//创建一个 Scanner 对象
Scanner  sc=new  Scanner(System.in);  System.out.println(" 请 输 入 七 天 的 温 度 ： ");
for(count=0;count<7;count++)
{
//通过 Scanner 对象获得用户输入
next=sc.nextDouble(); sum+=next;
}
System.out.println(sum); average=sum/7;
System.out.println("平均气温为："+average);
```

```
        }
}
```

请输入七天的温度： 34.5
30.7 34 28.0 27.9 35.7 31.0 221.8
平均气温为：31.685714285714287

　　程序首先定义了一系列的变量，count 用来表示第几天，next 用来存放每天的气温，sum 用来存放气温的总和，而 average 是用气温的总和除以天数得到的平均值。还定义了一个 Scanner 对象，Scanner 是一个使用正规表达式来解析基本类型和字符串的简单文本扫描器，可以用来读取用户输入的气温。在循环语句中调用该类的 nextDouble( )方法，读取用户输入的气温，把它放入 next 中，然后加入 sum 中。循环结束后求得气温的平均值 average。假设程序有进一步的要求，要求记录每一天的气温，那么可以声明七个 double 类型的变量来存放气温。但是这样实现过于"笨拙"。这时可以用数组来实现，用数组来存放统一类型的数据是十分方便的。

3.1.2　Java 数组的定义

　　Java 的数组可以看作一种特殊的对象，保存的是一组有顺序的、在同一个数组中的数据都有相同的类型，用统一的数组名，通过下标来区分、访问数组中的各个元素。数据元素根据下标的顺序，在内存中按顺序存放。

　　说明：数组在使用前需要对它进行声明，然后对其进行初始化，最后才可以存取元素。数组中的每个值被称为元素，在数组中可以存放任意类型的元素，但同一个数组中存放的元素类型必须一致。如下面的例子都是数组在不同场合的应用。

```
int a[]=new int[5]; //定义一个数组名为 a 的整型数组，并可以放入 5 个整型数。
```

　　说明：这是定义数组的一种方法。

a | a[0] | a[1] | a[2] | a[3] | a[4] | 电脑中的数组

3 楼 | 301 房 | 302 房 | 303 房 | 304 房 | 305 房 | 现实中的楼房

　　楼是存在地球上的，那么数组是存在哪里的呢？显然是存在电脑内存中。在 Java 中，可以使用下列格式定义一个数组，具体示例如下：

```
int [] x = new int [100];
```

　　上述语句就相当于在内存中定义了 100 个 int 类型的变量，第一个变量的名称为 x[0]，第二个变量的名称为 x[1]，以此类推，第 100 个变量的名称为 x[99]，这些变量的初始值都是 0。

　　为了更好地理解数组的定义方式，可以把上述代码定义为两行来写，具体如下：

```
int [] x;                //声明一个 int[]类型的变量
x = new int [100];       //创建一个长度为 100 的数组
```

　　接下来，通过一张内存图来说明数组在创建过程中的内存分配情况，具体如图 3.1 所示。

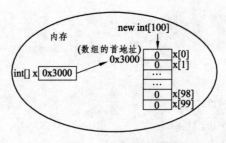

图 3.1　内存状态图

3.2　一维数组

3.2.1　一维数组的用法

关于数组的用法，有三种方式：

1. 用法 1

第一步：数组的定义。

数据类型数组名[]=new 数据类型[数组大小]；

第二步：数组的引用（使用）。

数组名[下标]

比如：a 数组的第三个数为 a[2]。

2. 用法 2

第一步：先声明数组。

语法：数据类型数组名[]；也可以数据类型[] 数组名；

例：int a[]；或者 int[] a；

第二步：创建数组。

语法：数组名=new 数据类型[数组大小]；

例：a=new int[10]；

第三步：数组的引用（使用）。

语法：数组名[下标]

例：引用 a 数组的第 8 个元素 a[7]

要想知道数组的大小可以使用数组的 length 方法。

语法：数组名.length

3. 用法 3（当已知元素值时可以使用此法）

第一步：初始化数组。

语法：数据类型数组名[]={元素值，元素值...}；

例如：int a[]={2, 5, 6, 7, 8, 89, 90, 34, 56}；

上面的用法相当于：

int a[]=new int[9]；

int a[0]=2；int a[1]=5；int a[2]=6；...a[8]=56；

第二步：数组的引用（使用）。

语法：数组名[下标]

例如：a 数组的第 8 个元素 a[7]。

【例 3.1】数组的定义及其访问案例演示，如文件 3-1 所示。

文件 3-1　Example01.java

```
package cn.cswu.chapter03.example01；
/**
 * 日期：2020 年 03 月
 * 功能：定义数组以及访问数组中的元素
 * 作者：软件技术教研室
 */
publicclass Example01 {
publicstaticvoid main（String[] args）{
    int[] arr；// 声明变量
    arr = newint[3]；// 创建数组对象
    System.out.println（"arr[0]=" + arr[0]）；// 访问数组中的第一个元素
    System.out.println（"arr[1]=" + arr[1]）；// 访问数组中的第二个元素
    System.out.println（"arr[2]=" + arr[2]）；// 访问数组中的第三个元素
    System.out.println（"数组的长度是：" + arr.length）；// 打印数组长度
}
}
```

执行结果

```
arr[0]=0
arr[1]=0
arr[2]=0
数组的长度是：3
```

注意：

在 Java 中，为了方便我们获得数组的长度，提供了一个 length 属性，在程序中可以通过"数组名.length"的方式来获得数组的长度，即元素的个数。

在 Java 中，数组的下标是从 0 开始的，而不是从 1 开始。这意味着最后一个索引号不是数组的长度，而是比数组的长度小 1。数组是通过数组名和下标来访问的。

数组应用问题

【例 3.2】一个养鸡场有 6 只鸡，它们的体重分别是 3 kg、5 kg、1 kg、3.4 kg、2 kg、4.8 kg。请问这六只鸡的总体重是多少？平均体重是多少？请用数组编写一个程序实现，如文件 3-2 所示。

```
package cn.cswu.chapter03.example02；
/**
  * 日期：2020 年 03 月
  * 功能：数组应用问题--六只鸡的总体重是多少？平均体重是多少？
  * 作者：软件技术教研室
  */
publicclass Example02 {
publicstaticvoid main（String[] args）{
     //定义一个可以存放六个 float 类型的数组
     floatarr[]=newfloat[6]；
     //使用 for 循环赋值
     //给数组的各个元素赋值
     arr[0]=3；
     arr[1]=5；
     arr[2]=1；
     arr[3]=3.4f；
     arr[4]=2；
     arr[5]=4.8f；
     //计算总体重[遍历数组]
     float all=0；
     for（inti=0；i<6；i++）{
          all+=arr[i]；
     }
     System.out.println（"总体重是："+all）；
     System.out.println（"平均体重是："+all/6）；
  }
}
```

执行结果

总体重是：19.2
平均体重是：3.2

【例 3.3】在运动会上，五个选手比赛滑轮，他们滑完 100 m，分别用了 10 s、12 s、5.7 s、9 s、14 s，请编写一个程序，计算他们所用的平均时间，如文件 3-3 所示。

文件 3-3   Example03.java

```
package cn.cswu.chapter03.example03；
/**
  * 日期：2020 年 03 月
```

```
 * 功能：数组应用问题--五个小孩比赛滑轮
 * 作者：软件技术
 */
publicclass Example03{
publicstaticvoid main（String []args）{
    //使用古板法定义数组并给数组赋值
    float time[]={10，12，5.7f，9，14}；
    floatzs=0;
    for（inti=0；i<time.length；i++）{
        zs+=time[i];
    }
    System.out.println（"百米平均用时："+（zs/time.length）+"s"）;
    //如何知道数组的大小？使用数组的 length 方法便可知道数组大小
    System.out.println（"数组的长度为："+time.length）;
}
}
```

执行结果

百米平均用时：10.14 s
数组的长度为：5

当数组被成功创建后，数组中的元素会被自动赋予一个默认值，根据元素类型的不同，默认初始化的值也是不一样的。各种类型的初始值如表 3-1 所示。

表 3-1   不同数据的默认初始化值

数据类型	默认初始化值
byte、short、int、long	0
float、double	0.0
char	一个空字符，即'\u0000'
Boolean	false
引用数据类型	null，表示变量不引用任何对象

在使用数组时，如果不想使用默认初始值，也可以显式地为数组元素赋值。

【例 3.4】为数组的元素赋值案例，如文件 3-4 所示。

文件 3-4   Example04.java

```
package cn.cswu.chapter03.example04；
/**
 * 日期：2020 年 04 月
 * 功能：为数组的元素赋值
 * 作者：软件技术教研室
```

```
*/
publicclass Example04 {
publicstaticvoid main（String[] args）{
    int[] arr = newint[4]；// 定义可以存储 4 个元素的整数类型数组
    arr[0] = 1；// 为第 1 个元素赋值 1
    arr[1] = 2；// 为第 2 个元素赋值 2
    // 依次打印数组中每个元素的值
    System.out.println（"arr[0]=" + arr[0]）;
    System.out.println（"arr[1]=" + arr[1]）;
    System.out.println（"arr[2]=" + arr[2]）;
    System.out.println（"arr[3]=" + arr[3]）;
}
}
```

执行结果

```
arr[0]=1
arr[1]=2
arr[2]=0
arr[3]=0
```

在初始化数组时还有一种方式叫作静态初始化，就是在定义数组的同时就为数组的每个元素赋值。数组的静态初始化有两种方式：

① 类型[]　数组名　= new 类型[] {元素，元素，……}；

② 类型[]　数组名　= {元素，元素，元素，……}；

【例 3.5】演示数组静态初始化的效果，如文件 3-5 所示。

文件 3-5　Example05.java

```
package cn.cswu.chapter03.example05；
/**
 * 日期：2020 年 03 月
 * 功能：数组静态初始化
 * 作者：软件技术教研室
 */
publicclass Example05 {
publicstaticvoid main（String[] args）{
    int[] arr = { 3，7，9，8 }；// 静态初始化
    // 依次访问数组中的元素
    System.out.println（"arr[0] = " + arr[0]）;
    System.out.println（"arr[1] = " + arr[1]）;
    System.out.println（"arr[2] = " + arr[2]）;
```

```
        System.out.println（"arr[3] = " + arr[3]）;
    }
}
执行结果
arr[0] = 3
arr[1] = 7
arr[2] = 9
arr[3] = 8
```

每个数组的索引都有一个范围，即 0~length-1。在访问数组的元素时，索引不能超出这个范围，否则程序会报错。

【例 3.6】下面通过案例来演示，在访问数组的元素时，索引不能超出它的索引范围，如文件 3-6 所示。

文件 3-6　Example06.java

```
package cn.cswu.chapter03.example06;
/**
 * 日期：2020 年 03 月
 * 功能：数组越界异常
 * 作者：软件技术教研室
 */
publicclass Example06 {
publicstaticvoid main（String[] args）{
    int[] arr = newint[5]; // 定义一个长度为 4 的数组
    System.out.println（"arr[0]=" + arr[5]）; // 通过角标 4 访问数组元素
}
}
```

执行结果

Exception in thread "main"Java.lang.ArrayIndexOutOfBoundsException：5 at cn.cswu.chapter03.example06.Example06.main（Example06.java：10）

在使用变量引用一个数组时，变量必须指向一个有效的数组对象，如果该变量的值为 null，则意味着没有指向任何数组，此时通过该变量访问数组的元素会出现空指针异常。

【例 3.7】通过一个案例来演示通过该变量访问数组的元素会出现空指针异常的情况，如文件 3-7 所示。

文件 3-7　Example07.java

```
package cn.cswu.chapter03.example07;
/**
*日期：2020 年 03 月
*空指针异常
```

```
*作者：软件技术教研室
 */
public class Example07 {
public static void main（String[] args）{
    int[] arr = new int[3]；// 定义一个长度为 3 的数组
    arr[0] = 5；// 为数组的第一个元素赋值
    System.out.println（"arr[0]=" + arr[0]）；// 访问数组的元素
    arr = null；// 将变量 arr 置为 null
    System.out.println（"arr[0]=" + arr[0]）；// 访问数组的元素
}
}
```

执行结果

```
Exception in thread "main" arr[0]=5
java.lang. NullpointerException
        at cn.cswu.chapter03.example07.Example07.main（Example07.java：13）
```

【例 3.8】一个养狗场有 4 只狗，分别是：

名字	体重
花花	7.5 kg
旺财	8.6 kg
黑二	7.8 kg
大黄	9.9 kg

请编写一个程序，可以计算它们的平均体重，并找出体重最大和最小的狗的名字，还可以通过输入狗的名字，查找它的体重，如文件 3-8 所示。

文件 3-8   Example08.java

```
package cn.cswu.chapter03.example08;
//importJava.io.*;
importjava.util.*;
/**
 * 日期：2020 年 03 月
 * 功能：数组综合应用
 * 作者：软件技术教研室
 */
publicclass Example08 {
publicstaticvoid main（String[] args）throws Exception {//throws Exception 将输入错误剔除程序块
    //定义一个对象数组可以存放四只狗的对象数组
```

```java
        Dog dogs[]=new Dog[4];
        //给各个狗赋初值
/*      dogs[0]=new Dog（）;
        dogs[0].setName（"花花"）;
        dogs[0].setWeight（7.5f）;
        dogs[]*/
        //从控制台输入各个狗的信息
//      InputStreamReaderisr=new InputStreamReader（System.in）;
//      BufferedReaderbr=new BufferedReader（isr）;
        Scanner sr=new Scanner（System.in）;
        for（inti=0；i<4；i++）{
            dogs[i]=new Dog（）; //必须使用 new 方法将数组指向 Dog 类
            System.out.println（"请输入第"+（i+1）+"狗名"）;
            //从控制台读取狗名
            String name=sr.nextLine（）;
            //将名字赋给对象
            dogs[i].setName（name）; //将狗名使用 set 方法传入 Dog 类中
            System.out.println（"请输入"+（i+1）+"狗的体重"）;
            String s_weight=sr.nextLine（）;
            float weight=Float.parseFloat（s_weight）;
            //将名字赋给对象
            dogs[i].setWeight（weight）; //将狗体重使用 set 方法传入 Dog 类中
        }
        //计算总体重
        floatallWeight=0;
        for（inti=0；i<4；i++）{
            allWeight+=dogs[i].getWeight（）; //将 dogs 数组中的狗体重从 Dog 类中取出并
累加赋值给总体重
        }
        //计算平均体重
        floatavgWeight=allWeight/dogs.length;
        System.out.println（"总体重="+allWeight+"\t 平均体重="+avgWeight）;

        //找出体重最大的狗
        //假设第一狗体重最大
        floatmaxWeight=dogs[0].getWeight（）;
        intmaxIndex=0; //定义用于比较体重的下标
        //依次和第一只狗比较体重
        for（inti=1；i<dogs.length；i++）{
            if（maxWeight<dogs[i].getWeight（））{
```

```
                    //如何比较的狗体重大于第一只狗的体重则进行修改
                    maxWeight=dogs[i].getWeight（）；
                    maxIndex=i;
            }
        }
        //找出体重最小的狗
        floatminWeight=dogs[0].getWeight（）；
        intminIndex=0;
        for（intJ=1；j<dogs.length；j++）{
            if（minWeight>dogs[j].getWeight（））{
                    //如何比较的狗体重小于第一只狗的体重则进行修改
                    minWeight=dogs[j].getWeight（）；
                    minIndex=j;
            }
        }
        System.out.println（"体重大的狗是第"+（maxIndex+1）+"狗，名字叫："+dogs
[maxIndex].getName（）+"\t 体重是"+maxWeight）；
        System.out.println（"体重小的狗是第"+（minIndex+1）+"狗，名字叫："+dogs
[minIndex].getName（）+"\t 体重是"+minWeight）；
        //输入狗的名字查狗的体重
        System.out.println（"请输入你要找的狗的名字："）；
        String cname=sr.nextLine（）；
        intcIndex=0;
        for（int k=0；k<dogs.length；k++）{
            if（cname.equals（dogs[k].getName（）））{//对比狗名。变量名.equals（）方法
用于字符串比较内容是否一致。
                    System.out.println（"你要找狗名"+ dogs[cIndex].getName（）+"\t 体重是
"+dogs[cIndex].getWeight（））；
            }
        }
    }
    }
    //定义一个狗类
    class Dog{
    private String name;
    privatefloat weight;
    public String getName（）{
        return name;
    }
    publicvoidsetName（String name）{
```

```
        this.name = name;
    }
    publicfloatgetWeight（）{
        return weight;
    }
    publicvoidsetWeight（float weight）{
        this.weight = weight;
    }
    }
```

执行结果

请输入第 1 狗名
花花
请输入 1 狗的体重
7.5
请输入第 2 狗名
旺财
请输入 2 狗的体重
8.6
请输入第 3 狗名
黑二
请输入 3 狗的体重
7.8
请输入第 4 狗名
大黄
请输入 4 狗的体重
9.9
总体重=33.800003　平均体重=8.450001
体重大的狗是第 4 狗，名字叫：大黄体重是：9.9
体重小的狗是第 1 狗，名字叫：花花体重是：7.5
请输入你要找的狗的名字：
黑二
你要找狗名：黑二　体重是：7.8

3.3　数组的常见操作

由于数组在编写程序时应用非常广泛，灵活地使用数组对实际开发很重要。下面针对数组的遍历、最值的获取、数组的排序分别进行讲解。

3.3.1 数组遍历

在操作数组时，经常需要依次访问数组中的每个元素，这种操作叫作数组的遍历。

【例 3.9】通过一个案例来学习如何使用 for 循环遍历数组，如文件 3-9 所示。

文件 3-9 Example09.java

```java
package cn.cswu.chapter03.example09;
/**
 * 日期：2020 年 03 月
 * 功能：for 循环遍历数组
 * 作者：软件技术教研室
 */
publicclass Example09 {
publicstaticvoid main（String[] args）{
    int[] arr = { 6，7，3，9，5 }；// 定义数组
    // 使用 for 循环遍历数组的元素
    for（inti = 0；i<arr.length；i++）{
        System.out.println（arr[i]）；// 通过索引访问元素
    }
}
}
```

执行结果

```
6
7
3
9
5
```

3.3.2 数组最值

在操作数组时，经常需要获取数组中元素的最值。

【例 3.10】通过一个案例来演示如何获取数组中元素的最大值，如文件 3-10 所示。

文件 3-10 Example10.java

```java
package cn.cswu.chapter03.example10;
/**
 * 日期：2020 年 03 月
 * 功能：获取数组中元素的最大值
 * 作者：软件技术教研室
 */
```

```
publicclass Example10 {
publicstaticvoid main（String[] args）{
    int[] arr = { 4，1，6，3，9，8 }；// 定义一个数组
    int max = getMax（arr）；// 调用获取元素最大值的方法
    System.out.println（"max=" + max）；// 打印最大值
}

staticintgetMax（int[] arr）{
    int max = arr[0]；// 定义变量 max 用于记住最大数，首先假设第一个元素为最大值
    // 下面通过一个 for 循环遍历数组中的元素
    for（int x = 1；x <arr.length；x++）{
        if（arr[x] > max）{ // 比较 arr[x]的值是否大于 max
            max = arr[x]；// 条件成立，将 arr[x]的值赋给 max
        }
    }
    return max；// 返回最大值 max
}
}
```

执行结果

max = 9

3.3.3 数组排序

排序（sorting）是数据处理中一种很重要的运算，同时也是很常用的运算，一般数据处理工作 25%的时间都在进行排序。简单地说，排序就是把一组记录（元素）按照某个域的值的递增（即由小到大）或递减（即由大到小）的次序重新排列的过程。现实生活中，有时会要求对一些数据由高到低或者由低到高地进行排列，这时就要用到数组排序算法。排序算法是算法和数据结构中的主要内容。本节将主要介绍选择排序、冒泡排序、插入、快速、合并排序等算法。

1. 冒泡排序法

冒泡排序的基本思想是：通过对待排序序列从后向前（从下标较大的元素开始），依次比较相邻元素的排序码，若发现逆序则交换，使排序码较小的元素逐渐从后部移向前部（从下标较大的单元移向下标较小的单元），就像水底下的气泡一样逐渐向上冒。

因为排序的过程中，各元素不断接近自己的位置，如果一趟比较下来没有进行过交换，就说明序列有序，因此，要在排序过程中设置一个标志 flag 判断元素是否进行过交换，从而减少不必要的比较。

图 3.2 演示了一个冒泡过程的例子。

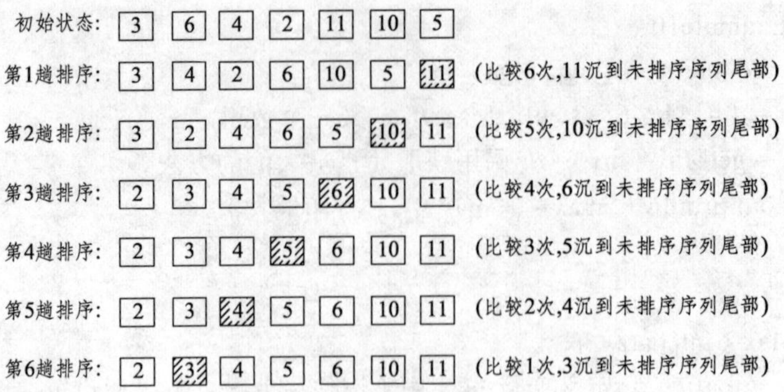

初始状态： 3 6 4 2 11 10 5

第1趟排序： 3 4 2 6 10 5 [11] （比较6次,11沉到未排序序列尾部）

第2趟排序： 3 2 4 6 5 [10] 11 （比较5次,10沉到未排序序列尾部）

第3趟排序： 2 3 4 5 [6] 10 11 （比较4次,6沉到未排序序列尾部）

第4趟排序： 2 3 4 [5] 6 10 11 （比较3次,5沉到未排序序列尾部）

第5趟排序： 2 3 [4] 5 6 10 11 （比较2次,4沉到未排序序列尾部）

第6趟排序： 2 [3] 4 5 6 10 11 （比较1次,3沉到未排序序列尾部）

图 3.2　冒泡过程示例

【例 3.11】下面用数组实现冒泡法排序程序演示，如文件 3-11 所示。

文件 3-11　Example11.java

```
//演示冒泡排序法
package cn.cswu.chapter03.example11;
/**
 * 日期：2020 年 03 月
 * 功能：冒泡排序法
 * 作者：软件技术教研室
 */
publicclass Example11 {
publicstaticvoid main（String[] args）{
    intarr[]={1，6，0，-1，9，-100，90}；
    int temp=0；
    //排序
    //外层循环，可以决定一共走趟
    for（inti=0；i<arr.length-1；i++）{
        //内层循环，开始逐个比较，如果发现前一个数比后一个数大则交换
        for（intJ=0；j<arr.length-1-i；j++）{
            if（arr[j]>arr[j+1]）{
                //换位
                temp=arr[j]；
                arr[j]=arr[j+1]；
                arr[j+1]=temp；
            }
        }
    }
    //输出最后结果
    for（inti=0；i<arr.length；i++）{
```

```
            System.out.print（arr[i]+"\t"）;
        }
    }
}
```

执行结果

```
-100   -1   0   1   6   9   90
```

【例 3.12】实现冒泡排序每轮排序结果输出案例，如文件 3-12 所示。

文件 3-12　Example12.java

```
package cn.cswu.chapter03.example12;
/**
 * 日期：2019 年 10 月
 * 功能：冒泡排序过程展示
 * 作者：软件技术教研室
 */
publicclass Example12 {
publicstaticvoid main（String[] args）{
    int[] arr = { 9, 8, 3, 5, 2 };
    System.out.print（"冒泡排序前："）;
    printArray（arr）; // 打印数组元素
    bubbleSort（arr）; // 调用排序方法
    System.out.print（"冒泡排序后："）;
    printArray（arr）; // 打印数组元素
}

// 定义打印数组元素的方法
publicstaticvoidprintArray（int[] arr）{
    // 循环遍历数组的元素
    for（inti = 0; i<arr.length; i++）{
        System.out.print（arr[i] + " "）; // 打印元素和空格
    }
    System.out.print（"\n"）;
}

// 定义对数组排序的方法
publicstaticvoidbubbleSort（int[] arr）{
    // 定义外层循环
    for（inti = 0; i<arr.length - 1; i++）{
```

```
// 定义内层循环
for（intJ = 0；j <arr.length - i - 1；j++）{
    if（arr[j] >arr[j + 1]）{ // 比较相邻元素
        // 下面的三行代码用于交换两个元素
        int temp = arr[j];
        arr[j] = arr[j + 1];
        arr[j + 1] = temp;
    }
}
System.out.print（"第" +（i + 1）+ "轮排序后："）;
printArray（arr）; //每轮比较结束打印数组元素
    }
}
}
```

执行结果

```
冒泡排序前：9 8 3 5 2
第 1 轮排序后：8 3 5 2 9
第 2 轮排序后：3 5 2 8 9
第 3 轮排序后：3 2 5 8 9
第 4 轮排序后：2 3 5 8 9
冒泡排序后：2 3 5 8 9
```

2. 快速排序法

快速排序（quick sorting）是对冒泡排序的一种改进，由 C.A.R.Hoare 在 1962 年提出。它的基本思想是：通过一趟排序将要排序的数据分割成独立的两部分，其中一部分的所有数据都比另外一部分的所有数据都要小，然后再按此方法对这两部数据分别进行快速排序，整个排序过程可以递归进行，以此达到整个数据变成有序序列。

图 3.3 演示了快速排序原理。

```
初始
{49  38  65  97  76  13  27  49}
一次划分之后
{27  28  13} 49 {76  97  65  49}
序列左继续排序
{13} 27 {38} 49 {76  97  65  49}
(结束)   (结束)
序列右继续排序
                {49  65} 76 {97}
                          (结束)
                49 {65}
                (结束)
有序序列
{13  27  38  49  49  65  76  97}
```

图 3.3 快速排序执行过程

【例 3.13】用下面的程序案例演示快速排序法过程，如文件 3-13 所示。

文件 3-13　Example13.java

```java
package cn.cswu.chapter03.example13;
/**
 * 日期：2020 年 03 月
 * 功能：快速排序
 * 作者：软件技术教研室
 */
publicclass Example13{
publicstaticvoid main（String []args）{
    intarr[]={-1，-5，6，2，0，9，-3，-8，12，7};
    QuickSortqs=newQuickSort（）;
    qs.sort（0，arr.length-1，arr）;
    //输出最后结果
    for（inti=0；i<arr.length；i++）{
        System.out.print（arr[i]+"\t"）;
    }
}
}
classQuickSort{
publicvoid sort（int left，int right，int [] arr）{
    int l=left;
    int r=right;
    int pivot=arr[（left+right）/2]; //找中间值
    int temp=0;
    while（l<r）{
        while（arr[l]<pivot）l++;
        while（arr[r]>pivot）r--;
        if（l>=r）break;
        temp=arr[l];
        arr[l]=arr[r];
        arr[r]=temp;
        if（arr[l]==pivot）--r;
        if（arr[r]==pivot）++l;
    }
    if（l==r）{
        l++;
        r--;
    }
```

```
        if（left<r）sort（left, r, arr）;
        if（right>l）sort（l, right, arr）;
    }
}
```

执行结果

```
-8   -5   -3   -1   0   2   6   7   9   12
```

3. 选择排序法

选择式排序法也属于内部排序法，是从欲排序的数据中，按指定的规则选出某一元素，经过和其他元素重整，再依原则交换位置后达到排序的目的。

选择式排序又可分为两种：

① 选择排序法（selection sorting）；

② 堆排序法（heap sorting）。

选择排序也是一种简单的排序方法。它的基本思想是：第一次从 $R[0]\sim R[n-1]$ 中选取最小值，与 $R[0]$ 交换，第二次从 $R[1]\sim R[n-1]$ 中选取最小值，与 $R[1]$ 交换，第三次从 $R[2]\sim R[n-1]$ 中选取最小值，与 $R[2]$ 交换，……，第 i 次从 $R[i-1]\sim R[n-1]$ 中选取最小值，与 $R[i-1]$ 交换，……，第 $n-1$ 次从 $R[n-2]\sim R[n-1]$ 中选取最小值，与 $R[n-2]$ 交换，总共通过 $n-1$ 次，得到一个按排序码从小到大排列的有序序列。

例如，给定 $n=7$，数组 R 中的 7 个元素的排序码为：(15,14,22,30,37,15,11)，选择排序过程如图 3.4 所示。

```
初态：    [15, 14, 22, 30, 37, 15, 11]
第一趟：   [11] [14, 22, 30, 37, 15, 15 ]
第二趟：   [11, 14] [22, 30, 37, 15, 15 ]
第三趟：   [11, 14, 15] [30, 37, 22, 15]
第四趟：   [11, 14, 15, 15] [37, 22, 15]
第五趟：   [11, 14, 15, 15, 22] [37, 30]
第六趟：   [11, 14, 15, 15, 22, 30] [37]
```

图 3.4　选择排序过程

【例 3.14】利用选择排序算法思想编写一段代码实现上述排序原理案例，假设数据初态为（8,3,2,1,7,4,6,5），如文件 3-14 所示。

文件 3-14　Example14.java

```
package cn.cswu.chapter03.example14;
/**
 * 日期：2020 年 03 月
 * 功能：选择排序算法
 * 作者：软件技术教研室
 */
```

```
publicclass Example14{
publicstaticvoid main（String []args）{
    intarr[]={8，3，2，1，7，4，6，5}；
    int temp=0；
    for（intj=0；j<arr.length-1；j++）{
        //认为第一个数就是最小数
        int min=arr[j]；
        //记录最小数的下标
        intminIndex=j；
        for（int k=j+1；k<arr.length；k++）{
            if（min>arr[k]）{
                //修改最小值
                min=arr[k]；
                minIndex=k；
            }
        }
        //当退出 for 循环时就找到这次的最小值
        temp=arr[j]；
        arr[j]=arr[minIndex]；
        arr[minIndex]=temp；
    }
    //输出最后结果
    for（inti=0；i<arr.length；i++）{
    System.out.print（arr[i]+"\t"）；
    }
}
}
```

执行结果

1 2 3 4 5 6 7 8

4. 插入排序法。

插入式排序属于内部排序法，是对于欲排序的元素以插入的方式找寻该元素的适当位置，以达到排序的目的。

插入式排序法又可分为 3 种：插入排序法（insertion sorting）、希尔排序法（shell sorting）（欧洲人员喜欢使用）、二叉树排序法（binary-tree sorting）

插入排序（insertion sorting）的基本思想是：把 n 个待排序的元素看成为一个有序表和一个无序表，开始有序表只包含一个元素，无序表中包含有 $n-1$ 个元素，排序过程中每次从无序表中取出第一个元素，把它的排序码依次与有序表元素的排序码进行比较，将它插入有序表中的适当位置，使之成为新的有序表。

插入排序每一重循环的目的是将未排序部分的一个元素插入已排序部分中去。

例如，数组 R 中的 6 个元素初始状态为：(5,4,10,20,12,3)，插入排序原理过程如图 3.5 所示。

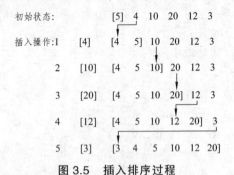

图 3.5　插入排序过程

【例 3.15】实现插入式排序法案例源代码，假设数据初态为（23,15,-13,62,5,-23,0,17），如文件 3-15 所示。

文件 3-15　Example15.java

```java
package cn.cswu.chapter03.example15;
/**
 * 日期：2020 年 03 月
 * 功能：插入式排序算法
 * 作者：软件技术教研室
 */
publicclass Example15{
publicstaticvoid main（String []args）{
intarr[]={23，15，-13，62，5，-23，0，17};
    for（inti=1；i<arr.length；i++）{
        intinsertVal=arr[i];
        //insertVal 准备和前一个数比较
        int index=i-1;
        while（index>=0&&insertVal<arr[index]）{
            //将把 arr[index]向后移动一位
            arr[index+1]=arr[index];
            //让 index 向前移动一位
            index--;
        }
        //将 insertVal 插入适当位置
        arr[index+1]=insertVal;
    }
    //输出最后结果
    for（inti=0；i<arr.length；i++）{
```

```
            System.out.print（arr[i]+"\t"）;
        }
    }
}
```

执行结果

```
-23   -13   0   5   15   17   23   62
```

5. 其他排序法——合并排序法

合并排序法（merge sorting）是外部排序最常使用的排序方法。若数据量太大无法一次完全加载内存，可使用外部辅助内存来处理排序数据，主要应用在文件排序。

排序方法如下：

首先，图 3.6 所示将欲排序的数据分别存在数个文件大小可加载内存的文件中。然后，针对各个文件分别使用"内部排序法"将文件中的数据排序好写回文件。最后，对所有已排序好的文件两两合并，直到所有文件合并成一个文件后，则数据排序完成。

（1）将已排序好的 A、B 合并成 E，C、D 合并成 F，E、F 的内部数据分别均已排好序。

（2）将已排序好的 E、F 合并成 G，G 的内部数据已排好序。

（3）四个文件 A、B、C、D 数据排序完成。

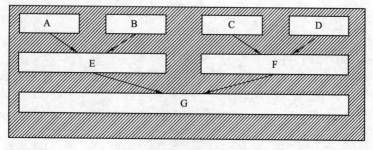

图 3.6　合并排序法示例

【例 3.16】合并排序法案例源代码，假设数据初态为（5,4,10,8,7,9），如文件 3-16 所示。

文件 3-16　Example16.java

```
package cn.cswu.chapter03.example16;
/**
 * 日期：2020 年 03 月
 * 功能：合并排序算法
 * 作者：软件技术教研室
 */
publicclass Example16{
publicstaticvoid main（String[] args）
    {
        Merge m=new Merge（）;
```

```
int a[]={5, 4, 10, 8, 7, 9};
m.merge_sort (a, 0, a.length-1 );
    }
}
class Merge{
    //递归分成小部分
publicvoidmerge_sort (int[] arrays, int start, int end ) {
if ( start<end ) {
int m= ( start+end ) /2;
merge_sort ( arrays, start, m );
merge_sort ( arrays, m+1, end );
combin_arrays ( arrays, start, m, end );
        }
    }
    //合并数组
publicvoidcombin_arrays ( int[] arrays, int start, int m, int end ) {
int length=end-start+1;
int temp[]=newint[length]; //用来存放比较的数组，用完复制回到原来的数组
inti=start;
intJ=m+1;
int c=0;
while ( i<=m &&j<=end ) {
if ( arrays[i]<arrays[j] ) {
                temp[c]=arrays[i];
i++;
c++;
        }else{
                temp[c]=arrays[j];
j++;
c++;
            }
        }
while ( i<=m ) {
        temp[c]=arrays[i];
i++;
        }
while ( j<=end ) {
    temp[c]=arrays[j];
j++;
        }
```

```
            c=0;
for（int t=start；t<=end；t++，c++）{
                arrays[t]=temp[c];
            }
snp（arrays）;
        }
    //打印数组
publicvoidsnp（int[] arrays）{
for（inti=0；i<arrays.length；i++）{
System.out.print（arrays[i]+" "）;
            }
System.out.println（ ）;
        }
}
```

執行結果

```
4    5    10    8    7    9
4    5    10    8    7    9
4    5    10    7    8    9
4    5    10    7    8    9
4    5    7     8    9    10
```

5. 查找

在 Java 中，常用的查找方式有两种：

① 顺序查找（最简单，效率最低）;

② 二分查找。

【例 3.17】下面通过一个案例，用数组实现二分查找算法，如文件 3-17 所示。

文件 3-17   Example17.java

```
package cn.cswu.chapter03.example17;
importjava.util.*;
/**
 * 日期：2020 年 03 月
 * 功能：二分查找算法
 * 作者：软件技术教研室
 */
publicclass Example17 {
publicstaticvoid main（String[] args）{
    intarr[]={2，5，7，12，25}；//定义 arr 数组并赋值
    System.out.print（"请输入你需要查找的数："）;
```

```
        Scanner sr=new Scanner（System.in）;
        int a=sr.nextInt（）;
        BinaryFind bf=newBinaryFind（）; //创建 BinaryFind 对象
        bf.find（0, arr.length-1, a, arr）; //调用 find 方法, 并将数据传给方法
    }
}
//二分法
classBinaryFind{
publicvoid find（intleftIndex, intrightIndex, intval, intarr[]）{
    //首先找到中间的数
    intmidIndex=（（rightIndex+leftIndex）/2）;
    intmidVal=arr[midIndex];
    if（rightIndex>=leftIndex）{
        //如果要找的数比 midVal 大
        if（midVal>val）{
            //在 arr 数组左边数列中找
            find（leftIndex, midIndex-1, val, arr）;
        }elseif（midVal<val）{
            //在 arr 数组右边数列中找
            find（midIndex+1, rightIndex, val, arr）;
        }elseif（midVal==val）{
            System.out.println（"数组 arr["+midIndex+"]中的数字是"+arr[midIndex]）;
        }
    }else{
        System.out.println（"没有找到你要找的数!"）;
    }
}
}
```

执行结果

请输入你需要查找的数：12
数组 arr[3]中的数字是 12

一维数组小结

（1）数组可存放同一类型数据；
（2）简单数据类型(int,float)数组，可直接赋值；
（3）对象数组在定义后，赋值时需要再次为每个对象分配空间[即：new 对象]；

（4）数组大小必须事先指定；

（5）数组名可以理解为指向数组首地址的引用；

（6）数组的下标是从 0 开始编号的。

3.4 多维数组

多维数组可以简单地理解为在数组中嵌套数组。在程序中比较常见的就是二维数组。

3.4.1 Java 基本语法——多维数组

我们以二维数组为例来展开介绍。

1. 定义

语法：类型数组名[][]=new 类型[大小][大小]；

比如：int a[][]=new int[2][3]；

二维数组的定义有很多方式，具体如下：

方式一：

int [] []   arr = new int [3] [4]；

方式二：

int [] []   arr = new int [3] []；

方式三：

int [] []   arr = {{1，2}，{3，4，5，6}，{7，8，9}}；

2. 分析

下面介绍关于二维数组在内存中存在的形式。

方式一中的代码定义了一个 3 行 4 列的二维数组，它的结构如图 3.7 所示。

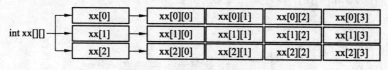

图 3.7   二维数组的结构 1

方式二中的定义与方式一类似，只是数组中每个元素的长度不确定，采用第二种方式常见的数组结构如图 3.8 所示。

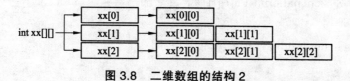

图 3.8   二维数组的结构 2

采用方式三定义的二维数组有三个元素，这三个元素都是数组，分别是{1，2}、{3，4，

5，6}、{7，8，9}。

接下来，通过图 3.9 来描述方式三定义的数组结构。

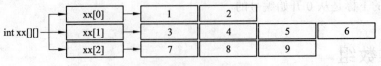

图 3.9　二维数组的结构 3

多维数组对元素的访问也是通过角标的方式，例如，访问二维数组中第一个元素数组的第二个元素的方式如下所示：

arr [0] [1]；

【例 3.18】请用二维数组输出如下图形：

0 0 0 0 0 0

0 0 1 0 0 0

0 2 0 3 0 0

0 0 0 0 0 0

如文件 3-18 所示。

文件 3-18　Example18.java

```
package cn.cswu.chapter03.example18；
/**
 * 日期：2020 年 03 月
 * 功能：用二维数组输出稀疏矩阵
 * 作者：软件技术教研室
 */
publicclass Example18 {
publicstaticvoid main（String[] args）{
    int a[][]=newint[4][6]；//定义二维数组 a4 行 6 列
    a[1][2]=1；
    a[2][1]=2；
    a[2][3]=3；
    //把图形输出
    for（inti=0；i<4；i++）{//控制行
        for（intJ=0；j<6；j++）{//控制列
            System.out.print（a[i][j]+"\t"）；//输出数组
        }
        System.out.println（）；//换行
    }
}
}
```

0	0	0	0	0	0
0	0	1	0	0	0
0	2	0	3	0	0
0	0	0	0	0	0

【例 3.19】通过一个案例来熟悉二维数组的使用，例如要统计一个公司三个销售小组中每个小组的总销售额以及整个公司的销售额，如文件 3-19 所示。

文件 3-19 Example19.java

```java
package cn.cswu.chapter03.example19;
/**
 * 日期：2020 年 03 月
 * 功能：二维数组的使用
 * 作者：软件技术教研室
 */
publicclass Example19 {
publicstaticvoid main（String[] args）{
    int[][] arr = newint[3][]; // 定义一个长度为 3 的二维数组
    arr[0] = newint[] { 11，12 }; // 为数组的元素赋值
    arr[1] = newint[] { 21，22，23 };
    arr[2] = newint[] { 31，32，33，34 };
    int sum = 0; // 定义变量记录总销售额
    for（inti = 0；i<arr.length；i++）{ // 遍历数组元素
    intgroupSum = 0; // 定义变量记录小组销售总额
    for（intJ = 0；j <arr[i].length；j++）{ // 遍历小组内每个人的销售额
            groupSum = groupSum + arr[i][j];
        }
sum = sum + groupSum; // 累加小组销售额
System.out.println（"第" +（i + 1）+ "小组销售额为："+ groupSum + " 万元。"）;
    }
    System.out.println（"总销售额为：" + sum + " 万元。"）;
}
}
```

第 1 小组销售额为：23 万元。
第 2 小组销售额为：66 万元。

第 3 小组销售额为：130 万元。
总销售额为：219 万元。

3.5　本章小结

  本节主要介绍了数组的内容，分别介绍了数组的创建和使用、数组排序以及多维数组的使用。数组排序是很重要的一节，一般应该把它归类为数据结构和算法的知识。本书作为一本介绍 Java 语言的书，重点不放在这方面，但书中还是提供了常用的三种算法：选择排序、冒泡排序、快速排序。一般情况下快速排序是效率最高的排序算法，它的实现也比较复杂，读者如果感觉阅读有难度，可以参考相关的数据结构和算法书籍。多维数组的内容主要通过二维数组的形式来讲解，多维数组也是使用类似的形式，只不过是增加下标索引而已。结束本章的学习，Java 的基础知识已经基本学完，从下一章开始将会学习 Java 面向对象的相关内容。面向对象是 Java 的主要特性，希望大家认真学习接下来的内容。

第4章　面向对象

Java 是一门面向对象的语言，其重要的一个思想就是"万物皆对象"。而类是 Java 的核心内容，它是一种逻辑结构，定义了对象的结构，可以由一个类得到众多相似的对象。从某种意义上说，类是 Java 面向对象性的基础。Java 与 C++不同，它是一门完全的面向对象语言，其任何工作都要在类中进行。本章主要讲解 Java 类和对象，包括类的使用，类中的属性、方法、构造函数、对象、方法参数传递以及 Java 垃圾回收等内容。

4.1　面向对象的概念

面向对象是一种符合人类思维习惯的编程思想。现实生活中存在各种形态不同的事物，这些事物之间存在着各种各样的联系。在程序中使用对象来映射现实中的事物，使用对象的关系来描述事物之间的联系，这种思想就是面向对象。Java 语言是面向对象的，计算机语言的发展向接近人的思维方式演变，大致经历了三个阶段。

第一阶段是面向机器的语言。面向机器语言是为特定的计算机或一类计算机而设计的程序设计语言，又分为两类：机器语言和汇编语言。这种语言保留了机器语言的外形，即由操作码和地址码组成指令这个外形，但面向机器语言的语言是用符号形式而不用机器代码形式。这种语言能让使用者摆脱计算机的一些纯事物性的细节问题（如无须硬记机器指令代码、摆脱了二进制、十进制转换问题和分配内存问题等），而专心考虑程序间的内在联系。这类语言的代表是汇编语言。

第二阶段是面向过程语言。面向过程就是分析出解决问题所需要的步骤，然后用函数把这些步骤一一实现，使用的时候依次调用就行了。这类语言的代表是 C 语言。

第三阶段是面向对象语言。面向对象则是把构成问题的事务按照一定规则划分为多个独立的对象，然后通过调用对象的方法来解决问题。这类语言的代表是 Java 语言。

当然，一个应用程序会包含多个对象，通过多个对象的相互配合来实现应用程序的功能，这样当应用程序功能发生变动时，只需要修改个别的对象就可以了，从而使代码更容易得到维护。面向对象的特点主要可以概括为封装性、继承性和多态性，接下来针对这三种特性进行简单介绍。

1. 封装性

封装是面向对象的核心思想，将对象的属性和行为封装起来，不需要让外界知道具体实现细节，这就是封装思想。例如，用户使用电脑，只需要使用手指敲键盘就可以了，无须知道电脑内部是如何工作的，即使用户知道电脑的工作原理，但在使用时，并不完全依赖电脑工作原理这些细节。

2. 继承性

继承性主要描述的是类与类之间的关系，通过继承可以在无须重新编写原有类的情况下，对原有类的功能进行扩展。例如，有一个汽车的类，该类中描述了汽车的普通特性和功能，而轿车的类中不仅应该包含汽车的特性和功能，还应该增加轿车特有的功能，这时可以让轿车类继承汽车类，在轿车类中单独添加轿车特性的方法就可以了。继承不仅增强了代码的复用性、提高开发效率，还为程序的维护补充提供了便利。

3. 多态性

多态性指的是在程序中允许出现重名现象，它指在一个类中定义的属性和方法被其他类继承后，它们可以具有不同的数据类型或表现出不同的行为，这使得同一个属性和方法在不同的类中具有不同的语义。例如，当听到"Cut"这个单词时，理发师的行为是剪发，演员的行为表现是停止表演，对此不同的对象所表现的行为是不一样的。

面向对象的思想光靠上面的介绍是无法真正理解的，只有通过大量的实践去学习和理解，才能将面向对象真正领悟。从本章开始，将围绕着面向对象的三个特征（封装、继承、多态）来讲解 Java 这门编程语言。

4.2　Java 对象和类

Java 作为一种面向对象语言，支持以下基本概念：

- 多态；
- 继承；
- 封装；
- 抽象；
- 类；
- 对象；
- 实例；
- 方法；
- 重载。

本节将重点研究对象和类的概念。

面向对象的编程思想是力图让程序中对事物的描述与该事物在现实中的形态保持一致。为了做到这一点，面向对象的思想中提出了两个概念，即类和对象。其中，类是对某一类事物的抽象描述，而对象用于表示现实中该类事物的个体。接下来通过一个图例来抽象描述类与对象的关系，如图 4.1 所示。

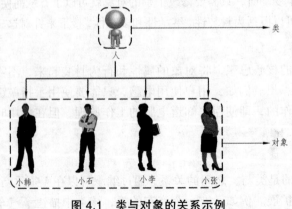

图 4.1　类与对象的关系示例

图 4.1 可以将玩具模型看作一个类，将一个玩具看作对象，从玩具模型和玩具之间的关系便可以看出类与对象之间的关系。类用于描述多个对象的共同特征，它是对象的模板。对象用于描述现实中的个体，它是类的实例。从图中可以明显看出对象是根据类创建的，并且一个类可以对应多个对象。

图 4.1 可以将人看作一个类，将每个具体的人（如小韩、小石等）看作对象，从人与具体个人之间的关系便可以看出类与对象之间的关系。类用于描述多个对象的共同特征，它是对象的模板，而对象用于描述现实中的个体，它是类的实例。对象是类的具体化，并且一个类可以对应多个对象。

1. Java 中的类

类可以看作创建 Java 对象的模板，它描述一类对象的行为和状态。在面向对象的思想中最核心的就是对象，为了在程序中创建对象，首先需要定义一个类。类是对象的抽象，它用于描述一组对象的共同特征和行为。类中可以定义成员变量和成员方法，其中成员变量用于描述对象的特征，也被称作属性，成员方法用于描述对象的行为，可简称为方法。

由于对象是虚拟出来的东西，是看不见摸不着的，要想在程序中使用对象，就必须找到描述对象的方式，定义一个类就可以解决这个问题。将一系列特征相似的对象中的共同属性和方法抽象出来，用一段特殊的代码来进行描述，这段特殊的代码称为一个类。

2. Java 中的对象

对象是类的一个实例，有状态和行为。例如，一条狗是一个对象，它的状态有：颜色、名字、品种；行为有：摇尾巴、叫、吃和跑等。

现在来深入了解什么是对象。看看周围真实的世界，会发现身边有很多对象，比如车、狗、人等。所有这些对象都有自己的状态和行为。对比现实对象和软件对象，它们之间十分相似。软件对象也有状态和行为。软件对象的状态就是属性，行为通过方法体现。在软件开发中，方法操作对象内部状态的改变，对象的相互调用也是通过方法来完成。一个全面的类定义比较复杂，完整格式包括如下内容：

```
package 包名;
class 类名 extends 父类 implements 接口名{
成员变量;
构造方法;
成员方法;
}
```

为了让大家更清楚地了解 Java 中类的定义，首先知道 Java 中的类使用 class 关键字来进行定义，后面跟上类的名称。定义的 Person 类如下所示：

```
class Person {
int age;          // 定义 int 类型的变量 age
// 定义 speak（）方法
void speak（）{
    System.out.println（"大家好，我今年" + age + "岁!"）;
}
}
```

其中，Person 是类名，age 是成员变量，speak（）是成员方法。在成员方法 speak（）中可以直接访问成员变量 age。

在定义类的过程中，可以同时定义多个成员变量和多个成员方法。下面通过一个简单的类来理解下 Java 中定义类的同时，定义多个成员变量和多个成员方法。

```
publicclassDog{
Stringbreed;
intage;
Stringcolor;
voidbarking（）{
}
voidhungry（）{
}
voidsleeping（）{
}
}
```

在上面的例子中：类名为 Dog，其中 breed、age、color 为 Dog 类中的成员变量。这个 Dog 类中拥有多个方法，barking（）、hungry（）和 sleeping（）都是 Dog 类的方法。

3. 对象的创建与使用

应用程序想要完成具体的功能，仅有类是远远不够的，还需要根据类创建实例对象。在 Java 程序中可以使用 new 关键字来创建对象，具体格式如下：

类名对象名称 = new 类名（）；

例如，创建 Person 类的实例对象代码如下：

Person p = new Person（）；

在上面的代码中，"new Person（）"用于创建 Person 类的一个实例对象，"Person p"则是声明了一个 Person 类型的变量 p。中间的等号用于将 Person 对象在内存中的地址赋值给变量 p，这样变量 p 便持有了对象的引用。在内存中变量 p 和对象之间的引用关系如图 4.2 所示。

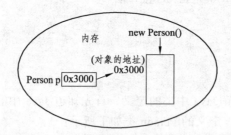

图 4.2　变量 p 与对象之间的引用关系

创建对象的两种常用方法：

（1）先声明再创建。

① 对象声明：声明一个对象，包括对象名称和对象类型，格式：类名对象名；

② 对象创建：使用关键字 new 来创建一个对象，格式：对象名=new 类名（）；

③ 初始化：使用 new 创建对象时，会调用构造方法初始化对象。

【例 4.1】通过 Person 类，使用先声明再创建对象的方法建立对象 b，如文件 4-1 所示。

文件 4-1 Example01.java

```
package cn.cswu.chapter04.example01;
/**
 * 日期：2020 年 03 月
 * 功能：对象的先声明，再创建方法。
 * 作者：软件技术教研室
 */
class Example01 {
publicstaticvoid main（String[] args）{
    Person b; // 声明一个 Person 对象
    b=new Person（）; //创建一个对象
b.age = 28; // 为 age 属性赋值
b.speak（）; //可换写为：System.out.println（b.age）;
}
}


class Person {
int age; // 定义 int 类型的变量 age
// 定义 speak（）方法
void speak（）{
    System.out.println（"大家好，我今年" + age + "岁!"）;
}
}
```

执行结果

大家好，我今年 28 岁!

（2）一步到位法。

类名对象名=new 类名（）

为了让大家加深印象，下面定义一个人类（Person）（包括名字、年龄）。用一步到位法去创建一个对象。

【例 4.2】利用一步到位法，对 Person 类建立 2 个对象 p1、p2，并分别调用 speak（）方法，如文件 4-2 所示。

文件 4-2 Example02.java

```
package cn.cswu.chapter04.example02;
/**
 * 日期：2020 年 03 月
 * 功能：一步到位法创建对象。
```

```
 * 作者：软件技术教研室
 */
class Example02 {
publicstaticvoid main（String[] args）{
    Person p1 = new Person（）; // 创建第一个 Person 对象
    Person p2 = new Person（）; // 创建第二个 Person 对象
    p1.age = 28; // 为 age 属性赋值
    p1.speak（）; // 调用对象的方法
    p2.speak（）;
}
}
class Person {
int age; // 定义 int 类型的变量 age
// 定义 speak（）方法
void speak（）{
    System.out.println（"大家好，我今年" + age + "岁!"）;
}
}
```

执行结果

大家好，我今年 28 岁!
大家好，我今年 0 岁!

【例 4.3】用两种方法建立对象示例。

在明白对象是如何在内存中存在后，请大家再看看下面的思考题，请问会输出什么信息？
如文件 4-3 所示。

文件 4-3　Example03.java

```
package cn.cswu.chapter04.example03;
/**
 * 日期：2020 年 03 月
 * 功能：两种方法同时使用创建对象。
 * 作者：软件技术教研室
 */
class Example03 {
public static void main（String[] args）{
Person1 a=new Person1（）;
a.age=10;
a.name="小明";
Person1 b;
```

```
b=a;
System.out.println（b.name）; //输出"小明"
b.age=200;
System.out.println（a.age）; //输出 a.age 为 200
}
}
class Person1 {
int age; // 定义 int 类型的变量 age
    string name;
// 定义  speak（）方法
void speak（）{
    System.out.println（"大家好，我今年" + age + "岁!"）;
}
}
```

执行结果

小明
200

通过上述例子可以知道，在创建 Person 对象后，可以通过对象的引用来访问对象所有的成员，如上例中所使用到的 p1.age 表示调用实例 p1 中的成员变量 age；p2.speak（）表示调用实例 p2 中的成员方法 speak（）。因此，可以得出访问实例变量和方法具体格式如下：

对象引用.对象成员

通过已创建的对象来访问成员变量和成员方法，如下所示：

实例化对象语法格式：

类名实例名 ＝new 类名（）;

访问类中的变量语法格式：

实例名.变量名;

访问类中的方法语法格式：

实例名.方法名（）;

下面来展示如何访问实例变量和调用成员：

```
publicclassPuppy{
intpuppyAge;
publicPuppy（Stringname）{
// 这个构造器仅有一个参数：name
System.out.println（"小狗的名字是： " + name）;
}
publicvoidsetAge（intage）{
puppyAge = age;
}
publicintgetAge（）{
```

```
System.out.println（"小狗的年龄为："+ puppyAge）;
returnpuppyAge;
}
publicstaticvoidmain（String[]args）{
/* 创建对象 */
PuppymyPuppy = newPuppy（"tommy"）;
/* 通过方法来设定 age */
myPuppy.setAge（6）;
/* 调用另一个方法获取 age */
myPuppy.getAge（）;
/*你也可以像下面这样访问成员变量 */
System.out.println（"变量值："+ myPuppy.puppyAge）;
}
}
```

编译并运行上面的程序，产生如下结果：

```
小狗的名字是：tommy
小狗的年龄为：6
变量值：6
```

通过上述例子，我们逐步理解了类和对象的关系。把狗的特性提取出来就形成狗类，在狗类中创建一个具体的狗就是狗类的一个对象（实例）。

注意：从类到对象，目前有几种说法：① 创建一个对象；② 实例化一个对象；③ 对类实例化……以后大家听到这些说法，不要模糊。其实对象就是实例，实例就是对象。Java 最大的特点就是面向对象。要透彻地掌握类，必须要逐步了解类的构成。首先，了解只含有成员变量的类。语法格式如下：

```
class  类名{          ---->待定...
成员变量;
}
```

如：建立一个猫类 Cat。

```
class Cat{
//下面的就是类的成员变量/属性
int age;
String name;
String color;
Master myMaster;
}
```

其中，age、name、color 都是 Cat 类中的成员变量。

一个类可以包含以下类型变量：

（1）局部变量。在方法、构造方法或者语句块中定义的变量被称为局部变量。变量声明和初始化都是在方法中，方法结束后，变量就会自动销毁。

（2）成员变量。成员变量是定义在类中、方法体之外的变量。这种变量在创建对象的时候实例化。成员变量可以被类中方法、构造方法和特定类的语句块调用访问。成员变量是类的一个组成部分，一般是基本数据类型，也可以是引用类型。比如前面定义狗类的 int age 就是成员变量。

在 Java 中，定义在类中的变量被称为成员变量，定义在方法中的变量被称为局部变量。如果在某一个方法中定义的局部变量与成员变量同名，这种情况是允许的，此时通过变量名访问到的是局部变量，而并非成员变量，请阅读下面的示例代码：

```
class Person {
int age = 10;          // 类中定义的变量被称作成员变量
void speak（）{
    int age = 60；// 方法内部定义的变量被称作局部变量
    System.out.println（"大家好，我今年" + age + "岁!"）;
}
}
```

上面的代码中，Person 类的 speak（）方法中有一条打印语句，访问了变量 age，此时访问的是局部变量 age，也就是说，当有另外一个程序来调用 speak（）方法时，输出的值为 60，而不是 10。

【例 4.4】张老太养了两只猫：一只名字叫小白，今年 3 岁，白色；还有一只名字叫小花，今年 100 岁，花色。请编写一个程序，当用户输入小猫的名字时，就显示该猫的名字、年龄、颜色。如果用户输入的小猫名错误，则显示张老太没有这只猫，如文件 4-4 所示。

文件 4-4　Example04.java

```
//用前面学习过的知识写出代码
package cn.cswu.chapter04.example04;
/**
 * 日期：2020 年 03 月
 * 功能：类和成员变量的应用问题
 * 作者：软件技术教研室
 */
publicclass Example04 {
publicstaticvoid main（String []args）{
    int a=49; //输入的名字 49, 50
    int cat1age=30; //第一只猫
    String cat1name="小白";
    String cat1color="白色";
    int cat2age=100; //第二只猫
    String cat2name="小花";
    String cat2color="花色";
    switch（a）{
    case '1':
        System.out.println（cat1age+cat1color）;
```

```
            break;
    case '2':
            System.out.println（cat2age+cat2color）;
            break;
    default:
            System.out.println（"张老太没有这只猫!"）;
        }
    }
}
```

执行结果

30 白色

在实例化对象时，Java 虚拟机会自动为成员变量进行初始化，针对不同类型的成员变量，Java 虚拟机会赋予不同的初始值，具体情况如表 4-1 所示。

表 4-1 不同成员变量类型的初始值

成 员 变 量 类 型	初 始 值
byte	0
short	0
int	0
long	0L
float	0.0F
double	0.0D
char	空字符，'\u0000'
boolean	false
引用数据类型	null

垃圾对象的形成：当没有任何变量引用对象时，该对象将成为垃圾对象，不能再被使用。对象的引用超出作用域。

```
    {
            Person p1 = new Person();
            ......
    }
```

说明：使用变量 p2 引用了一个 Person 类型的对象，接着将变量 p2 的值置为 null，被 p2 所引用的 Person 对象就会失去引用，成为垃圾对象，如图 4.2 所示。

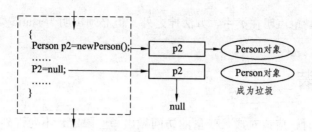

图 4.3　垃圾对象的产生原理

4. 访问控制符

电视机的开关，对音量、颜色、频道的控制是公开的，谁都可以操作，但是对机箱后盖、主机板的操作却不是公开的，一般是由专业维修人员来操作。那么 Java 中如何实现这种类似的控制呢？不能随便查看人的年龄、工资等隐私。在 Java 中，针对类、成员方法和属性提供了四种访问级别，分别是 private、default、protected 和 public，如图 4.4 所示。

访问控制级别由小到大

图 4.4　类、成员方法和属性的四种访问级别

四种访问控制级别说明：

● private（当前类访问级别）：如果类的成员被 private 访问控制符来修饰，则这个成员只能被该类的其他成员访问，其他类无法直接访问。类的良好封装就是通过 private 关键字来实现的。

● default（包访问级别）：如果一个类或者类的成员不使用任何访问控制符修饰，则称它为默认访问控制级别，这个类或者类的成员只能被本包中的其他类访问。

● protected（子类访问级别）：如果一个类的成员被 protected 访问控制符修饰，那么这个成员既能被同一包下的其他类访问，也能被不同包下该类的子类访问。

● public（公共访问级别）：这是一个最宽松的访问控制级别，如果一个类或者类的成员被 public 访问控制符修饰，那么这个类或者类的成员能被所有的类访问，不管访问类与被访问类是否在同一个包中。

通过表 4-2 将这四种访问级别更加直观地表示出来。

表 4-2　四种访问级别

访问范围	private	default	protected	public
同一类中	√	√	√	√
同一包中		√	√	√
子类中			√	√
全局范围				√

当对象被实例化后，在程序中可以通过对象的引用变量来访问该对象的成员。需要注意的是，当没有任何变量引用这个对象时，它将成为垃圾对象，不能再被使用。

类变量：类变量也声明在类中、方法体之外，但必须声明为 static 类型。

4.3　类的封装

在设计一个类时，应该对成员变量的访问做出一些限定，不允许外界随意访问，这就需要实现类的封装。首先我们看一下如下的代码：

```
public static void main(String[] args) {
        Person p = new Person();
        p.name = "张三";
p.age = -18;
p.speak();
    }
```

上述示例将年龄赋值为一个负数-18，在语法上不会有任何问题，因此程序可以正常运行，但在现实生活中明显是不合理的。为了避免出现上述不合理的问题，在设计一个 Java 类时，应该对成员变量的访问做出一些限定，不允许外界随意访问，这就需要实现类的封装。

在定义一个类时，将类中的属性私有化，即使用 private 关键字来修饰，私有属性只能在它所在类中被访问，如果外界想要访问私有属性，需要提供一些使用 public 修饰的公有方法，其中包括用于获取属性值的 getXxx()方法和设置属性值的 setXxx()方法。

4.3.1　封装概念

类的封装，是指将对象的状态信息隐藏在对象内部，不允许外部程序直接访问对象的内部信息，而是通过该类所提供的方法来实现对内部信息的操作访问。

封装的实现步骤：修改属性的可见性，设为 private；创建 getter/setter 方法，用于属性的读写；在 getter/setter 方法加入属性控制语句，对属性值的合法性进行判断。

【例 4.5】通过下面案例进行类的封装演示，如文件 4-5 所示。

文件 4-5　Example05.java

```
package cn.cswu.chapter04.example05;
/**
 * 日期：2020 年 03 月
 * 功能：类的封装
 * 作者：软件技术教研室
 */
class Person{
private String name;
private int age;
public String getName() {
    return name;
```

```
    }
    public void setName(String name) {
        this.name = name;
    }
    public int getAge() {
        return age;
    }
    public void setAge(int age) {
        if(age <= 0){
System.out.println("您输入的年龄不正确！");
        } else {
        this.age = age;
        }
    }
    public void speak(){
        System.out.println("我叫"+name+",今年"+age+"岁了");
    }
}
public class Example05 {
public static void main(String[] args) {
        Person p = new Person();
        p.setName("刘小军");
        p.setAge(-29);
        p.speak();
    }
}
```

执行结果

```
您输入的年龄不正确！
我叫刘小军,今年 0 岁了！
```

【例 4.6】private 和 public 在封装中的应用案例，如文件 4-6 所示。

文件 4-6　Example06.java

```
package cn.cswu.chapter04.example06;
/**
  * 日期：2020 年 03 月
  * 类的封装中 private 和 public 的应用
  * 作者：软件技术教研室
  */
public class Example06{
```

```java
public static void main(String []args){
    //创建一个职员
    Clerk clerk1=new Clerk("秦海露",24,4567.6f);
    System.out.println("名字是"+clerk1.name+"，薪水"+clerk1.getSal());
}
}
//职员
class Clerk{
public String name;
//private 私有的，public 公有的
private int age;
private float salary;

public Clerk(String name,intage,floatsal){
    this.name=name;
    this.age=age;
    this.salary=sal;
}
//通过一个成员方法去控制和访问私有的属性
public float getSal(){
    return this.salary;
}
}
```

执行结果

名字是刘海露，薪水 4567.6

【例 4.7】下面案例演示在类的封装中访问对象成员，如文件 4-7 所示。

文件 4-7　Example07.java

```java
package cn.cswu.chapter04.example07;
/**
 * 日期：2020 年 03 月
 * 类的封装访问对象成员
 * 作者：软件技术教研室
 */

public class Example07 {
public static void main(String[] args) {
    Student stu = new Student(); // 创建学生对象
    stu.name = "软件技术学生"; // 为对象的 name 属性赋值
    stu.age = 30; // 为对象的 age 属性赋值
```

```
        stu.introduce(); // 调用对象的方法
    }
}


class Student {
String name;    //定义一个姓名属性
int age;        //定义一个年龄属性
public void introduce() {
    // 方法中打印属性 name 和 age 的值
    System.out.println("大家好，我叫" + name + ",我今年" + age + "岁!");
}
}
```

执行结果

大家好，我叫张文宏,我今年 30 岁!

【例 4.8】类的封装中 getXxx 和 setXxx 方法使用演示案例，如文件 4-8 所示。

文件 4-8　Example08.java

```
package cn.cswu.chapter04.example08;
/**
 * 日期：2020 年 03 月
 * 实现类的封装 getXxx 和 setXxx 方法使用
 * 作者：软件技术教研室
 */
class Student {
private String name; // 将 name 属性私有化
private int age; // 将 age 属性私有化

// 下面是公有的 getXxx 和 setXxx 方法
public String getName() {
    return name;
}

public void setName(String stuName) {
    name = stuName;
}

public int getAge() {
    return age;
}
public void setAge(int stuAge) {
```

```
        // 下面是对传入的参数进行检查
        if (stuAge<= 0) {
            System.out.println("对不起，您输入的年龄不合法...");
        } else {
            age = stuAge; // 对属性赋值
        }
    }

    public void introduce() {
        System.out.println("大家好，我叫" + name + ",我今年" + age + "岁!");
    }
}

public class Example08 {
    public static void main(String[] args) {
        Student stu = new Student();
        stu.setAge(-30);
        stu.setName("许文强");
        stu.introduce();
    }
}
```

执行结果

```
对不起，您输入的年龄不合法...
大家好，我叫许文强,我今年 0 岁!
```

在介绍了成员变量后，下面在类中引入成员方法，对类的定义就可以进一步完善：

class 类名{	class 类名{	待定
成员变量;　→	成员变量;　→	
}	成员方法;	
	}	

4.4 方法

4.4.1 类方法概念

假设有一个游戏程序，程序在运行过程中要不断地发射炮弹。发射炮弹的动作需要编写
100 行的代码，在每次实现发射炮弹的地方都需要重复地编写这 100 行代码，这样程序会变得
很臃肿，可读性也非常差。为了解决代码重复编写的问题，可以将发射炮弹的代码提取出来
放在一个{}中，并为这段代码起个名字，这样在每次发射炮弹的地方通过这个名字来调用发
射炮弹的代码就可以了。此过程中，所提取出来的代码可以被看作程序中定义的一个方法，

程序在需要发射炮弹时调用该方法即可。

先看一个类的设计例子，以设计学生类为例，可以先设计一个学生类（Student），在这个类中定义两个属性 name、age 分别表示学生的姓名和年龄，定义一个方法 introduce()表示学生做自我介绍。根据上面的描述设计出来的 Student 类如下所示：

```
public class Student {
String name;      //定义一个姓名属性
int age;          //定义一个年龄属性
public void introduce() {
    // 方法中打印属性 name 和 age 的值
    System.out.println("大家好，我叫" + name + ",我今年" + age + "岁!");
}
}
```

在上述 Student 类中，定义的两个属性 name 和 age 就称为类的成员变量。其中的 name 属性为 String 类型，在 Java 中使用 String 类型的实例对象表示一个字符串。例如：

```
String name=" 王勇";
```

introduce()就被称为 Student 类中的成员方法。

如何理解成员方法这个概念，给大家举个通俗的示例，如程序员调用方法，给方法必要的输入，方法返回结果。成员方法也叫成员函数，注意不要混淆这两个名词。定义成员方法的语法格式：

```
public 返回数据类型方法名(参数列表)
{
    语句; //方法(函数)主体
}
```

（1）参数列表：表示成员函数输入。

（2）数据类型(返回类型)：表示成员函数输出。

（3）函数主体：表示为了实现某一功能代码块。

如：public int test(int a); 这句话的作用是声明该方法，声明的格式为：

访问修饰符数据类型函数名(参数列表);

类的成员方法(函数)--特别说明

（1）方法的参数列表可以是多个，并且数据类型可以是任意的类型 int float double char..。

（2）方法可以没有返回值。返回类型可以是任意的数据类型(int,float,double,char..)，也可以没有返回值，void 表示没有返回值。

在 Java 中，声明一个方法的具体语法格式可以更完善为如下所示：

```
修饰符 返回值类型 方法名([参数类型 参数名1,参数类型 参数名2,...... ]){
    执行语句
    ......
    return 返回值;
}
```

修饰符：对访问权限的限定，例如，public、static 都是修饰符。

返回值类型：用于限定方法返回值的数据类型。

参数类型：用于限定调用方法时传入参数的数据类型。

参数名：是一个变量，用于接收调用方法时传入的数据。

return 关键字：用于结束方法以及返回方法指定类型的值。

返回值：被 return 语句返回的值，该值会返回调用者。

为了让读者能更加清楚地了解方法的使用，下面我们用不使用方法和使用方法实现打印三个长宽不同的矩形。

【例 4.9】不使用方法实现打印三个长宽不同的矩形，如文件 4-9 所示。

文件 4-9　Example09.java

```java
package cn.cswu.chapter04.example09;
/**
*日期：2020 年 03 月
 *功能：不使用方法时实现打印三个长宽不同的矩形
 *作者：软件技术教研室
 */
public class Example09 {
public static void main(String[] args) {
    // 下面的循环是使用*打印一个宽为 5、高为 3 的矩形
    for (int i = 0; i< 3; i++) {
        for (intJ = 0;J < 5;J++) {
            System.out.print("*");
        }
        System.out.print("\n");
    }
    System.out.print("\n");
    // 下面的循环是使用*打印一个宽为 4、高为 2 的矩形
    for (int i = 0; i< 2; i++) {
        for (intJ = 0;J < 4;J++) {
            System.out.print("*");
        }
        System.out.print("\n");
    }
    System.out.print("\n");
    // 下面的循环是使用*打印一个宽为 10、高为 6 的矩形
    for (int i = 0; i< 6; i++) {
        for (intJ = 0;J < 10;J++) {
            System.out.print("*");
        }
        System.out.print("\n");
```

```
        }
        System.out.print("\n");
    }
}
```

执行结果

```
*****
*****
*****


****
****


*********
*********
*********
*********
*********
*********
```

【例 4.10】定义一个打印矩形的方法，并在程序中调用三次完成三个矩形的打印，如文件 4-10 所示。

文件 4-10　Example10.java

```
package cn.cswu.chapter04.example10;
/**
 *  日期：2020 年 03 月
 *  使用方法时实现打印三个长宽不同的矩形
 *  作者：软件技术教研室
 */
public class Example10 {
public static void main(String[] args) {
    printRectangle(3, 5); // 调用 printRectangle()方法实现打印矩形
    printRectangle(2, 4);
    printRectangle(6, 10);
}

// 下面定义了一个打印矩形的方法，接收两个参数，其中 height 为高，width 为宽
public static void printRectangle(int height, int width) {
    // 下面是使用嵌套 for 循环实现*打印矩形
    for (int i = 0; i< height; i++) {
```

```
        for (intJ = 0;J < width;J++) {
            System.out.print("*");
        }
        System.out.print("\n");
    }
    System.out.print("\n");
}
}
```

执行结果

```
*****
*****
*****

****
****

*********
*********
*********
*********
*********
*********
```

【例 4.11】通过使用有返回值的方法求矩形的面积，如文件 4-11 所示。

文件 4-11　Example11.java

```
package cn.cswu.chapter04.example11;
/**
 * 日期：2020 年 03 月
 * 功能：使用有返回值的方法求矩形的面积
 * 作者：软件技术教研室
 */
public class Example11 {
public static void main(String[] args) {
    int area= getArea(3, 6); // 调用 getArea 方法
    System.out.println(" The areais " + area);
}

// 下面定义了一个求矩形面积的方法，接收两个参数，其中 x 为高，y 为宽
public static int getArea(int x, int y) {
```

```
        int temp = x * y; // 使用变量 temp 记住运算结果
        return temp; // 将变量 temp 的值返回
    }
}
```

执行结果

The areais 18

【例 4.12】类的定义及成员方法调用示例，如文件 4-12 所示。

文件 4-12 Example12.java

```
package cn.cswu.chapter04.example12;
/**
 * 日期：2020 年 03 月
 * 功能：类的定义及成员方法调用
 * 作者：软件技术教研室
 */
public class Example12{
public static void main(String []args){
Person p1=new Person();
p1.speak();//调用 speak 方法
p1.jiSuan();//调用不带参数计算方法
p1.jiSuan(200);//调用可以传入参数的计算方法
p1.add(12,10);//调用两个数的和

int res=p1.add2(23,34);//调用两个数的和并返回值到 res 中
System.out.println("res 返回值是：" +res);
System.out.println("num1+num2+num3="+p1.add3(2,2.3f,4.5f));//返回类型一定要一致否则
报错。
    }
}

class Person{ //请注意类名首写字母应为大写如 Person 为类名
int age;
String name;
//可以输出我是好人方法
public void speak(){    //请注意方法名的首写字母应为小写，如 speak 为方法名
    System.out.println("我是一个好人");
}
//可以计算 1+...+1000 的方法
public voidJiSuan(){
```

```
        int result=0;
        for(int i=1;i<=1000;i++){
            result=result+i;
        }
    System.out.println("1+...+1000 结果是"+result);
    }
    //带参数的成员方法,可以输入 n 值并计算 1+...+n
    public voidJiSuan(int n){
        int result=0;
        for(int i=1;i<=n;i++){
            result+=i;
        }
        System.out.println("1+...+n 结果是"+result);
    }
    //计算两个数的和
    public void add(int num1,int num2){
        int result=0;    //与下面一句等同于 return num1+num2;
        result=num1+num2;
        System.out.println("num1+num2="+result);
    }
    //计算两个数的和,并将结果返回给主调(调用它的)函数。

    public int add2(int num1,int num2){
        return num1+num2;
    }
    //计算两个 float 数的和,并将结果返给主调函数
    public float add3(int num1,float num2,float num3){
        return num1+num2+num3;
    }
    }
```

执行结果

```
我是一个好人
1+...+1000 结果是 500500
1+...+n 结果是 20100
num1+num2=22
res 返回值是: 57
num1+num2+num3=8.8
```

注意:返回类型和返回结果的类型要一致;在调用某个成员方法的时候,给出的具体数值的个数和类型要相匹配。

【例 4.13】编写一个成员函数 cf()，从键盘输入一个整数(1~9)，打印出对应的乘法表，如文件 4-13 所示。

文件 4-13　Example12.java

```java
package cn.cswu.chapter04.example13;
importJava.io.*;
/**
 * 日期：2020 年 03 月
 * 功能：打印出对应的乘法表
 * 作者：软件技术教研室
 */
public class Example13{
public static void main(String []args){
    Cfbjiu=new Cfb();
        jiu.cf();
}
}
class Cfb{
public void cf(){
    try{
    //输入流，从键盘接收数
    InputStreamReaderisr=new InputStreamReader(System.in);
    BufferedReaderbr=new BufferedReader(isr);
    //给出提示
    System.out.println("请输入 1-9，按 0 退出:");
    //从控制台读取一行数据
    String a1=br.readLine();
    //把 String 转为 int
    int num1=Integer.decode(a1);
        for(int i=1;i<=num1;i++){
            for(intJ=1;j<=i;j++){
                System.out.print(i+"×"+j+"="+(i*j)+"\t");
            }
            System.out.println();
        }
    }catch(Exception e){
    e.printStackTrace();
     }
}
}
```

```
请输入 1-9，按 0 退出：
9
1×1=1
2×1=2    2×2=4
3×1=3    3×2=6    3×3=9
4×1=4    4×2=8    4×3=12   4×4=16
5×1=5    5×2=10   5×3=15   5×4=20   5×5=25
6×1=6    6×2=12   6×3=18   6×4=24   6×5=30   6×6=36
7×1=7    7×2=14   7×3=21   7×4=28   7×5=35   7×6=42   7×7=49
8×1=8    8×2=16   8×3=24   8×4=32   8×5=40   8×6=48   8×7=56   8×8=64
9×1=9    9×2=18   9×3=27   9×4=36   9×5=45   9×6=54   9×7=63   9×8=72   9×9=81
```

【例 4.14】用成员变量、成员方法设计计算机类，要求如下：

属性：品牌（brand）、颜色（color）、cpu 型号（cpu）、内存容量（memory）、硬盘大小（harddisk）、价格（price）、工作状态（work）；

方法：打开（Open）、关闭（Close）、休眠（Sleep）；

创建一个计算机对象，调用打开，关闭方法。

计算机类与对象的代码，如文件 4-14 所示。

文件 4-14   Example14.java

```java
package cn.cswu.chapter04.example14;
/**
 * 日期：2020 年 03 月
 * 功能：用成员变量、成员方法设计计算机类
 * 作者：软件技术教研室
 */
importJava.io.*；//加载 IO 流包
publicclass Example14{
publicstaticvoid main（String []args）{
    Computer Pc=new Computer（）；
        Pc.Brand="品牌";
        Pc.Color="颜色";
        Pc.Cpu="Cpu 型号";
        Pc.Memory="内存容量";
        Pc.Hd="硬盘容量";
        Pc.Price="价格";
        Pc.Work="工作状态";
        try{
        //输入流，从键盘接收数
```

```java
        InputStreamReaderisr=newInputStreamReader（System.in）;
        BufferedReaderbr=newBufferedReader（isr）;
        //给出提示
        System.out.println（"请输入 0-9 控制机器"）;
        //从控制台读取一行数据
        String a1=br.readLine（）;
        //把 String 转为 float
        float num1=Float.parseFloat（a1）;
        if（num1==0）{Pc.open（）; }
        elseif（num1==1）{Pc.close（）; }
        elseif（num1==2）{Pc.sleep（）; }
        elseif（num1==3）{System.out.println（Pc.Brand）; }
        elseif（num1==4）{System.out.println（Pc.Color）; }
        elseif（num1==5）{System.out.println（Pc.Cpu）; }
        elseif（num1==6）{System.out.println（Pc.Memory）; }
        elseif（num1==7）{System.out.println（Pc.Hd）; }
        elseif（num1==8）{System.out.println（Pc.Price）; }
        elseif（num1==9）{System.out.println（Pc.Work）; }
        else {System.out.println（"输入错误!"）; }
        }catch（Exception e）{
        e.printStackTrace（）;
        }
    }
}
class Computer{
String Brand；
String Color；
String Cpu；
String Memory；
String Hd；
String Price；
String Work；
publicvoid open（）{
    System.out.println（"开机"）;
}
publicvoid close（）{
    System.out.println（"关机"）;
}
publicvoid sleep（）{
    System.out.println（"休眠"）;
```

```
    }
  }
```

执行结果

```
请输入 0-9 控制机器
5
Cpu 型号
```

2. 方法的重载(overload)

假设要在程序中实现一个对数字求和的方法，由于参与求和数字的个数和类型都不确定，因此，要针对不同的情况去设计不同的方法。

方法重载的概念：Java 中允许在一个程序中定义多个名称相同的方法，但是参数的类型或个数必须不同，这就是方法的重载。简单来说：方法重载就是在类的同一种功能的多种实现方式，到底采用哪种方式，取决于调用者给出的参数。

方法重载注意事项：

（1）方法名相同。

（2）方法的参数类型、个数、顺序至少有一项不同。

（3）方法返回类型可以不同(只是返回类型不一样，不能构成重载)。

（4）方法的修饰符可以不同(只是控制访问修饰符不同，不能构成重载)。

为了让大家能更清楚地理解方法的重载，下面我们分别用不同方法和方法重载形式实现数据相加的功能。

【例 4.15】调用不同方法实现数据相加案例演示，如文件 4-15 所示。

文件 4-15　Example15.java

```java
package cn.cswu.chapter04.example15;
/**
 * 日期：2020 年 03 月
 * 功能：调用不同方法
 * 作者：软件技术教研室
 */
public class Example15 {
public static void main(String[] args) {
    // 下面是针对求和方法的调用
    int sum1 = add01(1, 2);
    int sum2 = add02(1, 2, 3);
    double sum3 = add03(1.2, 2.3);
    // 下面的代码是打印求和的结果
    System.out.println("sum1=" + sum1);
    System.out.println("sum2=" + sum2);
    System.out.println("sum3=" + sum3);
```

```
}

// 下面的方法实现了两个整数相加
public static int add01(int x, int y) {
    return x + y;
}

// 下面的方法实现了三个整数相加
public static int add02(int x, int y, int z) {
    return x + y + z;
}
// 下面的方法实现了两个小数相加
public static double add03(double x, double y) {
    return x + y;
}
}
```

执行结果

```
sum1=3
sum2=6
sum3=3.5
```

Java 允许在一个程序中定义多个名称相同的方法，但是参数的类型或个数必须不同，这就是方法的重载。

【例 4.16】用方法的重载改写【例 4.15】演示案例，如文件 4-16 所示。

文件 4-16　Example16.java

```
package cn.cswu.chapter04.example16;
/**
 * 日期：2020 年 03 月
 * 功能：方法的重载
 * 作者：软件技术教研室
 */
public class Example16 {
public static void main(String[] args) {
    // 下面是针对求和方法的调用
    int sum1 = add(1, 2);
    int sum2 = add(1, 2, 3);
    double sum3 = add(1.2, 2.3);
    // 下面的代码是打印求和的结果
    System.out.println("sum1=" + sum1);
```

```
        System.out.println("sum2=" + sum2);
        System.out.println("sum3=" + sum3);
    }

    // 下面的方法实现了两个整数相加
    public static int add(int x, int y) {
        return x + y;
    }
    // 下面的方法实现了三个整数相加
    public static int add(int x, int y, int z) {
        return x + y + z;
    }
    // 下面的方法实现了两个小数相加
    public static double add(double x, double y) {
        return x + y;
    }
}
```

执行结果

```
sum1=3
sum2=6
sum3=3.5
```

4.4.2 方法的递归

方法的递归是指在一个方法的内部调用自身的过程。递归必须要有结束条件，不然就会陷入无限递归的状态，永远无法结束调用。

【例 4.17】方法的递归调用案例，如文件 4-17 所示。

文件 4-17 Example17.java

```
package cn.cswu.chapter04.example17;
/**
 *  日期：2020 年 03 月
 *  功能：方法的递归
 *  作者：软件技术教研室
 */
public class Example17 {
    // 使用递归实现求 1~n 的和
    public static int getSum(int n) {
        if (n == 1) {
```

```
            // 满足条件，递归结束
            return 1;
        }
        int temp = getSum(n - 1);
        return temp + n;
    }
    public static void main(String[] args) {
        int sum = getSum(4);                    // 调用递归方法，获得 1~4 的和
        System.out.println("sum = " + sum); // 打印结果
    }
}
```

执行结果

```
sum = 10
```

在讲解完成员变量、成员方法后，在类中还可以加入构造方法，这样类的定义就更加完善了。

class 类名{		class 类名{		class 类名{
成员变量；		成员变量；		成员变量；
}	→	成员方法；	→	构造方法；	→	待定
		}		成员方法
				}

4.5 构造方法（函数）

什么是构造方法呢？在回答这个问题之前，先来看一个需求：前面在创建人类的对象时，是先把一个对象创建好后，再给其年龄和姓名属性赋值，如果现在要求在创建人类的对象时，就直接指定这个对象的年龄和姓名，该怎么做？可以在定义类的时候，定义一个构造方法即可。每个类都有构造方法。如果没有显式地为类定义构造方法，Java 编译器将会为该类提供一个默认构造方法。

1. 构造方法的定义

构造方法是类的一种特殊的方法，它的主要作用是完成对新对象的初始化。在一个类中定义的方法如果同时满足以下三个条件，该方法就被称为构造方法，具体如下：

（1）方法名与类名相同。

（2）在方法名的前面没有返回值类型的声明。

（3）在方法中不能使用 return 语句返回一个值，但是可以单独写 return 语句来作为方法的结束。

在创建一个类的新对象时，系统会自动调用该类的构造方法完成对新对象的初始化。

2. 类的默认构造方法

有些同学可能会问：在没有学习构造函数前不是也可以创建对象吗？是这样的，如果程序员没有定义构造方法，系统会自动生成一个默认构造方法，比如 Person 类 "Person（）{}"；当创建一个 Person 对象时，"Person per1=new Person（）;"默认的构造函数就会被自动调用。

每一个类都至少有一个构造函数，如果在定义类时，没有显式地声明任何构造函数，系统会自动为这个类创建一个无参的构造函数，里面没有任何代码。

在定义构造方法时，如果没有特殊需要，都应该使用 public 关键字修饰。

在创建一个对象的时候，至少要调用一个构造方法。构造方法的名称必须与类同名，一个类可以有多个构造方法。下面是一个构造方法的示例。

```
publicclassPuppy{
publicPuppy（）{

}
publicPuppy（Stringname）{
// 这个构造方法仅有一个参数：name

}
}
```

接下来通过一个案例来演示如何在类中定义构造方法。

【例 4.18】下面通过一个案例演示一个无参构造方法的调用，如文件 4-18 所示。

文件 4-18　Example18.java

```
package cn.cswu.chapter04.example18;
/**
 * 日期：2019 年 10 月
 * 功能：无参构造方法的定义
 * 作者：软件技术教研室
 */
classPerson {
// 下面是类的构造方法
public Person（）{
    System.out.println（"无参的构造方法被调用了..."）;
}
}

publicclass Example08 {
publicstaticvoid main（String[] args）{
    Personp = newPerson（）; // 实例化 Person 对象

}
}
```

无参的构造方法被调用了……

在一个类中除了定义无参的构造方法，还可以定义有参的构造方法，通过有参的构造方法就可以实现对属性的赋值。接下来通过改写【例 4.8】后的代码建立一个有参构造方法。

【例 4.19】下面通过一个案例演示建立一个有参构造方法的调用，如文件 4-19 所示。

文件 4-19　Example19.java

```
package cn.cswu.chapter04.example19;
/**
 * 日期：2020 年 03 月
 * 功能：有参构造方法的定义
 * 作者：软件技术教研室
 */
class Person {
int age;
// 定义有参的构造方法
public Person（int a）{
    age = a；// 为 age 属性赋值
}
publicvoid speak（）{
    System.out.println（"今年我已经　" + age + "岁了!"）;
}
}

publicclass Example09 {
publicstaticvoid main（String[] args）{
    Person p = new Person（20）; // 实例化　Person　对象
    p.speak（）;
}
}
```

执行结果

今年我已经 20 岁了!

由于参数不同，调用的构造方法就不同，用下例进行说明。

【例 4.20】编写一个带有不同参数个数的构造方法，实现调用时，由于给予不同的初始值，调用的构造方法不同，如文件 4-20 所示。

```
package cn.cswu.chapter04.example10;
/**
 * 日期：2020 年 03 月
 * 功能：给予不同的初始值，调用不同的构造方法
 * 作者：软件技术教研室
 */
publicclass Example10{
publicstaticvoid main（String []args）{
        Person p1=new Person（42，"光庆"）；//给予不同的初始值，调用的构造方法不同，
构造方法虽同名，但系统会根据初始值来选定构造方法。
    }
}
//定义一个人类
class Person{
int age；
String name；
//默认构造方法 0
public Person（）{
}
//构造方法的主要用处是：初始化你的成员属性（变量）
//构造方法 1
public Person（int age，String name）{
    System.out.println（"我是构造方法 1"）；
    age=age；
    name=name；
}
//构造方法 2
public Person（String name）{
    System.out.println（"我是构造方法 2"）；
    name=name；
}
}
```

执行结果

我是构造方法 1

演示证明，调用的构造方法是构造方法 1。

注意：

（1）在 Java 中的每个类都至少有一个构造方法，如果在一个类中没有显示地定义构造方法，系统会自动为这个类创建一个默认的无参构造方法。

```
class Person {                          class Person {
---->                        public Person() {      }
    }                                       }
```

在上面的第一种写法，类中没有显示地声明构造方法，但仍然可以用 new Person()语句来创建 Person 类的实例对象。由于系统提供的无参构造方法往往不能满足需求，因此，可以自己在类中定义构造方法，一旦为该类定义了构造方法，系统将不再提供默认的无参构造方法。

（2）声明构造方法时，被 private 访问控制符修饰的构造方法 Person(int)只能在当前 Person 类中被访问无法在类的外部被访问，无法通过该私有构造方法来创建对象。因此，为了方便实例化对象，构造方法通常会使用 public 来修饰。

类的构造方法小结：

① 构造方法名和类名相同；

② 构造方法没有返回值；

③ 主要作用是完成对新对象的初始化；

④ 在创建新对象时，系统自动地调用该类的构造方法；

⑤ 一个类可以有多个构造方法；

⑥ 每个类都有一个默认的构造方法。

4.6　构造方法的重载

与普通方法一样，构造方法也可以重载。在一个类中可以定义多个构造方法，只要每个构造方法的参数类型或参数个数不同即可。在创建对象时，可以通过调用不同的构造方法来为不同的属性进行赋值。

【例 4.21】通过一个案例来学习构造方法的重载，如文件 4-21 所示。

文件 4-21　Example21.java

```
package cn.cswu.chapter04.example21;
/**
 * 日期：2020 年 03 月
 * 功能：构造方法的重载
 * 作者：软件技术教研室
 */
class Person {
String name;
int age;

// 定义两个参数的构造方法
public Person（String con_name，intcon_age）{
    name = con_name; // 为 name 属性赋值
```

```
        age = con_age；// 为 age 属性赋值
    }

    // 定义一个参数的构造方法
    public Person（String con_name）{
        name = con_name；// 为 name 属性赋值
    }

    publicvoid speak（）{
        // 打印 name 和 age 的值
        System.out.println（"大家好，我叫" + name + "，我今年" + age + "岁!"）；
    }
}

publicclass Example11 {
publicstaticvoid main（String[] args）{
        // 分别创建两个对象 ps1 和 ps2
        Person p1 = new Person（"朱儒明"）；
        Person p2 = new Person（"单光庆"，28）；
        // 通过对象 ps1 和 ps2 调用 speak（）方法
        p1.speak（）；
        p2.speak（）；
    }
}
```

执行结果

大家好，我叫朱儒明，我今年 0 岁!
大家好，我叫单光庆，我今年 28 岁!

由于两个构造方法对属性赋值的情况是不一样的，其中只有一个参数的构造方法针对
name 属性进行赋值，这时 age 属性的值为默认值 0。

4.7　this 关键字

为了将一个类中表示同一个属性的变量进行统一的命名，而又不会导致成员变量和局部
变量的名称冲突，Java 中提供了一个关键字 this 来指代当前对象，用于在方法中访问对象的
其他成员。this 关键字在程序中的三种常见用法，具体如下：

（1）通过 this 关键字可以明确地去访问一个类的成员变量，解决与局部变量名称冲突
问题。

```
Class Person {
  Int age；
Public Person（int age）{
This.age=age；
}
Public int getAge（）{
Return this.age；
}
}
```

（2）通过 this 关键字调用成员方法。

```
Class Person {
Public void openMouth（）{
…
}
Public void speak（）{
This.openMouth（）；
  }
}
```

（3）构造方法是在实例化对象时被 Java 虚拟机自动调用的，在程序中不能像调用其他方法一样去调用构造方法，但可以在一个构造方法中使用"this（[参数 1，参数 2…]）"的形式来调用其他的构造方法。

【例 4.22】通过下面的案例演示构造方法中使用 this，如文件 4-22 所示。

文件 4-22 Example22.java

```
package cn.cswu.chapter04.example12；
/**
 * 日期：2020 年 03 月
 * 功能：构造方法中使用 this
 * 作者：软件技术教研室
 */
class Person {
public Person（）{
    System.out.println（"无参的构造方法被调用了..."）；
}

public Person（String name）{
    this（）；// 调用无参的构造方法
    System.out.println（"有参的构造方法被调用了..."）；
}
}
```

```
publicclass Example12 {
publicstaticvoid main（String[] args）{
    Person p = new Person（"itcast"）; // 实例化 Person 对象
}
}
```

执行结果

无参的构造方法被调用了…
有参的构造方法被调用了…

注意事项：

this 属于一个对象，不属于类。
this 不能在类定义的外部使用，只能在类定义的方法中使用。
【例 4.23】通过该示例说明构造方法中使用 this 的必要性，如文件 4-23 所示。

文件 4-23　Example23.java

```
package cn.cswu.chapter04.example23;
/**
 * 日期：2020 年 03 月
 * 功能：this 的必要性
 * 作者：软件技术教研室
 */
publicclass Example13{
publicstaticvoid main（String []args）{
    Dog dog1=new Dog（2，"大黄"）;
    Person p1=new Person（dog1，23，"李小华"）;
    Person p2=new Person（dog1，24，"王小明"）;
    p1.showInfo（ ）;
    p1.dog.showInfo（ ）;
}
}
//定义一个人类
class Person{
//成员变量
int age;
String name;
Dog dog; //引用类型
public Person（Dog dog，int age，String name）{
```

```
    //可读性不好
    //age=age；
    //name=name；
    this.age=age；//this.age 指 this 代词指定是成员变量 age
    this.name=name；//this.name 指 this 代词指定是成员变量 name
    this.dog=dog；
}
//显示人名字
publicvoidshowInfo（）{
    System.out.println（"人名是："+this.name）；
}
}


class Dog{
int age；
String name；
public Dog（int age，String name）{
    this.age=age；
    this.name=name；
}
//显示狗名
publicvoidshowInfo（）{
    System.out.println（"狗名叫："+this.name）；
}
}
```

執行结果

人名是：李小华
狗名叫：大黄

在使用 this 调用类的构造方法时，要注意：
（1）只能在构造方法中使用 this 调用其他的构造方法，不能在成员方法中使用。
（2）在构造方法中，使用 this 调用构造方法的语句必须位于第一行，且只能出现一次。
（3）不能在一个类的两个构造方法中使用 this 互相调用，下面的写法编译会报错。

4.8 static 关键字

在编程的过程中，有一些是对象公用的数据，如果每个对象都需要这个数据，那么数据
的同步将是很大的问题。假设在一个学生类中，要描述学生的信息，需要有一个 int 型的数据

类型来描述当前学生的个数。如果给每一个学生这样一个值，并且每增加一个人都需要更新所有对象的属性值，显然造成了很大的不便，所以 Java 提供了静态变量的概念来解决这个问题。静态变量是用 static 来描述的。

4.8.1 静态变量、静态方法（类变量、类方法）

1. 静态变量

静态变量就是用 static 修饰的成员变量，也称为类变量。该类的所有对象共享的变量，任何一个该类的对象去访问它时，取到的都是相同的值，同样任何一个该类的对象去修改它时，修改的也是同一个变量。未用 static 修饰的成员变量称为实例变量。

在定义一个类时，只是在描述某类事物的特征和行为，并没有产生具体的数据。只有通过 new 关键字创建该类的实例对象后，系统才会为每个对象分配空间，存储各自的数据。有时候，开发人员会希望某些特定的数据在内存中只有一份，而且能够被一个类的所有实例对象所共享。例如某个学校所有学生共享同一个学校名称，此时完全不必在每个学生对象所占用的内存空间中都定义一个变量来表示学校名称，而可以在对象以外的空间定义一个表示学校名称的变量，让所有对象来共享。具体内存中的分配情况如图 4.5 所示。

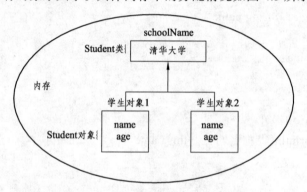

图 4.5　成员变量在内存中的分配情况

在一个 Java 类中，可以使用 static 关键字来修饰成员变量，该变量被称作静态变量。静态变量被所有实例共享，可以使用"类名.变量名"或者"对象名.变量名"的形式来访问。static 关键字只能用于修饰成员变量，不能用于修饰局部变量，否则编译会报错。

定义语法：

访问修饰符　static　数据类型变量名；

【例 4.24】接下来通过一个案例来描述静态变量，如文件 4-24 所示。

文件 4-24　Example24.java

```
package cn.cswu.chapter04.example24;
/**
 * 日期：2020 年 03 月
 * 功能：静态变量的应用
 * 作者：软件技术教研室
 */
```

```
class Student {
static String schoolName; // 定义静态变量 schoolName
}


public class Example24 {
public static void main(String[] args) {
    Student stu1 = new Student(); // 创建学生对象
    Student stu2 = new Student();
    Student.schoolName = "重庆城市管理职业学院！"; // 为静态变量赋值
    System.out.println("我的学校是" + stu1.schoolName); // 打印第一个学生对象的学校
    System.out.println("我的学校是" + stu2.schoolName); // 打印第二个学生对象的学校
}
}
```

执行结果

我的学校是重庆城市管理职业学院！
我的学校是重庆城市管理职业学院！

注意：static 关键字只能用于修饰成员变量，不能用于修饰局部变量，否则编译会报错。如：

```
public class Student {
            public void study() {
static int num = 10; // 这行代码是非法的，编译会报错
            }
        }
```

2. 静态方法

在实际开发时，开发人员有时会希望在不创建对象的情况下就可以调用某个方法，换句话说，也就是使该方法不必和对象绑在一起。要实现这样的效果，只需要在类中定义的方法前加上 static 关键字即可。

（1）被 static 关键字修饰的方法称为静态方法。

（2）同静态变量一样，静态方法可以使用"类名.方法名"的方式来访问，也可以通过类的实例对象来访问。

（3）在一个静态方法中只能访问用 static 修饰的成员，原因是没有被 static 修饰的成员需要先创建对象才能访问，而静态方法在被调用时可以不创建任何对象。

【例 4.25】接下来通过一个案例来学习静态方法的使用，如文件 4-25 所示。

文件 4-25　Example25.java

```
package cn.cswu.chapter04.example25;
/**
 * 日期：2020 年 03 月
```

```
 * 功能：静态方法的使用
 * 作者：软件技术教研室
 */
class Person {
public static void sayHello() { // 定义静态方法
    System.out.println("欢迎重庆城市管理职业学院的同学！");
}
}

class Example16 {
public static void main(String[] args) {
    //1.类名.方法的方式调用静态方法
    Person.sayHello();
    //2.实例化对象的方式来调用静态方法
    Person p = new Person();
    p.sayHello();

}
}
```

执行结果

欢迎重庆城市管理职业学院的同学！
欢迎重庆城市管理职业学院的同学！

注意：在一个静态方法中只能访问用 static 修饰的成员，原因在于没有被 static 修饰的成员需要先创建对象才能访问，而静态方法在被调用时可以不创建任何对象。

使用静态方法的时候需要注意以下两点：

（1）静态方法不能直接访问非静态变量。

（2）非静态方法可以直接访问静态变量。

3. 静态代码块

在 Java 类中，使用一对大括号包围起来的若干行代码被称为一个代码块，用 static 关键字修饰的代码块称为静态代码块。当类被加载时，静态代码块会执行，由于类只加载一次，因此静态代码块只执行一次。在程序中，通常会使用静态代码块来对类的成员变量进行初始化。

【例 4.26】接下来通过一个案例来了解静态代码块的使用，如文件 4-26 所示。

文件 4-26   Example26.java

```
package cn.cswu.chapter04.example26;
/**
 * 日期：2020 年 03 月
 * 功能：静态代码块的使用
```

```
 * 作者：软件技术教研室
 */
class Example26 {
// 静态代码块
static {
    System.out.println("测试类的静态代码块执行了！");
}
public static void main(String[] args) {
    // 下面的代码创建了两个 Person 对象
    Person p1 = new Person();
    Person p2 = new Person();
}
}
class Person {
// 下面是一个静态代码块
static {
    System.out.println("Person 类中的静态代码块执行了！");
}
}
```

执行结果

测试类的静态代码块执行了！
Person 类中的静态代码块执行了！

4.9　包

1. 包的必要性

在大型的项目中，可能需要上千个类甚至上万个类，如果都放在一起，是非常乱的，而且要对这上万个类都起不同的名字，显然这样是很复杂的。请看下面的一个场景，当有两个程序员共同开发一个 java 项目，程序员小李希望定义一个类取名 Dog，程序员小王也想定义一个类也叫 Dog。两个程序员为此怎么协调？Java 提供了一种有效的类的组织结构，这就是包。标准的 Java 类库就是由多个包组织的，例如前面使用到的 java.util 就是其中一个。

2. 包的三大作用

（1）区分相同名字的类。
（2）当类很多时，可以很好地管理类。
（3）控制访问范围。

3. 包的换包命令格式:

package com.自定义名字;

注意:打包命令一般放在文件开始处。

4. 包的命名规范

小写字母比如 com.sina.shunping。

(1)包——常用的包。

一个包下包含很多的类,java 中常用的包有:

java.lang.* 包自动引入; java.util.* 工具包;java.net.* 包网络开发包;java.awt.* 包窗口工具包。

(2)如何引入包。

包可以对类进行良好的管理,但是这样的话包就位于不同的文件夹下面了,不能直接在一个文件夹中调用需要的类。Java 的解决方案是导入需要的包。在前面使用 Scanner 类来获得用户输入时已经使用了导入包的语法格式:

语法:import 包名;

比如:importJava.awt.*;

我们引入一个包的主要目的要使用该包下的类。

定义类的改进,在提出包后,我们类的定义就更加完善了:

class 类名{		class 类名{		class 类名{		package 包名;	待定…
成员变量;	→	成员变量;	→	成员变量;	→	class 类名{→	
}		成员方法;		构造方法;		成员变量;	
		}		成员方法;		构造方法;	
				}		成员方法;	
						}	

4.10   本章小结

本章详细讲解了面向对象的基础知识。首先讲解了面向对象的思想,然后讲解了类与对象之间的关系,接着讲解了方法的重载与递归、构造方法和 this 关键字的使用,最后讲解了 static 关键字的使用和包的应用。

第 5 章　类的继承、接口

5.1　类的继承

继承是面向对象编程的重要特征之一。顾名思义，继承就是在现有类的基础上构建新类以满足新的要求。在继承过程中，新的类继承原来的方法和实例变量，并且能添加自己的方法和实例变量。继承是指声明一些类，可以再进一步声明这些类的子类，而子类具有父类已经拥有的一些方法和属性，这跟现实中的父子关系是十分相似的，所以面向对象把这种机制称为继承，子类也称为派生类。继承是在已有类的基础上构建新的类。已有的类称为超类、父类或基类，产生的新类称为子类或派生类。在本章中主要讲解的内容包括子类的创建使用、方法覆写、抽象类的创建和使用、多态和动态绑定以及 Object 类。

1. 继承——为什么有？

继承可以解决代码复用，让我们的编程更加靠近人类思维。当多个类存在相同的属性(变量)和方法时，可以从这些类中抽象出父类(比如刚才的 Student)，在父类中定义这些相同的属性和方法，所有的子类不需要重新定义这些属性和方法，只需要通过 extends 语句来声明继承父类，这样，子类就会自动拥有父类定义的某些属性和方法。

2. 继承的概念

在现实生活中，继承一般指的是子女继承父辈的财产。在程序中，继承描述的是事物之间的所属关系，通过继承可以使多种事物之间形成一种关系体系。例如，猫和狗都属于动物，程序中便可以描述为猫和狗继承自动物，同理，波斯猫和巴厘猫继承自猫，而沙皮狗和斑点狗继承自狗。这些动物之间会形成一个继承体系，具体如图 5.1 所示。

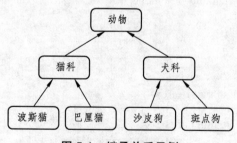

图 5.1　继承关系示例

3. 类的继承

在 Java 中，类的继承是指在一个现有类的基础上去构建一个新的类，构建出来的新类被称作子类（派生类），现有类被称作父类，子类会自动拥有父类所有可继承的属性和方法。在程序中，如果想声明一个类继承另一个类，需要使用 extends 关键字。

类继承的语法格式：

```
[修饰符] class 子类名 extends 父类名{
        // 程序核心代码
    }
```

【例 5.1】下面通过如下案例来学习子类是如何继承父类的，如文件 5-1 所示。

文件 5-1　Example01.java

```
package cn.cswu.chapter05.example01;
/**
 * 日期：2020 年 03 月
 * 实现类的继承
 * 作者：软件技术教研室
 */
// 定义 Animal 类
class Animal {
String name；// 定义 name 属性

// 定义动物叫的方法
void shout（）{
    System.out.println（"动物发出叫声"）；
}
}

// 定义 Dog 类继承 Animal 类
class Dog extends Animal {
// 定义一个打印 name 的方法
publicvoidprintName（）{
    System.out.println（"name=" + name）；
}
}

// 定义测试类
publicclass Example01 {
publicstaticvoid main（String[] args）{
    Dog dog = new Dog（）；// 创建一个 Dog 类的实例对象
    dog.name = "沙皮狗"；// 为 Dog 类的 name 属性进行赋值
    dog.printName（）；// 调用 dog 类的 getInfo（）方法
    dog.shout（）；// 调用 dog 类继承来的 shout（）方法

}
}
```

執行結果

```
name=沙皮狗
动物发出叫声
```

4. 注意事项

在类的继承中，需要注意一些问题，具体如下：

（1）在 Java 中，类只支持单继承，不允许多重继承，也就是说一个类只能有一个直接父类，例如下面这种情况是不合法的：

```
class A{}
class B{}
class C extends A，B{}   //C 类不可以同时继承 A 类和 B 类
```

（2）多个类可以继承一个父类，例如下面这种情况是允许的：

```
class A{}
class B extends A{}
class C extends A{}   // 类 B 和类 C 都可以继承类 A
```

（3）在 Java 中，多层继承是可以的，即一个类的父类可以再去继承另外的父类，例如 C 类继承自 B 类，而 B 类又可以去继承 A 类，这时，C 类也可称作 A 类的子类。例如下面这种情况是允许的：

```
class A{}
class B extends A{}   // 类 B 继承类 A，类 B 是类 A 的子类
class C extends B{}   // 类 C 继承类 B，类 C 是类 B 的子类，同时也是类 A 的子类
```

（4）在 Java 中，子类和父类是一种相对概念，也就是说一个类是某个类父类的同时，也可以是另一个类的子类。例如上面的示例中，B 类是 A 类的子类，同时又是 C 类的父类。

5.2　方法的重写（覆写）

方法重写（overload）与方法的重载非常相似，它在 Java 的继承中也有很重要的应用。写程序可能会碰到下面的情况，在父类中已经实现的方法可能不够精确，不能满足子类的需求。例如在前面的 Animal 类中，breath 方法就过于简单，对于鱼类动物是用鳃呼吸的，而对于哺乳动物则是用肺呼吸的，如何实现呢，Java 提供的方法覆写就是解决这方面的问题。

在继承关系中，子类会自动继承父类中定义的方法，但有时在子类中需要对继承的方法进行一些修改，即对父类的方法进行重写。需要注意的是，在子类中重写的方法需要和父类被重写的方法具有相同的方法名、参数列表以及返回值类型。子类重写父类方法时，不能使用比父类中被重写的方法更严格的访问权限。

在【例 5.1】代码中，Dog 类从 Animal 类继承了 shout（）方法，该方法在被调用时会打印"动物发出叫声"，这明显不能描述一种具体动物的叫声。Dog 类对象表示犬类，发出的叫声应该是"汪汪汪"。

【例 5.2】为了解决这个问题，可以在 Dog 类中重写父类 Animal 中的 shout（）方法，如文件 5-2 所示。

```
package cn.cswu.chapter05.example02；
/**
 * 日期：2020 年 03 月
 * 实现重写父类中的方法
 * 作者：软件技术教研室
 */
// 定义 Animal 类
class Animal {
// 定义动物叫的方法
void shout（）{
    System.out.println（"动物发出叫声"）；
}
}


// 定义 Dog 类继承动物类
class Dog extends Animal {
// 定义狗叫的方法
void shout（）{
    System.out.println（"汪汪汪……"）；
}
}


// 定义测试类
publicclassExample02 {
publicstaticvoid main（String[] args）{
    Dog dog = new Dog（）; // 创建 Dog 类的实例对象
    dog.shout（）; // 调用 dog 重写的 shout（）方法
}
}
```

执行结果

汪汪汪……

在上一章讲解包的基础上再次引入继承，类的定义就更加完善了。类的语法就可以演变为：

class 类名{	class 类名{	class 类名{	package 包名；
成员变量； →	成员变量； →	成员变量； →	class 类名{
}	成员方法；	构造方法；	成员变量；→

```
            }                   成员方法;          构造方法;
                                }                  成员方法;
                                                   }


package 包名;
class 类名 extends 父类{        待定
成员变量;              →        ...
构造方法;
成员方法;
}
}
```

5.3 super 关键字和 final 关键字

5 .3.1 super 关键字

当子类重写父类的方法后，子类对象将无法访问父类被重写的方法。为了解决这个问题，在 Java 中专门提供了一个 super 关键字用于访问父类的成员。例如访问父类的成员变量、成员方法和构造方法。接下来分两种情况来学习一下 super 关键字的具体用法。

（1）使用 super 关键字访问父类的成员变量和成员方法。具体格式如下：

```
super. 成员变量
super. 成员方法（[参数 1，参数 2...]）
```

【例 5.3】下面通过一个案例来学习此种情况下 super 关键字的用法，如文件 5-3 所示。

文件 5-3 Example03.java

```
package cn.cswu.chapter05.example03;
/**
 * 日期：2020 年 03 月
 * 使用 super 关键字访问父类的成员变量和成员方法
 * 作者：软件技术教研室
 */
// 定义 Animal 类
class Animal {
String name = "动物";

// 定义动物叫的方法
void shout（）{
    System.out.println（"动物发出叫声"）;
}
```

```
}

// 定义 Dog 类继承动物类
class Dog extends Animal {
String name = "犬类";

// 重写父类的 shout（）方法
void shout（）{
    super.shout（）; // 访问父类的成员方法
}

// 定义打印 name 的方法
voidprintName（）{
    System.out.println（"name=" + super.name）; // 访问父类的成员变量
}
}

// 定义测试类
publicclass Example03 {
publicstaticvoid main（String[] args）{
    Dog dog = new Dog（）; // 创建一个 Dog 对象
    dog.shout（）; // 调用 dog 对象重写的 shout（）方法
    dog.printName（）; // 调用 dog 对象的 printName（）方法
}
}
```

执行结果

动物发出叫声
name=动物

（2）使用 super 关键字访问父类的构造方法。具体格式如下：

super（[参数 1，参数 2...]）

【例 5.4】下面通过一个案例来学习此种情况下 super 关键字访问父类的构造方法的用法，如文件 5-4 所示。

文件 5-4 Example04.java

```
package cn.cswu.chapter05.example04;
/**
 * 日期：2020 年 03 月
```

```
 * 使用 super 关键字访问父类的构造方法
 * 作者：软件技术教研室
 */
// 定义 Animal 类
class Animal {
// 定义 Animal 类有参的构造方法
public Animal（String name）{
    System.out.println（"这是一只" + name）;
}
}
// 定义 Dog 类继承 Animal 类
class Dog extends Animal {
public Dog（）{
    super（"沙皮狗"）;  // 调用父类有参的构造方法
}
}
// 定义测试类
publicclass Example29 {
publicstaticvoid main（String[] args）{
    Dog dog = new Dog（）;  // 实例化子类 Dog 对象
}
}
```

执行结果

这是一只沙皮狗

super 关键字主要有以下两个用途：
（1）在子类构造函数中调用父类构造函数。
（2）在子类中调用父类的方法。

5.3.2 Object 类

Java 中存在一个非常特殊的类——Object 类，它是所有类的父类，即每个类都直接或间接继承自该类。在 Java 中如果定义了一个类并没有继承任何类，那么它默认继承 Object 类。而如果它继承了一个类，则它的父类，甚至父类的父类必然是继承自 Object 类，所以说任何类都是 Object 类的子类，Object 类通常被称之为超类、基类或根类。当定义一个类时，如果没有使用 extends 关键字为这个类显示的指定父类，那么该类会默认继承 Object 类。

所有对象（包括数组）都实现了这个类的方法。Object 类中的常用方法如表 5-1 所示。

表 5–1　Object 类中的常用方法

方法声明	功能描述
boolean equals(Object obj)	判断某个对象与此对象是否相等
final Class<?> getClass()	返回此 Object 的运行时类
int hashCode()	返回该对象的哈希码值
String toString()	返回该对象的字符串表示
void finalize()	垃圾回收器调用此方法来清理没有被任何引用变量所引用对象的资源

【例 5.5】下面通过一个例子来演示 Object 类中 toString()方法的使用，如文件 5-5 所示。

文件 5–5　Example05.java

```
package cn.cswu.chapter05.example05;
/**
 * 日期：2020 年 03 月
 * 功能：Object 类中 toString()方法的使用
 * 作者：软件技术教研室
 */
// 定义 Animal 类
class Animal {
// 定义动物叫的方法
void shout() {
    System.out.println("动物叫！ ");
}
}
// 定义测试类
public class Example05 {
public static void main(String[] args) {
    Animal animal = new Animal(); // 创建 Animal 类对象
    System.out.println(animal.toString()); // 调用 toString()方法并打印
}
}
```

执行结果

cn.xswu.chapter05.example05.Animal@136432b

在 Object 类中定义了 toString()方法，在该方法中输出了对象的基本信息，Object 类的 toString()方法中的代码具体如下：

getClass().getName() + "@" + Integer.toHexString(hashCode());

为了方便初学者理解上面的代码，接下来分别对其中用到的方法进行解释，具体如下：

getClass().getName()代表返回对象所属类的类名，即 Animal。

hashCode()代表返回该对象的哈希值。

Integer.toHexString(hashCode())代表将对象的哈希值用 16 进制表示。其中，hashCode()是 Object 类中定义的一个方法，这个方法将对象的内存地址进行哈希运算，返回一个 int 类型的哈希值。

【例 5.6】toString()方法返回的不仅是基本信息，而且有一些特有的信息，这时重写 Object 的 toString()方法便可以实现,如文件 5-6 所示。

文件 5-6　Example06.java

```
package cn.cswu.chapter05.example06;
/**
 * 日期：2020 年 03 月
 * 功能：重写 Object 类中 toString()方法的使用
 * 作者：软件技术教研室
 */
// 定义 Animal 类
class Animal {
    //重写 Object 类的 toString()方法
    public String toString(){
return "这是一个稀有动物……";
    }
}
// 定义测试类
public class Example48 {
public static void main(String[] args) {
    Animal animal = new Animal(); // 创建 Animal 类对象
    System.out.println(animal.toString()); // 调用 toString()方法并打印
}
}
```

执行结果

这是一个稀有动物……

5.3.3　final 关键字

编写程序时可能需要把类定义为不能继承的，即最终类，或者是有的方法不希望被子类继承，这时候就需要使用 final 关键字来声明。把类或方法声明为 final 类或 final 方法的方法。很简单，在类前面加上 final 关键字即可。

```
final class 类名 extends 父类{ //类体
}
```

方法也可以被声明为 final 的，形式如下。

修饰符 final 返回值类型方法名(){ //方法体

}

例如：

public final void run(){ //方法体

}

需要注意的是，实例变量也可以被定义为 final，被定义为 final 的变量不能被修改。被声明为 final 的类的方法自动地被声明为 final，但是它的实例变量并不是 final。

final 关键字可用于修饰类、变量和方法，它有"无法改变"或者"最终"的含义，因此，被 final 修饰的类、变量和方法将具有以下特性：

（1）final 修饰的类不能被继承。

（2）final 修饰的方法不能被子类重写。

（3）final 修饰的变量（成员变量和局部变量）是常量，只能赋值一次。

1. final 关键字修饰类

Java 中的类被 final 关键字修饰后，该类将不可以被继承，也就是不能够派生子类。

final 可以修饰变量或者方法。在某些情况下，可能有以下需求：

（1）当不希望父类的某个方法被子类覆盖（override）时，可以用 final 关键字修饰。

（2）当不希望类的某个变量的值被修改，可以用 final 修饰。如果一个变量是 final，则必须赋初值，否则编译出错。

（3）当不希望类被继承时，可以用 final 修饰。

【例 5.7】final 方法的使用案例演示，如文件 5-7 所示。

文件 5-7　Example07.java

```
package cn.cswu.chapter05.example07;
/**
 * 日期：2020 年 03 月
 * final 方法的使用
 * 作者：软件技术教研室
 */
publicclass Example07 {
publicstaticvoid main（String[] args）{
    Aaaaaa=newAaa（）；
    aaa.show（）；
    Bbbbbb=newBbb（）；
    bbb.show（）；
}
}
classAaa{
int a=0；//如果 a 不赋初值，a 是 0。定义类型后应赋值
//圆周率不让修改
```

```
//带有 final 修饰的变量命名时应有_下划线来区分表示。这是 java 程序员的标准。
finalfloat reate_1=3.1415926f; //使用 final 可以保证，需要强制不被修改的数据一定要用
final 锁定
//final int b; //使用 final 定义变量时一定要赋初值否则报错。
//b=1;
finalpublicvoidsendMes（）{//给成员方法用 final 来修饰则表示不可以被修改，不可被覆盖。
    System.out.println（"发送消息"）;
}
publicvoid show（）{
    System.out.println（"a="+a）;
}
}
finalclassBbbextendsAaa{//定义类前加 final 表示该类不允许被继承
publicBbb（）{
    a++;
    //reate_1=reate+1;
}
/*public void sendMes（）{
    System.out.println（"发送消息"）
}*/
}
```

执行结果

```
a=0
a=1
```

2. 注意事项。

（1）final 修饰的变量又叫常量，一般用 XX_XX_XX 来命名（带下划线）。

（2）final 修饰的变量在定义时，必须赋值，并且以后不能再赋值。

3. 使用范围。

（1）因为案例的考虑，类的某个方法不允许修改。

（2）类不会被其他的类继承。

（3）某些变量值是固定不变的，比如圆周率 3.141 592 6。

【例 5.8】下面通过如下案例来验证使用 final 关键字修饰 Animal 类时，子类会报错，如文件 5-8 所示。

文件 5-8　Example08.java

```
package cn.cswu.chapter05.example08;
/**
```

```
 * 日期：2020 年 03 月
 * 使用 final 关键字修饰 Animal 类时，子类会报错
 * 作者：软件技术教研室
 */
//final class Animal {
class Animal {
// 方法体为空
}
// Dog 类继承 Animal 类
class Dog extends Animal {
// 方法体为空
}
// 定义测试类
class Example08 {
publicstaticvoid main（String[] args）{
    Dog dog = new Dog（）; // 创建 Dog 类的实例对象

}
}
```

5.3.4　final 关键字修饰方法

当一个类的方法被 final 关键字修饰后，这个类的子类将不能重写该方法。

【例 5.9】下面通过一个案例来验证此特性，如文件 5-9 所示。

文件 5-9　Example09.java

```
package cn.cswu.chapter05.example09;
/**
 * 日期：2020 年 03 月
 * 当一个类的方法被 final 关键字修饰后，这个类的子类将不能重写该方法
 * 作者：软件技术教研室
 */
// 定义 Animal 类
class Animal {
// 使用 final 关键字修饰 shout（）方法后，如果子类重写父类的这个方法，编译会报错
//public final void shout（）{
publicvoid shout（）{
    // 程序代码

}
}
// 定义 Dog 类继承 Animal 类
class Dog extends Animal {
```

```
    // 重写 Animal 类的 shout（）方法
    publicvoid shout（）{
        // 程序代码
    }
}
// 定义测试类
class Example09 {
publicstaticvoid main（String[] args）{
    Dog dog = new Dog（）; // 创建 Dog 类的实例对象
    }
}
```

5.3.5　final 关键字修饰变量

Java 中被 final 修饰的变量称为常量，它只能被赋值一次，也就是说 final 修饰的变量一旦被赋值，其值不能改变。如果再次对该变量进行赋值，则程序会在编译时报错。

【例 5.10】下面通过一个案例来演示这种错误和 final 修饰成员变量的情况，如文件 5-10 所示。

文件 5-10　Example10.java

```
package cn.cswu.chapter05.example10;
/**
 * 日期：2020 年 03 月
 * final 修饰的变量一旦被赋值，其值不能改变
 * 作者：软件技术教研室
 */
publicclass Example10 {
publicstaticvoid main（String[] args）{
    finalint num = 2; // 第一次可以赋值
    num = 4; // 再次赋值会报错
    }
}
```

执行结果

```
Exception in thread "main"Java.lang.Error: Unresolved compilation problem:
The final local variable num cannot be assigned. It must be blank and not using acompound
assignment
    at cn.cswu.chapter04.example33.Example33.main(Example10.java:10)
```

【例 5.11】使用 final 关键字修饰成员变量，如文件 5-11 所示。

```
package cn.cswu.chapter05.example11;
/**
 * 日期：2020 年 03 月
 * final 关键字修饰成员变量
 * 作者：软件技术教研室
 */
// 定义 Student 类
class Student {
//final String name; // 使用 final 关键字修饰 name 属性
final String name = "许文强"; // 为成员变量赋予初始值
// 定义 introduce（）方法，打印学生信息
publicvoid introduce（）{
    System.out.println（"我叫" + name+"，是重庆城市管理职业学院软件技术专业的学生"）;
}
}
// 定义测试类
publicclass Example34 {
publicstaticvoid main（String[] args）{
    Student stu = new Student（）; // 创建 Student 类的实例对象
    stu.introduce（）; // 调用 Student 的 introduce（）方法
}
}
```

执行结果

我叫许文强，是重庆城市管理职业学院软件技术专业的学生

5.4　抽象类和接口

5.4.1　抽象类

　　抽象类是指在类中定义方法，但是并不去实现它，而在它的子类中去具体地实现。定义的抽象方法不过是一个方法占位符。继承抽象类的子类必须实现父类的抽象方法，除非子类也被定义成一个抽象类。

　　当定义一个类时，常常需要定义一些方法来描述该类的行为特征，但有时这些方法的实现方式是无法确定的。例如，前面在定义 Animal 类时，shout（）方法用于表示动物的叫声，但是针对不同的动物，叫声也是不同的，因此，在 shout（）方法中无法准确描述动物的叫声。

针对上面描述的情况，Java 允许在定义方法时不写方法体，不包含方法体的方法为抽象方法，抽象方法必须使用 abstract 关键字来修饰，抽象类及抽象方法定义的语法格式：

```
// 定义抽象类
 [修饰符] abstract class  类名{
             // 定义抽象方法
             [修饰符] abstract  方法返回值类型方法名([参数列表]);
             // 其他方法或属性

 }
```

在定义抽象类时需要注意，包含抽象方法的类必须声明为抽象类，但抽象类可以不包含任何抽象方法，只需使用 abstract 关键字来修饰即可。另外，抽象类是不可以被实例化的，因为抽象类中有可能包含抽象方法，抽象方法是没有方法体的，不可以被调用。如果想调用抽象类中定义的方法，则需要创建一个子类，在子类中将抽象类中的抽象方法进行实现。

【例 5.12】下面通过一个案例来学习如何实现抽象类中的方法，如文件 5-12 所示。

文件 5-12　Example12.java

```
package cn.cswu.chapter05.example12;
/**
 * 日期：2020 年 03 月
 * 如何实现抽象类中的方法
 * 作者：软件技术教研室
 */
// 定义抽象类 Animal
abstractclass Animal {
// 定义抽象方法 shout（）
abstractvoid shout（）;
}


// 定义 Dog 类继承抽象类 Animal
class Dog extends Animal {
// 实现抽象方法 shout（）
void shout（）{
    System.out.println（"汪汪……"）;
}
}


// 定义测试类
publicclass Example12 {
publicstaticvoid main（String[] args）{
    Dog dog = new Dog（）; // 创建 Dog 类的实例对象
    dog.shout（）; // 调用 dog 对象是的 shout（）方法
```

```
        }
    }
```

汪汪……

当父类的一些方法不能确定时,可以用abstract关键字来修饰该方法[抽象方法],用abstract来修饰该类[抽象类]。

【例 5.13】抽象类实现案例代码,如文件 5-13 所示。

文件 5-13　Example13.java

```java
package cn.cswu.chapter05.example13;
/**
 * 日期：2020 年 03 月
 * 如何实现抽象类
 * 作者：软件技术教研室
 */
//抽象类的必要性
publicclass Example13 {
publicstaticvoid main（String[] args）{
    //Animal an=new Animal（）；抽象类不允许实例化
    Animal an=new Cat（）;
    an.cry（）;
    an=newDog（）;
    an.cry（）;
}
}
//抽象类 abstract 关键词
abstractclass Animal{
String name;
int age;
//动物会叫，使用了 abstract 抽象方法
abstractpublicvoid cry（）; //抽象类中可以没有 abstract 抽象方法
//抽象类内可以有实现方法
publicvoidsx（）{
    System.out.println（"实现方法"）;
}
}
//当一个子类继承的父类是 abstract 抽象类的话，需要程序员把抽象类的抽象方法全部实现。
class Cat extends Animal{
```

```
//实现父类的 cry，其实类似上节学习中的子类覆盖父类
publicvoid cry（）{
    System.out.println（"喵喵叫"）;
}
}
classDogextends Animal{
//实现父类的 cry，其实类似上节学习中的子类覆盖父类
publicvoid cry（）{
    System.out.println（"汪汪叫"）;
}
}
```

执行结果

```
喵喵叫
汪汪叫
```

抽象类注意事项：

（1）抽象类不能被实例化。

（2）抽象类不一定要包含 abstract 方法。也就是说，抽象类可以没有 abstract 抽象方法。

（3）一旦类包含了 abstract 抽象方法，则这个类必须声明为 abstract 抽象类。

（4）抽象方法不能有主体。

正确的抽象方法例：abstract void abc();

错语的抽象方法例：abstract void abc(){};

5.4.2 接口

接口的实现是指具体实现接口的类。接口就是给出一些没有内容的方法，封装到一起，到要使用某个类的时候，再根据具体情况把这些方法写出来。相当于事先定义了程序的框架。实现接口的类必须要实现接口中定义的方法。接口的建立语句：interface 接口名{方法;}。

1. 语法格式

```
[修饰符] interface 接口名[extends 父接口 1,父接口 2,...] {
        [public] [static] [final]  常量类型常量名= 常量值;
        [public] [abstract]  方法返回值类型方法名([参数列表]);
        [public] default  方法返回值类型方法名([参数列表]){
// 默认方法的方法体
        }
        [public] static  方法返回值类型方法名([参数列表]){
// 类方法的方法体
        }
    }
```

2. 语法定义说明

由关键字表示实现的接口，多个接口之间用逗号隔开。实现接口需要注意以下几点：

（1）修饰符可以使用 public 或直接省略（省略时默认采用包权限访问控制符）。

（2）在接口内部可以定义多个常量和抽象方法，定义常量时必须进行初始化赋值，定义默认方法和静态方法时，可以有方法体。

（3）在接口中定义常量时，可以省略"public static final"修饰符，接口会默认为常量添加"public static final"修饰符。与此类似，在接口中定义抽象方法时，也可以省略"public abstract"修饰符，定义 default 默认方法和 static 静态方法时，可以省略"public"修饰符，这些修饰符系统都会默认进行添加。

（4）接口中可以包含三类方法：抽象方法、默认方法、静态方法。

（5）静态方法可以通过"接口名.方法名"的形式来调用。

（6）抽象方法和默认方法只能通过接口实现类的实例对象来调用。

（7）接口的实现类，必须实现接口中的所有抽象方法。

在上面的语法中，一个接口可以有多个父接口，它们之间用逗号隔开。Java 使用接口的目的是为了克服单继承的限制，因为一个类只能有一个父类，而一个类可以实现多个接口。接口中的变量默认使用"public static final"来修饰，即全局常量；接口中定义的方法默认使用"public abstract"来修饰，即抽象方法。如果接口声明为 public，则接口中的变量和方法全部为 public。

由于接口中的方法都是抽象方法，因此不能通过实例化对象的方式来调用接口中的方法。此时需要定义一个类，并使用 implements 关键字实现接口中所有的方法。一个类可以在继承的同时实现多个接口，在 implements 子句中用逗号隔开。接口的实现类声明格式如下：

[<修饰符号>]　class <类名> [extends <超类名>]　[implements <接口 1>，<接口 2>，...]

【例 5.14】下面通过一个案例来学习接口的使用，如文件 5-14 所示。

文件 5-14　Example14.java

```
package cn.cswu.chapter05.example14;
/**
 * 日期：2020 年 03 月
 * 如何实现接口的使用
 * 作者：软件技术教研室
 */
// 定义了 Animal 接口
interface Animal {
// 定义全局常量，其默认修饰为 public static final
String ANIMAL_BEHAVIOR = "动物的行为";
// 定义抽象方法 breathe（），其默认修饰为 public abstract
void breathe（）;
// 定义抽象方法 run（）
void run（）;
}
```

```
// Dog 类实现了 Animal 接口
class Dog implements Animal {
// 实现 breathe（）方法
publicvoid breathe（）{
    System.out.println（ANIMAL_BEHAVIOR+"："+"狗在呼吸"）;
}
// 实现 run（）方法
publicvoid run（）{
    System.out.println（ANIMAL_BEHAVIOR+"："+"狗在奔跑"）;
}
}
// 定义测试类
publicclass Example14{
publicstaticvoid main（String args[]）{
    Dog dog = new Dog（）; // 创建 Dog 类的实例对象
    //使用对象名.常量名的方式输出接口中的常量
    //System.out.println（dog.ANIMAL_BEHAVIOR）;
    //使用接口名.常量名的方式输出接口中的常量
    //System.out.println（Animal.ANIMAL_BEHAVIOR）;
    dog.breathe（）; // 调用 Dog 类的 breathe（）方法
    dog.run（）; // 调用 Dog 类的 run（）方法

}
}
```

执行结果

动物的行为：狗在呼吸
动物的行为：狗在奔跑

【例 5.15】下面通过一个案例来学习如何实现接口间的继承关系，如文件 5-15 所示。

文件 5-15　Example15.java

```
package cn.cswu.chapter05.example15;
/**
 * 日期：2020 年 03 月
 * 如何实现接口间的继承关系
 * 作者：软件技术教研室
 */
// 定义了 Animal 接口
interface Animal {
```

```java
// 定义全局常量，其默认修饰为 public static final
String ANIMAL_BEHAVIOR = "动物的行为";
// 定义抽象方法 breathe（），其默认修饰为 public abstract
void breathe（）;
// 定义抽象方法 run（）
void run（）;
}
//定义了 LandAnimal 接口
interfaceLandAnimalextends Animal{
voidliveOnLand（）;
}
// Dog 类实现了 Animal 接口
class Dog implementsLandAnimal {
// 实现 breathe（）方法
publicvoid breathe（）{
    System.out.println（ANIMAL_BEHAVIOR+"："+"狗在呼吸"）;
}
// 实现 run（）方法
publicvoid run（）{
    System.out.println（ANIMAL_BEHAVIOR+"："+"狗在奔跑"）;
}
//实现 liveOnLand（）方法
publicvoidliveOnLand（）{
    System.out.println（"狗是陆地上的动物……"）;
}
}
// 定义测试类
publicclass Example15 {
publicstaticvoid main（String args[]）{
    Dog dog = new Dog（）; // 创建 Dog 类的实例对象
    //使用对象名.常量名的方式输出接口中的常量
    //System.out.println（dog.ANIMAL_BEHAVIOR）;
    //使用接口名.常量名的方式输出接口中的常量
    //System.out.println（Animal.ANIMAL_BEHAVIOR）;
    dog.breathe（）; // 调用 Dog 类的 breathe（）方法
    dog.run（）; // 调用 Dog 类的 run（）方法
    dog.liveOnLand（）; // 调用 Dog 类的 liveOnLand（）方法

}
}
```

執行結果

動物的行為：狗在呼吸

動物的行為：狗在奔跑

狗是陸地上的動物……

為了加深初學者對接口的認識，接下來對接口的特點進行歸納，具體如下：

（1）接口中的方法都是抽象的，不能實例化對象。

（2）接口中的屬性只能是常量。

（3）當一個類實現接口時，如果這個類是抽象類，則實現接口中的部分方法即可，否則需要實現接口中的所有方法。

（4）一個類通過 implements 關鍵字實現接口時，可以實現多個接口，被實現的多個接口之間要用逗號隔開。具體示例如下：

```
interface Run {
    程序代碼……
}
interface Fly {
    程序代碼……
}
class Bird implements Run，Fly {
    程序代碼……
}
```

（5）一個接口可以通過 extends 關鍵字繼承多個接口，接口之間用逗號隔開。具體示例如下：

```
interface Running {
    程序代碼……
}
interface Flying {
    程序代碼……
}
Interface Eating extends Running，Flying {
    程序代碼……
}
```

（6）一個類在繼承另一個類的同時還可以實現接口，此時，extends 關鍵字必須位於 implements 關鍵字之前。具體示例如下：

```
class Dog extends Canidae implements Animal { // 先繼承，再實現
    程序代碼……
}
```

【例 5.16】下面通過一個綜合案例演示接口的綜合實現，如文件 5-16 所示。

```java
package cn.cswu.chapter05.example16;
/**
 * 日期：2020 年 03 月
 * 如何实现接口间的综合应用
 * 作者：软件技术教研室
 */
//电脑，相机，u 盘，手机

//usb 接口
interfaceUsb{
inta=1；//加不加 static 都是静态的，不能用 private 和 protected 修饰
//声明了两个方法
publicvoid start（）；//接口开始工作
publicvoid stop（）；//接口停止工作
}
//编写了一个相机类，并实现了 usb 接口
//一个重要的原则：当一个类实现了一个接口，要求该类把这个接口的所有方法全部实现
class CameraimplementsUsb{
publicvoid start（）{
    System.out.println（"我是相机，开始工作了…"）；
}
publicvoid stop（）{
    System.out.println（"我是相机，停止工作了…"）；
}
}
//接口继承别的接口
class Base{
}
interface Tt{
}
interface Son extends Tt{
}
//编写了一个手机，并实现了 usb 接口
class Phone implementsUsb{
publicvoid start（）{
    System.out.println（"我是手机，开始工作了…"）；
}
publicvoid stop（）{
```

```
        System.out.println（"我是手机，停止工作了……"）;
    }
}
//计算机
class Computer{
//开始使用 usb 接口
publicvoiduseUsb（Usbusb）{
    usb.start（）;
    usb.stop（）;
}
}
publicclass Example16 {
publicstaticvoid main（String[] args）{
    System.out.println（Usb.a）;
    //创建 Computer
    Computer computer=new Computer（）;
    //创建 Camera
    Cameracamera1=new Camera（）;
    //创建 Phone
    Phone phone1=new Phone（）;
    computer.useUsb（camera1）;
    computer.useUsb（phone1）;
}
}
```

执行结果

```
1
我是相机，开始工作了...
我是相机，停止工作了...
我是手机，开始工作了...
我是手机，停止工作了...
```

3. 定义类的改进

有了接口之后，类的定义就更加完善了，在继承的基础上增加了接口，语法格式演变过程如下：

class 类名{	class 类名{	class 类名{	package 包名;
成员变量；　→	成员变量；　→	成员变量；　→	class 类名{　→
}	成员方法；	构造方法；	成员变量；
	}	成员方法；	构造方法；
		}	成员方法；

```
                        }                        成员方法;
                                                 }
```

```
package 包名;                    package 包名;
class 类名 extends 父类{  class 类名 extends 父类 implements 接口名{
成员变量;              →      成员变量;
构造方法;                     构造方法;
成员方法;                     成员方法;
}                            }
```

5.4.3 实现接口和继承类

Java 的继承是单继承，也就是一个类最多只能有一个父类，这种单继承的机制可保证类的纯洁性，比 C++中的多继承机制简洁。但是不可否认，这对子类功能的扩展有一定影响。所以：

（1）实现接口可以看作对继承的一种补充（继承是层级式的，不太灵活。修改某个类就会打破继承的平衡，而接口就没有这样的麻烦，因为它只针对实现接口的类才起作用）。

（2）实现接口可在不打破继承关系的前提下，对某个类功能扩展，非常灵活。

【例 5.17】建立子类并继承了父类且连接多个接口，如文件 5-17 所示。

文件 5-17 Example17.java

```java
package cn.cswu.chapter05.example17;
/**
 * 日期：2020 年 03 月
 * 如何实现建立子类并继承了父类且连接多个接口
 * 作者：软件技术教研室
 */
publicclass Example17 {
publicstaticvoid main（String[] args）{
    System.out.println（"继承了 Monkey 父类"）;
    Monkey mo=new Monkey（）;
    mo.jump（）;
    LittleMonkey li=newLittleMonkey（）;
    li.swimming（）;
    li.fly（）;
}
}
//接口 Fish
interface Fish{
publicvoid swimming（）;
}
```

```
//接口 Bird
interface Bird{
publicvoid fly（）;
}
//建立 Monkey 类
class Monkey{
int name;
//猴子可以跳
publicvoidJump（）{
    System.out.println（"猴子会跳!"）;
}
}
//建立 LittleMonkey 子类并继承了 Monkey 父类并连接了 Fish 和 Bird 接口
classLittleMonkeyextends Monkey implements Fish，Bird{
publicvoid swimming（）{
    System.out.println（"连接了 Fish 接口!"）;
}
publicvoid fly（）{
    System.out.println（"连接了 Bird 接口!"）;
}
}
```

执行结果

```
继承了 Monkey 父类
猴子会跳!
连接了 Fish 接口!
连接了 Bird 接口!
```

5.5 多态

在设计一个方法时，通常希望该方法具备一定的通用性。例如，要实现一个动物叫的方法，由于每种动物的叫声是不同的，因此，可以在方法中接收一个动物类型的参数，当传入猫类对象时就发出猫类的叫声，传入犬类对象时就发出犬类的叫声。在同一个方法中，这种由于参数类型不同而导致执行效果各异的现象就是多态。继承是多态得以实现的基础。

在 Java 中为了实现多态，允许使用一个父类类型的变量来引用一个子类类型的对象，根据被引用子类对象特征的不同，会得到不同的运行结果。

多态是面向对象语言的又一重要特性。多态是指同一个方法根据上下文使用不同的定义的能力。从这一点看，上一节讲的方法覆写以及前面的方法重载都可被看作多态。但是 Java

的多态更多的是跟动态绑定放在一起理解的。动态绑定是一种机制，通过这种机制，对一个已经被重写的方法的调用将会发生在运行时，而不是在编译时解析。

5.5.1　多态的概念

所谓多态，就是指一个引用（类型）在不同情况下的多种状态。也可以理解成：多态是指通过指向父类的指针，来调用在不同子类中实现的方法。

实现多态有两种方式：继承、接口。

【例 5.18】用继承的方式实现多态演示案例，如文件 5-18 所示。

文件 5-18　Example18.java

```
package cn.cswu.chapter05.example18;
/**
 * 日期：2020 年 03 月
 * 如何用继承的方式实现多态
 * 作者：软件技术教研室
 */
//演示继承、方法覆盖、多态
publicclass Example18 {
publicstaticvoid main（String[] args）{
    //非多态演示
    Cat cat=new Cat（）;
    cat.cry（）;
    Dog dog=newDog（）;
    dog.cry（）;
    //多态演示
    Animal an=new Cat（）;
    an.cry（）;
    an=newDog（）;
    an.cry（）;
}
}
//动物类
class Animal{
String name;
int age;
public String getName（）{
    return name;
}
publicvoidsetName（String name）{
    this.name = name;
```

```java
    }
    publicintgetAge（）{
        return age；
    }
    publicvoidsetAge（int age）{
        this.age = age；
    }
    //动物会叫
    publicvoid cry（）{
        System.out.println（"不知道怎么叫"）；
    }
}
//创建 Dog 子类并继承 Animal 父类及覆盖 cry 方法
classDogextends Animal{
    //狗叫
    publicvoid cry（）{
        System.out.println（"汪汪叫"）；
    }
}
class Cat extends Animal{
    //猫自己叫
    publicvoid cry（）{
        System.out.println（"喵喵叫"）；
    }
}
```

执行结果

```
喵喵叫
汪汪叫
喵喵叫
汪汪叫
```

【例 5.19】下面通过一个案例来演示多态的使用，如文件 5-19 所示。

文件 5-19　Example19.java

```java
package cn.cswu.chapter05.example19；
/**
 * 日期：2020 年 03 月
 * 如何用接口的方式实现多态
 * 作者：软件技术教研室
```

```
        */
// 定义接口 Animal
interface Animal {
void shout（）; // 定义抽象 shout（）方法
}

// 定义 Cat 类实现 Animal 接口
class Cat implements Animal {
// 实现 shout（）方法
publicvoid shout（）{
    System.out.println（"喵喵……"）;
}
}

// 定义 Dog 类实现 Animal 接口
class Dog implements Animal {
// 实现 shout（）方法
publicvoid shout（）{
    System.out.println（"汪汪……"）;
}
}

// 定义测试类在（多态）
publicclass Example19 {
publicstaticvoid main（String[] args）{
    Animal an1 = new Cat（）; // 创建 Cat 对象，使用 Animal 类型的变量 an1 引用
    Animal an2 = new Dog（）; // 创建 Dog 对象，使用 Animal 类型的变量 an2 引用
    animalShout（an1）; // 调用 animalShout（）方法，将 an1 作为参数传入
    animalShout（an2）; // 调用 animalShout（）方法，将 an2 作为参数传入
}

// 定义静态的 animalShout（）方法，接收一个 Animal 类型的参数
publicstaticvoidanimalShout（Animal an）{
    an.shout（）; // 调用实际参数的 shout（）方法
}
}
```

执行结果

喵喵……
汪汪……

5.5.2 多态的类型转换

在多态的学习中，涉及将子类对象当作父类类型使用的情况，此种情况在 Java 的语言环境中称之为"向上转型"，例如下面两行代码：

```
Animal an1 = new Cat（）; //将 Cat 对象当作 Animal 类型来使用
Animal an2 = new Dog（）; //将 Dog 对象当作 Animal 类型来使用
```

将子类对象当作父类使用时不需要任何显式地声明，需要注意的是，此时不能通过父类变量去调用子类中的特有方法。

【例 5.20】下面通过一个案例来演示对象的类型转换和强制类型转换就会运行出错的情况，请调试如下源代码，如文件 5-20 所示。

文件 5-20　Example20.java

```
package cn.cswu.chapter05.example20;
/**
 * 日期：2020 年 03 月
 * 功能：多态的类型转换，对象的类型转换和强制类型转换
 * 作者：软件技术教研室
 */
// 定义 Animal 接口
interface Animal {
void shout（）; // 定义抽象方法 shout（）
}
// 定义 Cat 类实现 Animal 接口
class Cat implements Animal {
// 实现抽象方法 shout（）
publicvoid shout（）{
    System.out.println（"喵喵……"）;
}
// 定义 sleep（）方法
void sleep（）{
    System.out.println（"猫睡睡觉……"）;
}
}
// 定义测试类
publicclass Example20 {
publicstaticvoid main（String[] args）{
    Cat cat = new Cat（）; // 创建 Cat 类的实例对象
    animalShout（cat）; // 调用 animalShout（）方法，将 cat 作为参数传入
}
```

```
// 定义静态方法 animalShout（），接收一个 Animal 类型的参数
publicstaticvoidanimalShout（Animal animal）{
    animal.shout（）; // 调用传入参数 animal 的 shout（）方法
    animal.sleep（）; // 调用传入参数 animal 的 sleep（）方法
    //Cat cat =（Cat）animal;
    //cat.shout（）;
    //cat.sleep（）;
}
}
```

执行结果

```
Exception in thread "main" java.lang.Error：Unresolved compilation problem：
    The method sleep（）is underfined for the type Animal

    at cn. cswu.chapter04.example43.Example43.animalShout（Example43.java：26）
    at cn. cswu.chapter04.example43.Example43.main（Example43.java：21）
```

【例 5.21】Java 中的 instanceof 代码案例，如文件 5-21 所示。

文件 5-21　Example21.java

```
package cn.cswu.chapter05.example21;
/**
 * 日期：2020 年 03 月
 * 功能：java 中的 instanceof
 * 作者：软件技术教研室
 */
// 定义 Animal 接口
interface Animal {
void shout（）; // 定义抽象方法 shout（）
}
// 定义 Cat 类实现 Animal 接口
class Cat implements Animal {
// 实现抽象方法 shout（）
publicvoid shout（）{
    System.out.println（"喵喵……"）;
}
// 定义 sleep（）方法
void sleep（）{
    System.out.println（"猫睡觉……"）;
}
```

```
}
// 定义 Dog 类实现 Animal 接口
class Dog implements Animal {
// 实现 shout（）方法
publicvoid shout（）{
        System.out.println（"汪汪……"）;
    }
}
// 定义测试类
publicclass Example21 {
publicstaticvoid main（String[] args）{
        Dog dog = new Dog（）; // 创建 Dog 类的实例对象
        animalShout（dog）; // 调用 animalShout（）方法，将 cat 作为参数传入
}
// 定义静态方法 animalShout（），接收一个 Animal 类型的参数
publicstaticvoidanimalShout（Animal animal）{
if（animal instanceof Cat）{
    Cat cat =（Cat）animal;
cat.shout（）;
cat.sleep（）;
        }else{
System.out.println（"this animal is not a cat"）;
        }
}
}
```

執行結果

this animal is not a cat

【例 5.22】下面用一案例演示多重多态的实现，如文件 5-22 所示。

文件 5-22　Example22.java

```
package cn.cswu.chapter05.example22;
/**
 * 日期：2020 年 03 月
 * 功能：多重多态应用，子类继承父类、方法覆盖、多态方法
 * 作者：软件技术教研室
 */
//
publicclass Example22 {
```

```java
publicstaticvoid main（String[] args）{
    //非多态演示
    System.out.println（"非多态演示："）;
    Cat cat=new Cat（）;
    cat.cry（）;
    Dog dog=new Dog（）;
    dog.cry（）;
    System.out.println（）;
    //多态演示
    System.out.println（"多态演示："）;
    Animal an=new Cat（）;
    an.cry（）;
    an=new Dog（）;
    an.cry（）;
    System.out.println（）;
    //多重多态演示
    System.out.println（"多重多态演示："）;
    Master master=new Master（）;
    master.feed（new Dog（）, new Bone（））;
    master.feed（new Cat（）, new Fish（））;
}
}
//主人类
class Master{
//给动物喂食物，使用多态，只要写一个方法
publicvoid feed（Animal an, Food f）{
    an.eat（）;
    f.showName（）;
}
}
//食物父类
class Food{
String name;
publicvoidshowName（）{
    System.out.println（"食物"）;
}
}
//食物鱼子类
class Fish extends Food{
```

```java
publicvoidshowName（ ） {
    System.out.println（"鱼"）;
}
}
//食物骨头子类
class Bone extends Food{
publicvoidshowName（ ） {
    System.out.println（"骨头"）;
}
}
//动物类 Animal 父类
class Animal{
String name;
int age;

public String getName（ ） {
    return name;
}
publicvoidsetName（ String name） {
    this.name = name;
}
publicintgetAge（ ） {
    return age;
}
publicvoidsetAge（ int age） {
    this.age = age;
}
//动物会叫
publicvoid cry（ ） {
    System.out.println（"不知道怎么叫"）;
}
//动物吃东西
publicvoid eat（ ） {
    System.out.println（"不知道吃什么"）;
}
}
//创建 Dog 子类并 extends 继承 Animal 父类及覆盖 cry 方法
class Dog extends Animal{
//狗叫
```

```java
publicvoid cry（）{
    System.out.println（"汪汪叫"）;
}
//狗吃东西
publicvoid eat（）{
    System.out.println（"狗爱吃骨头"）;
}
}
class Cat extends Animal{
//猫自己叫
publicvoid cry（）{
    System.out.println（"喵喵叫"）;
}
//猫吃东西
publicvoid eat（）{
    System.out.println（"猫爱吃鱼"）;
}
}
```

执行结果

```
非多态演示:
猫猫叫
汪汪叫

多态演示:
猫猫叫
汪汪叫

多重多态演示:
狗爱吃骨头
骨头
猫爱吃鱼
鱼
```

注意事项:

（1）Java 允许父类的引用变量引用它的子类的实例（对象），如:

Animal an=new Cat（）; //这种转换时自动完成的。

（2）关于类型转换还有一些具体的细节要求，后面还会提到，比如子类能不能转换成父类，有什么要求等。

5.6 内部类

在 Java 中，允许在一个类的内部定义类，这样的类称作内部类，这个内部类所在的类称作外部类。根据内部类的位置、修饰符和定义的方式可分为：成员内部类、局部内部类、静态内部类、匿名内部类

5.6.1 成员内部类

在一个类中除了可以定义成员变量、成员方法，还可以定义类，这样的类被称作成员内部类。这个内部类所在的类称作外部类。在成员内部类中，可以访问外部类的所有成员，包括成员变量和成员方法；在外部类中，同样可以访问成员内部类的变量和方法。

创建内部类对象的具体语法格式如下：

外部类名.内部类名变量名= new 外部类名().new 内部类名();

【例 5.23】接下来通过一个案例来学习如何定义成员内部类，如文件 5-23 所示。

文件 5–23　Example23.java

```
package cn.cswu.chapter05.example23;
/**
 * 日期：2020 年 03 月
 * 功能：成员内部类的使用
 * 作者：软件技术教研室
 */
class Outer {
private int num = 4; // 定义类的成员变量
// 下面的代码定义了一个成员方法，方法中访问内部类
public void test() {
    Inner inner = new Inner();
    inner.show();
}
// 下面的代码定义了一个成员内部类
class Inner {
    void show() {
        // 在成员内部类的方法中访问外部类的成员变量
        System.out.println("num = " + num);
    }
}
}

public class Example18 {
```

```
public static void main(String[] args) {
    Outer outer = new Outer(); // 创建外部类对象
    outer.test(); // 调用 test() 方法
}
}
```

执行结果

```
num = 4
```

【例 5.24】接下来针对例 5.23 文件代码中定义的 outer 类写一个测试程序，如文件 5-24 所示。

文件 5-24 Example24.java

```
package cn.cswu.chapter05.example24;
/**
 * 日期：2020 年 03 月
 * 功能：外部类访问内部类的使用
 * 作者：软件技术教研室
 */
class Outer {
private int num = 9; // 定义类的成员变量

// 下面的代码定义了一个成员方法，方法中访问内部类
public void test() {
    Inner inner = new Inner();
    inner.show();
}

// 下面的代码定义了一个成员内部类
class Inner {
    void show() {
        // 在成员内部类的方法中访问外部类的成员变量
        System.out.println("num = " + num);
    }
}
}

public class Example24 {
public static void main(String[] args) {
    Outer.Inner inner = new Outer().new Inner(); // 创建内部类对象
    inner.show(); // 调用 test() 方法
```

```
    }
}
```

```
num = 9
```

【例 5.25】类变量的程序演示，如文件 5-25 所示。

文件 5-25　Example25.java

```
package cn.cswu.chapter05.example25;
/**
 * 日期：2020 年 03 月
 * 功能：类变量的程序演示
 * 作者：软件技术教研室
 */
public class Example25{
static int i=1;
static{
    //该静态区域块只被执行一次
    i++;
    System.out.println("执行第一次");
}
Public    Example25(){    //建立 Example20()构造函数
    System.out.println("执行第二次");
    i++;
}
public static void main(String []args){
    Example20 t1=new Example20 ();    //创建 t1 对象实例并调用 Example20 函数
    System.out.println(t1.i);

    Example20 t2=new Example25 ();
    System.out.println(t2.i);
}
}
```

执行结果

```
执行一次
2
2
```

5.6.2 局部内部类

局部内部类，也叫作方法内部类，就是定义在某个局部范围中的类，它和局部变量一样，都是在方法中定义的，其有效范围只限于方法内部。

在局部内部类中，局部内部类可以访问外部类的所有成员变量和方法，而局部内部类中的变量和方法却只能在创建该局部内部类的方法中进行访问。

【例 5.26】局部内部类调用内外部变量和方法，如文件 5-26 所示。

文件 5-26　Example26.java

```java
package cn.cswu.chapter05.example26;
//定义外部类 Outer
class Outer {
int m = 0;
void test1(){
    System.out.println("外部类成员方法");
}
void test2() {
    // 1、定义局部内部类 Inner，在局部内部类中访问外部类变量和方法
    class Inner {
        int n = 1;
        void show() {
            System.out.println("外部类变量 m="+m);
            test1();
        }
    }
    // 2、在创建局部内部类的方法中，调用局部内部类变量和方法
    Inner inner = new Inner();
    System.out.println("局部内部类变量 n="+inner.n);
    inner.show();
}
}
//定义测试类
public class Example26 {
public static void main(String[] args) {
    Outer outer= new Outer();
    outer.test2();        // 通过外部类对象调用创建了局部内部类的方法
}
}
```

执行结果

局部内部类变量 n=1
外部类变量 m=0
外部类成员方法

5.6.3　静态内部类

所谓静态内部类，就是使用 static 关键字修饰的成员内部类。静态内部类在成员内部类前增加了 static 关键字，在功能上，静态内部类中只能访问外部类的静态成员，同时通过外部类访问静态内部类成员时，可以跳过外部类从而直接通过内部类访问静态内部类成员。

创建静态内部类对象的具体语法格式如下：

外部类名.静态内部类名变量名= new 外部类名.静态内部类名();

【例 5.27】静态内部类演示案例，如文件 5-27 所示。

文件 5-27　Example27.java

```java
package cn.cswu.chapter05.example27;
//定义外部类 Outer
class Outer {
static int m = 0; // 定义外部类静态变量 m
static class Inner {
    void show() {
        // 静态内部类访问外部类静态成员
        System.out.println("外部类静态变量 m="+m);
    }
}
}
//定义测试类
public class Example27 {
public static void main(String[] args) {
    // 静态内部类可以直接通过外部类创建
    Outer.Inner inner = new Outer.Inner();
    inner.show();
}
}
```

执行结果

外部类静态变量 m=0

5.6.4 匿名内部类

所谓匿名内部类就是没有名字的内部类，表面上看起来它似乎有名字，实际那不是它的名字。当程序中使用匿名内部类时，在定义匿名内部类的地方往往直接创建该类的一个对象。在调用包含有接口类型参数的方法时，通常为了简化代码，可以直接通过匿名内部类的形式传入一个接口类型参数，在匿名内部类中直接完成方法的实现。

注意：从 JDK 8 开始，允许在局部内部类、匿名内部类中访问非 final 修饰的局部变量，而在 JDK 8 之前，局部变量前必须加 final 修饰符，否则程序编译报错。

创建匿名内部类对象的具体语法格式如下：

```
new  父接口(){
        // 匿名内部类实现部分
    }
```

【例 5.28】通过下面案例演示局部内部类、匿名内部类可以访问非 final 的局部变量，如文件 5-28 所示。

文件 5-28　Example28.java

```
package cn.cswu.chapter05.example28;
//定义动物类接口
interface Animal {
void shout();
}
public class Example28 {
public static void main(String[] args) {
    String name = "小花";
    // 定义匿名内部类作为参数传递给 animalShout()方法
    animalShout(new Animal() {
        // 实现 shout()方法
        public void shout() {
            //JDK 8 开始，局部内部类、匿名内部类可以访问非 final 的局部变量
            System.out.println(name + "喵喵...");
        }
    });
}
// 定义静态方法 animalShout()，接收接口类型参数
public static void animalShout(Animal an) {
    an.shout(); // 调用传入对象 an 的 shout()方法
}
}
```

执行结果

小花喵喵...

5.7 异常（exception）

尽管人人希望自己身体健康，处理的事情都能顺利进行，但在实际生活中总会遇到各种状况，比如感冒发烧，工作时电脑蓝屏、死机等。同样，在程序运行的过程中，也会发生各种非正常状况，比如程序运行时磁盘空间不足、网络连接中断、被装载的类不存在等。针对这种情况，在 Java 语言中引入了异常，以异常类的形式对这些非正常情况进行封装，通过异常处理机制对程序运行时发生的各种问题进行处理。

当出现程序无法控制的外部环境问题（用户提供的文件不存在，文件内容损坏，网络不可用等）时，Java 就会用异常对象来描述。

【例 5.29】下面通过一个案例来认识一下什么是异常，如文件 5-29 所示。

文件 5-29　Example29.java

```
package cn.cswu.chapter05.example29;
/**
 * 日期：2020 年 03 月
 * 功能：异常的使用
 * 作者：软件技术教研室
 */
publicclass Example29{
publicstaticvoid main（String[] args）{
    int result = divide（4，0）；// 调用 divide（）方法
    System.out.println（result）；
}
// 下面的方法实现了两个整数相除
publicstaticint divide（int x，int y）{
    int result = x / y；// 定义一个变量 result 记录两个数相除的结果
    return result；// 将结果返回
}
}
```

执行结果

```
Exception in thread "main" java.lang.ArithmeticException：/ by zero
    at cn.cswu.chapter05.example29.Example29.divide（Example29.java：14）
    at cn.cswu.chapter05.example29.Example29.main（Example29.java：9）
```

下面通过图 5.2 来展示异常类体系。

通过图 5.2 可以看出，Throwable 有两个直接子类：Error 和 Exception，其中 Error 代表程序中产生的错误，Exception 代表程序中产生的异常。

接下来就对这两个直接子类进行详细的讲解。

（1）Error 类称为错误类，它表示 Java 运行时产生的系统内部错误或资源耗尽的错误，是

比较严重的，仅靠修改程序本身是不能恢复执行的。举一个生活中的例子，在盖楼的过程中因偷工减料，导致大楼坍塌，这就相当于一个 Error。使用 Java 命令去运行一个不存在的类就会出现 Error 错误。

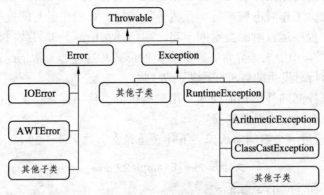

图 5.2　异常体系

（2）Exception 类称为异常类，它表示程序本身可以处理的错误，在开发 Java 程序中进行的异常处理，都是针对 Exception 类及其子类。在 Exception 类的众多子类中有一个特殊的RuntimeException 类，该类及其子类用于表示运行时异常，除了此类，Exception 类下所有其他的子类都用于表示编译时异常。本节主要针对 Exception 类及其子类进行讲解。

前面介绍了 Throwable 类，为了方便后面的学习，接下来将 Throwable 类中的常用方法罗列出来，如表 5-2 所示。

表 5-2　Throwable 类中的常用方法

方法声明	功能描述
String getMessage（）	返回此 throwable 的详细消息字符串
void printStackTrace（）	将此 throwable 及其追踪输出至标准错误流
void printStackTrace（PrintStream s）	将此 throwable 及其追踪输出至指定的输出流

5.7.1　异常分类

常见的异常类型主要有编译时异常和运行时异常。

1. 编译时异常

编译时异常是在程序编译时期产生的异常，而这些异常必须要进行处理，也称为 checked异常。程序正确，但因为外在的环境条件不满足引发。例如：用户错误及 I/O 问题——程序试图打开一个并不存在的远程 Socket 端口，或者是打开不存在的文件时。这不是程序本身的逻辑错误，而很可能是远程机器名字错误(用户拼写错误)，对商用软件系统，程序开发者必须考虑并处理这个问题。Java 编译器强制要求处理这类异常，如果不捕获这类异常，程序将不能被编译。在 Exception 的子类中，除了 RuntimeException 类及其子类外，其他子类都是编译时异常。

特点：编译时异常的特点是在程序编写过程中，Java 编译器就会对编写的代码进行检查，如果出现比较明显的异常就必须对异常进行处理，否则程序无法通过编译。

处理编译时异常的方式如下：

- 使用 try...catch 语句对异常进行捕获处理。
- 使用 throws 关键字声明抛出异常，让调用者处理。

2. 运行时异常

即使不编写异常处理代码，依然可以通过编译的异常即运行时异常，也称为 unchecked 异常。这意味着程序存在 bug，如数组越界、0 被除、入参不满足规范……。这类异常需要更改程序来避免，Java 编译器强制要求处理这类异常。RuntimeException 类及其子类都是运行时异常。

特点： 运行时异常是在程序运行时由 Java 虚拟机自动进行捕获处理的，即使没有使用 try...catch 语句捕获或使用 throws 关键字声明抛出，程序也能编译通过，只是在运行过程中可能报错，如表 5-3 所示。

表 5-3 Java 中常见的运行时异常

异常类名称	异常类说明
ArithmeticException,	算术异常
IndexOutOfBoundsException	角标越界异常
ClassCastException	类型转换异常
NullPointerException	空指针异常
NumberFormatException	数字格式化异常

运行时异常错误分析：运行时异常一般是由于程序中的逻辑错误引起的，在程序运行时无法恢复。

【例 5.30】检查异常和运行异常示例，如文件 5-30 所示。

文件 5-30 Example30.java

```
package cn.cswu.chapter05.example30;
/**
 * 日期：2020 年 03 月
 * 功能：异常示例的使用
 * 作者：软件技术教研室
 */
//
importJava.io.*;
importjava.net.*;
publicclass Example30 {
publicstaticvoid main（String[] args）{
    //检查异常
    //1. 打开不存在的文件
    //FileReaderfr=new FileReader（"d：\\aa.txt"）;
```

```
//2. 连接一个 192.168.12.12 ip 的端口号 4567
//Socket s=new Socket（"192.168.1.1"，80）;


//运行异常
//除 0 导致异常
//int a=4/0;


//数组越界异常
//intarr[]={1，2，3};
//System.out.println（arr[1234]）;
}
}
```

5.7.2 异常处理

当程序发生异常时，会立即终止，无法继续向下执行。为了保证程序能够有效地执行，Java 中提供了一种对异常进行处理的方式——异常捕获。

Java 中用两种方法处理异常：

（1）在发生异常的地方直接处理。

（2）将异常抛给调用者，让调用者处理。

1. try…catch 和 finally

Java 中提供了一种对异常进行处理的方式——异常捕获。异常捕获通常使用 try…catch 语句，具体语法格式如下：

```
try{
    //程序代码块
}catch（ExceptionType（Expception 类及其子类） e）{
    //对 ExceptionType 的处理
}
```

注意：在 try{}代码块中，发生异常语句后面的代码是不会被执行的。在程序中，如果希望有些语句无论程序是否发生异常都要执行，这时就可以在 try…catch 语句后加一个 finally{}代码块。

（1）try…catch。

程序运行产生异常时，将从异常发生点中断程序并向外抛出异常信息。

```
int x=（int）（Math.random（）*5）;
int y=（int）（Math.random（）*10）;
int[] z=new int[5];
try{
System.out.println（"y/x="+（y/x））;
System.out.println（"y="+y+"z[y]="+z[y]）;
}
```

```
catch（ArithmeticException exc1）{//分步捕获算术运算异常信息
System.out.println（"算术运算异常："+exc1.getMessage（））;
}
catch（ArrayIndexOutOfBoundsException exc2）{//分步捕获数据越界异常信息
System.out.println（"数据越界异常："+exc2.getMessage（））;
}
```

（2）finally。

如果把 finally 块置 try...catch 语句后，finally 块一般都会得到执行，它相当于一个万能的保险，即使前面的 try 块发生异常，而又没有对应异常的 catch 块，finally 块将马上执行。

但在以下情形中，finally 块将不会被执行：

① finally 块中发生了异常。

② 程序所在的线程死亡。

③ 在前面的代码中用了 System.exit（）。

④ 关闭 CPU。

【例 5.31】通过下面的案例演示异常示例，如文件 5-31 所示。

文件 5-31　Example31.java

```
package cn.cswu.chapter05.example31;
/**
 * 日期：2020 年 03 月
 * 功能：异常测试示例的使用
 * 作者：软件技术教研室
 */
importJava.io.*;
importJava.net.*;
publicclass Example31 {
publicstaticvoid main（String[] args）{
    FileReaderfr=null;
    //检查异常
    //1、打开不存在的文件
    //FileReaderfr=new FileReader（"d：\\aa.txt"）;
    try {//使用 try{}catch（Exception e）{}将可能出错的程序放入里面，当出错时会有相
应提示，便于解决 bug
        //在出现异常的地方就终止执行代码，然后直接进入 catch 语句
        //如果有多个 catch 语句，则进入匹配异常的 catch 语句输入出信息
        fr=newFileReader（"d：\\aa.txt"）;
        //System.exit（-1）; //使用 System.exit（）后 finally 语句块不再执行
        Socket s=new Socket（"192.168.1.1"，21）;
    } catch（FileNotFoundException e）{//catch（Exception e）捕获所有错误信息，为了
方便一般使用此方法来捕获所有错误信息
```

```java
                // 把异常的信息输出，利于排除 bug
                //e.getMessage（）;
                System.out.println（"文件不存在："+e.getMessage（））; //.getMessage（）不
如.printStackTrace（）
                //e.printStackTrace（）; //输出 bug 信息
                //处理
            } catch（IOException e2）{//UnknownHostException
                e2.printStackTrace（）;
            } finally {
                //try..catch..语句块中不管出没出现异常，一般都会执行 finally 语句块
                //一般说，把需要关闭的资源。如[文件]、[链接]、[内存]...
                System.out.println（"测试进入 finally 语句块"）;
                if（fr!=null）{
                    try {
                        fr.close（）;
                    } catch（Exception e）{
                        e.printStackTrace（）;
                    }
                }
            }
            System.out.println（"OK1"）;

            //2、连接一个 192.168.12.12 ip 的端口号 4567
            //Socket s=new Socket（"192.168.1.1"，80）;

            //运行异常
            //除 0 导致异常
            //int a=4/0;

            //数组越界异常
            //intarr[]={1，2，3};
            //System.out.println（arr[1234]）;
        }
    }
```

执行结果

文件不存在：d：\aa.txt（系统找不到指定的文件。）
测试进入 finally 语句块
OK1

2. 异常处理——throws

在上一小节学习的文件 5-22[Example22.java]中，由于调用的是自己写的 divide（）方法，因此很清楚该方法可能会发生异常。试想一下，如果去调用一个别人写的方法时，能否知道别人写的方法是否会有异常呢？这是很难做出判断的。针对这种情况，Java 中允许在方法的后面使用 throws 关键字对外声明该方法有可能发生的异常，这样调用者在调用方法时，就明确地知道该方法有异常，并且必须在程序中对异常进行处理，否则编译无法通过。

throws 关键字声明抛出异常的语法格式如下：

修饰符返回值类型方法名（[参数 1，参数 2……]）throws ExceptionType1[，ExceptionType2……]{

　　}

从上述语法格式中可以看出，throws 关键字需要写在方法声明的后面，throws 后面需要声明方法中发生异常的类型，通常将这种做法称为方法声明抛出一个异常。

【例 5.32】通过下面的案例说明抛出异常的应用，如文件 5-32 所示。

文件 5-32　Example32.java

```
package cn.cswu.chapter05.example32;
/**
 * 日期：2020 年 03 月
 * 功能：抛出异常示例
 * 作者：软件技术教研室
 */
importJava.io.*;
publicclass Example32 {
publicstaticvoid main（String[] args）{
    Father father=new Father（）;
    father.test1（）;
}
}
class Father{
private Son son=null;
public Father（）{
    son=new Son（）;
}
publicvoid test1（）{
    System.out.println（"1"）;
    try {
        son.test2（）;
    } catch（Exception e）{
        System.out.println（"Father 在处理 Son 的异常"）;
        e.printStackTrace（）;
```

```
            }
    }
    }


class Son{
publicvoid test2（ ）throws Exception{//throws Exception 抛出程序块的异常，由调用者解
决异常
        FileReaderfr=null;
        fr=newFileReader（"d：\\aaa.txt"）;
    }
    }
```

执行结果

```
1
Father 在处理 Son 的异常
java.io.FileNotFoundException：d：\aaa.txt（系统找不到指定的文件。）
        atJava.base/java.io.FileInputStream.open0（Native Method）
        atJava.base/java.io.FileInputStream.open（FileInputStream.java：200）
        atJava.base/java.io.FileInputStream.<init>（FileInputStream.java：158）
        atJava.base/java.io.FileInputStream.<init>（FileInputStream.java：113）
        atJava.base/java.io.FileReader.<init>（FileReader.java：58）
        at cn.cswu.chapter04.example54.Son.test2（Example54.java：34）
        at cn.cswu.chapter04.example54.Father.test1（Example54.java：23）
        at cn.cswu.chapter04.example54.Example54.main（Example54.java：11）
```

【例 5.33】在 devide()方法上声明抛出异常和 try…catch 处理以及未处理非正常终止的情况
演示案例，如文件 5-33、5-34 和 5-35 所示。

文件 5-33　Example33.java

```
package cn.cswu.chapter05.example33;
/**
 * 日期：2020 年 03 月
 * 功能：使用 throws 关键字声明抛出异常示例
 * 作者：软件技术教研室
 */
publicclass Example33 {
publicstaticvoid main（String[] args）{
//        int result = divide（4，0）; // 调用 divide（）方法
//        System.out.println（result）;
    }
// 下面的方法实现了两个整数相除，并使用 throws 关键字声明抛出异常
```

```
publicstaticint divide（int x，int y）throws Exception {
    int result = x / y； // 定义一个变量 result 记录两个数相除的结果
    return result； // 将结果返回
}
}
```

```
package cn.cswu.chapter05.example34；
public class Example55 {
public static void main（String[] args）{
    // 下面的代码定义了一个 try…catch 语句用于捕获异常
    try {
        int result = divide（4，2）； // 调用 divide（）方法
        System.out.println（result）;
    } catch（Exception e）{// 对捕获到的异常进行处理
        e.printStackTrace（）; // 打印捕获的异常信息
    }
}
// 下面的方法实现了两个整数相除，并使用 throws 关键字声明抛出异常
public static int divide（int x，int y）throws Exception {
    int result = x / y； // 定义一个变量 result 记录两个数相除的结果
    return result； // 将结果返回
}
}
```

```
package cn.cswu.chapter04.example35；
public class Example35{
public static void main（String[] args）throws Exception {
    int result = divide（4，0）； // 调用 divide（）方法
    System.out.println（result）;
}
// 下面的方法实现了两个整数相除，并使用 throws 关键字声明抛出异常
public static int divide（int x，int y）throws Exception {
    int result = x / y； // 定义一个变量 result 记录两个数相除的结果
    return result； // 将结果返回
}
}
```

3. throw 关键字

程序开发中，除了可以通过 throws 关键字抛出异常外，还可以使用 throw 关键字抛出异

常。throw 关键字用于方法体内，并且抛出的是一个异常类对象。throws 关键字用在方法声明中，用来指明方法可能抛出的多个异常。

通过 throw 关键字抛出异常后，还需要使用 throws 关键字或 try...catch 对异常进行处理。如果 throw 抛出的是 Error、RuntimeException 或它们的子类异常对象，则无须使用 throws 关键字或 try...catch 对异常进行处理。

throw 关键字抛出异常的基本语法格式：

```
[修饰符] 返回值类型方法名([参数类型参数名,...]) throws 抛出的异常类{
        // 方法体...
        throw new Exception 类或其子类构造方法;

}
```

5.7.3 自定义异常

JDK 中定义了大量的异常类，虽然这些异常类可以描述编程时出现的大部分异常情况，但是在程序开发中有时可能需要描述程序中特有的异常情况，例如在设计 divide()方法中不允许被除数为负数。为了解决这个问题，在 Java 中允许用户自定义异常，但自定义的异常类必须继承自 Exception 或其子类。

【例 5.34】自定义异常案例，如文件 5-36 所示。

文件 5-36 Example36.java

```java
package cn.cswu.chapter05.example36;
/**
 * 日期：2020 年 03 月
 * 功能：自定义一个异常类继承自 Exception
 * 作者：软件技术教研室
 */
// 下面的代码是自定义一个异常类继承自 Exception
public class DivideByMinusException extends Exception {
public DivideByMinusException() {
    super(); // 调用 Exception 无参的构造方法
}
public DivideByMinusException(String message) {
    super(message); // 调用 Exception 有参的构造方法

}
}
```

在实际开发中，如果没有特殊的要求，自定义的异常类只需继承 Exception 类，在构造方法中使用 super()语句调用 Exception 的构造方法即可。

既然自定义了异常，那么该如何使用呢？这时就需要用到 throw 关键字。throw 关键字用于在方法中声明抛出异常的实例对象，其语法格式如下：

```
throw Exception  异常对象
```

接下来对 divide()方法进行改写。在 divide()方法中判断被除数是否为负数，如果为负数，就使用 throw 关键字在方法中向调用者抛出自定义的 DivideByMinusException 异常对象。

【例 5.35】使用 throw 关键字在方法中向调用者抛出自定义的 DivideByMinusException 异常对象，如文件 5-37 所示。

文件 5-37　Example37.java

```
package cn.cswu.chapter05.example37;
/**
 * 日期：2020 年 03 月
 * 功能：用 throw 关键字在方法中向调用者抛出异常对象
 * 作者：软件技术教研室
 */
public class Example37 {
public static void main(String[] args) {
    int result = divide(4, -2); // 调用 divide()方法，传入一个负数作为被除数
    System.out.println(result);
}
// 下面的方法实现了两个整数相除，
public static int divide(int x, int y) {
    if (y < 0) {
        //throw new DivideByMinusException("除数是负数");// 使用 throw 关键字声明异
常对象
    }
    int result = x / y; // 定义一个变量 result 记录两个数相除的结果
    return result; // 将结果返回
}
}
```

执行结果

-2

为了解决上面的问题，可以对文件 5-37 进行修改，在 divide()方法上，使用 throws 关键字声明抛出 DivideByMinusException 异常，并在调用该方法时使用 try…catch 语句对异常进行处理，

【例 5.36】try…catch 语句对异常进行处理，如文件 5-38 所示。

文件 5-38　Example38.java

```
package cn.cswu.chapter05.example38;
/**
 * 日期：2020 年 03 月
 * 功能：用 try…catch 语句用于捕获异常
```

```
 * 作者：软件技术教研室
 */
public class Example38 {
public static void main(String[] args) {
    // 下面的代码定义了一个 try…catch 语句用于捕获异常
    try {
        int result = divide(4, -2); // 调用 divide()方法，传入一个负数作为被除数
        System.out.println(result);
    }
    catch (DivideByMinusException e) { // 对捕获到的异常进行处理
        System.out.println(e.getMessage()); // 打印捕获的异常信息
    }
}
// 下面的方法实现了两个整数相除，并使用 throws 关键字声明抛出自定义异常
public static int divide(int x, int y) throws DivideByMinusException {
    if (y < 0) {
        throw new DivideByMinusException("除数是负数");// 使用 throw 关键字声明异
常对象
    }
    int result = x / y; // 定义一个变量 result 记录两个数相除的结果
    return result; // 将结果返回
}
}
```

5.8 垃圾回收

在 Java 中，当一个对象成为垃圾后仍会占用内存空间，时间一长，就会导致内存空间的不足。针对这种情况，Java 中引入了垃圾回收机制。有了这种机制，程序员不需要过多关心垃圾对象回收的问题，Java 虚拟机会自动回收垃圾对象所占用的内存空间。

对象在没有任何引用可以到达时，生命周期结束，成为垃圾。一个对象在彻底失去引用成为垃圾后会暂时地保留在内存中，是不会被马上回收的，当这样的垃圾堆积到一定程度时，Java 虚拟机就会启动垃圾回收器将这些垃圾对象从内存中释放，从而使程序获得更多可用的内存空间。

虽然通过程序可以控制一个对象何时不再被任何引用变量所引用，但是却无法精确地控制 Java 垃圾回收的时机。除了等待 Java 虚拟机进行自动垃圾回收外，还可以通知系统垃圾回收器进行垃圾回收。

通知系统回收器的方式：
● 调用 System 类的 gc()静态方法：System.gc()。
● 调用 Runtime 对象的 gc()实例方法：Runtime.getRuntime.gc()。

以上两种方式可以通知启动垃圾回收器进行垃圾回收，但是否立即进行垃圾回收依然具有不确定性。多数情况下，执行后总是有一定的效果。

（1）当一个对象在内存中被释放时，它的 finalize()方法会被自动调用，finalize()方法是定义在 Object 类中的实例方法。

（2）任何 Java 类都可以重写 Object 类的 finalize()方法，在该方法中清理该对象占用的资源。如果程序终止之前仍然没有进行垃圾回收，则不会调用失去引用对象的 finalize()方法来清理资源。

（3）只有当程序认为需要更多的额外内存时，垃圾回收器才会自动进行垃圾回收。

【例 5.37】接下来通过一个案例来演示 Java 虚拟机进行垃圾回收的过程，如文件 5-39 所示。

文件 5-39　Example39.java

```java
package cn.cswu.chapter05.example39;
/**
 * 日期：2020 年 03 月
 * 功能：垃圾回收
 * 作者：软件技术教研室
 */
class Person {
// 下面定义的 finalize 方法会在垃圾回收前被调用
public void finalize() {
    System.out.println("对象将被作为垃圾回收...");
}
}


public class Example39 {
public static void main(String[] args) {
    // 下面是创建了两个 Person 对象
    Person p1 = new Person();
    Person p2 = new Person();
    // 下面将变量置为 null，让对象成为垃圾
    p1 = null;
    p2 = null;
    // 调用方法进行垃圾回收
    System.gc();
    for (int i = 0; i< 1000000; i++) {
        // 为了延长程序运行的时间
    }
}
}
```

执行结果

対象将被作为垃圾回收...
対象将被作为垃圾回收...

5.9　本章小结

　　本章详细介绍了面向对象的基础知识。首先介绍了面向对象的思想，然后介绍了类与对象之间的关系，并通过任务巩固学习了类的封装与使用。接着介绍了构造方法的定义与重载、this 和 static 关键字的使用，最后介绍了成员内部类的定义以及应用场景等。熟练掌握好这些知识，有助于学习下一章的内容。深入理解面向对象的思想，对以后的实际开发也是大有裨益的。

　　为了进一步了解面向对象的封装、继承、多态特性，这三者是构成面向对象语言程序设计的三大特性，也是学习 Java 语言的精髓所在。本章还介绍了 final 关键字、抽象类和接口、异常的概念、处理机制和使用以及访问控制。本章是本书最重要的一章，熟练掌握这一章内容，能够更快速、更高效地学习其他章节。

第6章　Java API

API（Application Programming Interface）指的是应用程序编程接口。假设使用 Java 语言编写一个机器人程序去控制机器人踢足球，程序就需要向机器人发出向前跑、向后跑、射门、抢球等各种命令。没有编程经验的人很难想象这样的程序如何编写，但是对于有经验的开发人员来说，知道机器人厂商一定会提供一些用于控制机器人的 Java 类，这些类中定义好了操作机器人各种动作的方法。其实，这些 Java 类就是机器人厂商提供给应用程序编程的接口，通常把这些类称为 Xxx Robot API（意思就是 Xxx 厂家的机器人 API）。本章涉及的 JavaAPI 指的就是 JDK 中提供的各种功能的 Java 类，本章将针对这些 Java 类进行逐一讲解。

6.1　String 类和 StringBuffer 类

在应用程序中经常会用到字符串，所谓字符串就是指一连串的字符，它是由许多单个字符连接而成的，如多个英文字母所组成的一个英文单词。字符串中可以包含任意字符，这些字符必须包含在一对双引号（""）之内，例如"abc"。在 Java 中定义了 String 和 StringBuffer 两个类来封装字符串，并提供了一系列操作字符串的方法，它们都位于 java.lang 包中，因此不需要导包就可以直接使用。接下来将针对 String 类和 StringBuffer 类进行详细讲解。

6.1.1　String 类的初始化

在操作 String 类之前，首先需要对 String 类进行初始化，在 Java 中可以通过以下两种方式对 String 类进行初始化，具体如下：

（1）使用字符串常量直接初始化一个 String 对象，语句格式：

```
String 变量名= 字符串;
```

在初始化字符串对象时，既可以将字符串对象的初始化值设为空，也可以初始化为一个具体的字符串。

```
String str1 = null;      // 初始化为空
        String str2 = "";          // 初始化为空字符串
        String str3 = "abc";    // 初始化为 abc,其中 abc 为字符串常量
```

（2）使用 String 的构造方法初始化字符串对象，语法格式：

```
String 变量名= new String(字符串);
```

String 类的构造方法如表 6-1 所示。

表 6-1　String 类的构造方法

方法声明	功能描述
String（）	创建一个内容为空的字符串
String（String value）	根据指定的字符串内容创建对象
String（char[] value）	根据指定的字符数组创建对象

【例 6.1】下面通过一个案例来学习 String 类的使用，如文件 6-1 所示。

文件 6-1　Example01.java

```java
package cn.cswu.chapter06.example01;
/**
 * 日期：2020 年 03 月
 * 功能：String 类构造方法的使用
 * 作者：软件技术教研室
 */
publicclass Example01 {
publicstaticvoid main（String[] args）throws Exception {
    // 创建一个空的字符串
    String str1 = new String（）;
    // 创建一个内容为 abcd 的字符串
    String str2 = new String（"abcd"）;
    // 创建一个内容为字符数组的字符串
    char[] charArray = newchar[] { 'D', 'E', 'F' };
    String str3 = new String（charArray）;
    System.out.println（"a" + str1 + "b"）;
    System.out.println（str2）;
    System.out.println（str3）;
}
}
```

执行结果

```
ab
abcd
DEF
```

6.1.2　String 类的常见操作

String 类在实际开发中的应用非常广泛，因此灵活地使用 String 类是非常重要的，接下来介绍 String 类常用的一些方法，如表 6-2 所示。

表 6-2　String 类的常用方法

方法声明	功能描述
int indexOf（int ch）	返回指定字符在此字符串中第一次出现处的索引
int lastIndexOf（int ch）	返回指定字符在此字符串中最后一次出现处的索引
int indexOf（String str）	返回指定子字符串在此字符串中第一次出现处的索引
int lastIndexOf（String str）	返回指定子字符串在此字符串中最后一次出现处的索引
char char At（int index）	返回字符串中 index 位置上的字符，其中 index 的取值范围是：0~（字符串长度-1）
boleanendsWith（String suffix）	判断此字符串是否以指定的字符串结尾
int length（）	返回此字符串的长度
boolean equals（Object anObject）	将此字符串与指定的字符串比较
booleanisEmpty（）	当且仅当字符串长度为 0 时返回 true
booleanstartWith（String prefix）	判断此字符串是否以指定的字符串开始
boolean contains（CharSequence cs）	判断此字符串中是否包含指定的字符序列
String toLowerCase（）	使用默认语言环境的规则将 String 中的所有字符都转换为小写
String toUpperCase（）	使用默认语言环境的规则将 String 中的所有字符都转换为大写
static String valueOf（int i）	返回 int 参数的字符串表示形式
char[] toCharArray（）	将此字符串转换为一个字符数组
String replace（CharSequenceoldstr，CharSequencenewstr）	返回一个新的字符串，它是通过用 newstr 替换此字符串中出现的所有 oldstr 得到的
String[] split（String regex）	根据参数 regex 将原来的字符串分割为若干个子字符串
String substring（int beginIndex）	返回一个新字符串，它包含从指定的 beginIndex 处开始，直到此字符串末尾的所有字符
String substring（int beginIndex，int endIndex）	返回一个新字符串，它包含从指定的 beginIndex 处开始，直到索引 endIndex-1 处的所有字符
String trim（）	返回一个新字符串，它去除了原字符串首尾的空格

为了更好地理解这些常用方法的使用，可将这些方法分为 5 类操作，分别编写案例来进行讲解，这 5 种常用操作及方法归纳如下：

（1）字符串的基本操作，如表 6-3 所示。

表 6-3 字符串的基本操作

方法声明	功能描述
int length（）	返回此字符串的长度
char charAt（int index）	返回字符串中 index 位置上的字符
int indexOf（String str）	返回第一次出现某段字符的位置
int lastIndexOf（String str）	返回最后一次出现某段字符的位置

（2）字符串的转换操作，如表 6-4 所示。

表 6-4 字符串的转换操作

方法声明	功能描述
char[] toCharArray（）	将此字符串转换为一个字符数组
char charAt（int index）	返回字符串中 index 位置上的字符
StringvalueOf（int i）	返回 int 参数的字符串表示形式
String toUpperCase（）	将 String 中的所有字符都转换为大写

（3）字符串的替换和去除空格操作，如表 6-5 所示。

表 6-5 字符串的替换和去除空格操作

方法声明	功能描述
String replace（CharSequenceoldstr, CharSequencenewstr）	返回一个新的字符串，它是通过用 newstr 替换此字符串中出现的所有 oldstr 得到
String trim（）	返回一个新字符串，它去除了原字符串首尾的空格

（4）字符串的判断操作，如表 6-6 所示。

表 6-6 字符串的判断操作

方法声明	功能描述
booleanstartsWith（String prefix）	判断字符串是否以指定的字符串开始
booleanendsWith（String suffix）	判断字符串是否以指定的字符串结尾
boolean contains（CharSequence cs）	判断字符串中是否包含指定的字符序列
boolean equals（Object anObject）	将此字符串与指定的字符串比较
booleanisEmpty（）	当且仅当字符串长度为 0 时返回 true

（5）字符串的截取和分割，如表 6-7 所示。

表 6-7 字符串的截取和分割

方法声明	功能描述
String substring（int beginIndex）	返回一个新字符串，它包含字符串中索引 beginIndex 后的所有字符
String substring（int beginIndex, int endIndex）	返回一个新字符串，它包含此字符串中从索引 beginIndex 到索引 endIndex 之间的所有字符
String[] split（String regex）	根据参数 regex 将原来的字符串分割为若干个子字符串

1. 字符串的基本操作

在程序中，需要对字符串进行一些基本操作，如获得字符串长度、获得指定位置的字符等。String 类针对每一个操作都提供了对应的方法。

【例 6.2】下面通过一个案例来学习这些方法的使用，如文件 6-2 所示。

文件 6-2　Example02.java

```java
package cn.cswu.chapter05.example02;
/**
 * 日期：2020 年 03 月
 * 功能：字符串的基本操作
 * 作者：软件技术教研室
 */
publicclass Example02 {
publicstaticvoid main（String[] args）{
    String s = "ababcdedcba"; // 声明字符串
    System.out.println（"字符串的长度为: " + s.length（）); // 获取字符串长度，即字符个数
    System.out.println（"字符串中第一个字符: " + s.charAt（0));
    System.out.println（"字符 c 第一次出现的位置: " + s.indexOf（'c'));
    System.out.println（"字符 c 最后一次出现的位置: " + s.lastIndexOf（'c'));
    System.out.println（"子字符串第一次出现的位置: " + s.indexOf（"ab"));
    System.out.println（"子字符串最后一次出现的位置: " + s.lastIndexOf（"ab"));
}
}
```

执行结果

```
字符串的长度为: 11
字符串中第一个字符: a
字符 c 第一次出现的位置: 4
字符 c 最后一次出现的位置: 8
子字符串第一次出现的位置: 0
子字符串最后一次出现的位置: 2
```

2. 字符串的转换操作

程序开发中，经常需要对字符串进行转换操作，例如将字符串转换成数组的形式，将字符串中的字符进行大小写转换等。

【例 6.3】下面通过一个案例来演示字符串的转换操作，如文件 6-3 所示。

文件 6-3　Example03.java

```java
package cn.cswu.chapter06.example03;
/**
```

```
 * 日期：2020 年 03 月
 * 功能：字符串的转换操作
 * 作者：软件技术教研室
 */
publicclass Example03 {
publicstaticvoid main（String[] args）{
        String str = "abcd";
        System.out.print（"将字符串转为字符数组后的结果："）;
        char[] charArray = str.toCharArray（）; // 字符串转换为字符数组
        for（inti = 0; i<charArray.length; i++）{
                if（i != charArray.length - 1）{
                        // 如果不是数组的最后一个元素，在元素后面加逗号
                        System.out.print（charArray[i] + "，"）;
                } else {
                        // 数组的最后一个元素后面不加逗号
                        System.out.println（charArray[i]）;
                }
        }
        System.out.println（"将 int 值转换为 String 类型之后的结果："+ String.valueof（12））;
        System.out.println（"将字符串转换成大写之后的结果："+ str.toUpperCase（））;
}
}
```

执行结果

将字符串转为字符数组后的结果：a，b，c，d
将 int 值转换为 String 类型之后的结果：12
将字符串转换成大写之后的结果：ABCD

3. 字符串的替换和去除空格操作

程序开发中，用户输入数据时经常会有一些错误和空格，这时可以使用 String 类的 replace（）和 trim（）方法，进行字符串的替换和去除空格操作。

【例 6.4】下面通过一个案例来学习这两个方法的使用，如文件 6-4 所示。

文件 6-4　Example04.java

```
package cn.cswu.chapter06.example04;
/**
 * 日期：2020 年 03 月
 * 功能：replace（）和 trim（）方法的使用
 * 作者：软件技术教研室
```

```
    */
publicclass Example04 {
publicstaticvoid main（String[] args）{
    String s = "cswu";
    // 字符串替换操作
    System.out.println（"将 cs 替换成 cn.cs 的结果：" + s.replace（"cs", "cn.cs"））;
    // 字符串去除空格操作
    String s1 = "      c s w u      ";
    System.out.println（"去除字符串两端空格后的结果：" + s1.trim（））;
    System.out.println（"去除字符串中所有空格后的结果：" + s1.replace（" ", ""））;
}
}
```

执行结果

将 cs 替换成 cn.cs 的结果：cn.cswu
去除字符串两端空格后的结果：c s w u
去除字符串中所有空格后的结果：cswu

4. 字符串的判断操作

操作字符串时，经常需要对字符串进行一些判断，如判断字符串是否以指定的字符串开始、结束，是否包含指定的字符串，字符串是否为空等。在 String 类中针对字符串的判断操作提供很多方法。

【例 6.5】下面通过一个案例来学习这些字符串判断方法的使用，如文件 6-5 所示。

文件 6-5　Example05.java

```
package cn.cswu.chapter06.example05;
/**
 * 日期：2020 年 03 月
 * 功能：字符串判断方法
 * 作者：软件技术教研室
 */
publicclass Example05 {
publicstaticvoid main（String[] args）{
    String s1 = "String"; // 声明一个字符串
    String s2 = "Str";
    System.out.println（"判断是否以字符串 Str 开头：" + s1.startsWith（"Str"））;
    System.out.println（"判断是否以字符串 ng 结尾：" + s1.endsWith（"ng"））;
    System.out.println（"判断是否包含字符串 tri：" + s1.contains（"tri"））;
    System.out.println（"判断字符串是否为空：" + s1.isEmpty（））;
```

```
        System.out.println（"判断两个字符串是否相等" + s1.equals（s2））;
    }
}
```

执行结果

```
判断是否以字符串 Str 开头：true
判断是否以字符串 ng 开头：true
判断是否包含字符串 tri：true
判断字符串是否为空：false
判断两个字符串是否相等：false
```

5. 字符串的截取和分割

在 String 类中针对字符串的截取和分割操作提供了两个方法：其中，substring（）方法用于截取字符串的一部分，split（）方法可以将字符串按照某个字符进行分割。

【例 6.6】下面通过一个案例来学习这两个方法的使用，如文件 6-6 所示。

文件 6-6　Example06.java

```
package cn.cswu.chapter06.example06;
/**
 * 日期：2020 年 03 月
 * 功能：字符串的截取和分割操作
 * 作者：软件技术教研室
 */
publicclass Example06 {
publicstaticvoid main（String[] args）{
    String str = "羽毛球-篮球-乒乓球";
    // 下面是字符串截取操作
    System.out.println（"从第 5 个字符截取到末尾的结果：" + str.substring（4））;
    System.out.println("从第 5 个字符截取到第 6 个字符的结果：" + str.substring（4，6））;
    // 下面是字符串分割操作
    System.out.print（"分割后的字符串数组中的元素依次为："）;
    String[] strArray = str.split（"-"）; // 将字符串转换为字符串数组
    for（inti = 0；i<strArray.length；i++）{
        if（i != strArray.length - 1）{
            // 如果不是数组的最后一个元素，在元素后面加逗号
            System.out.print（strArray[i] + "，"）;
        } else {
            // 数组的最后一个元素后面不加逗号
            System.out.println（strArray[i]）;
```

```
            }
        }
    }
}
```

执行结果

从第 5 和字符截取到末尾的结果：篮球-乒乓球

从第 5 和字符截取到第 6 个字符结果：篮球

分割后的字符串数组中的元素依次为：羽毛球，篮球，乒乓球

注意：String 字符串在获取某个字符时，会用到字符的索引，当访问字符串中的字符时，如果字符的索引不存在，则会发生 StringIndexOutOfBoundsException（字符串角标越界异常）。

【例 6.7】下面通过一个案例来演示这种异常，如文件 6-7 所示。

文件 6-7 Example07.java

```java
package cn.cswu.chapter06.example07;
/**
 * 日期：2020 年 03 月
 * 功能：字符串角标越界异常
 * 作者：软件技术教研室
 */
publicclass Example07 {
publicstaticvoid main（String[] args）{
    String s = "abcdedcba";
    System.out.println（s.charAt（10));
}
}
```

执行结果

Exception in thread "main" java.lang.StringIndexOutOfBoundsException：String index out of range：10

    atJava.base/java.lang.StringLatin1.charAt（StringLatin1.java：44）

    atJava.base/java.lang.String.charAt（String.java：692）

    at cn.cswu.chapter05.example07.Example07.main（Example07.java：10）

6.1.3 StringBuffer 类

由于字符串是常量，因此一旦创建，其内容和长度是不可改变的。如果需要对一个字符串进行修改，则只能创建新的字符串。为了便于对字符串进行修改，在 JDK 中提供了一个 StringBuffer 类（也称字符串缓冲区）。StringBuffer 类和 String 类最大的区别在于它的内容和

长度都是可以改变的。StringBuffer 类似一个字符容器，当在其中添加或删除字符时，并不会产生新的 StringBuffer 对象。

针对添加和删除字符的操作，StringBuffer 类提供了一系列的方法，具体如表 6-8 所示。

表 6-8　StringBuffer 类添加和删除字符的操作

方法声明	功能描述
StringBuffer append（char c）	添加参数到 StringBuffer 对象中
StringBuffer insert（int offset, String str）	将字符串中的 offset 位置插入字符串 str
StringBufferdeleteCharAt（int index）	移除此序列指定位置的字符
StringBuffer delete（int start, int end）	删除 StringBuffer 对象中指定范围的字符或字符串序列
StringBuffer replace（int start, int end, Strings）	在 StringBuffer 对象中替换指定的字符或字符串序列
void setCharAt（int index, char ch）	修改指定位置 index 处的字符序列
String toString（）	返回 StringBuffer 缓冲区中的字符串
StringBuffer reverse（）	将此字符序列用其反转形式取代

表 6-8 中列出了 StringBuffer 的一系列常用方法，对于初学者来说比较难以理解，可通过如下案例来加深理解。

【例 6.8】下面通过一个案例来学习一下表中方法的具体使用，如文件 6-8 所示。

文件 6-8　Example08.java

```
package cn.cswu.chapter05.example08;
/**
 * 日期：2020 年 03 月
 * 功能：StringBuffer 的常用方法
 * 作者：软件技术教研室
 */
publicclass Example08 {
publicstaticvoid main（String[] args）{
    System.out.println（"1、添加----------------------"）;
    add（）;
    System.out.println（"2、删除----------------------"）;
    remove（）;
    System.out.println（"3、修改----------------------"）;
    alter（）;
}
publicstaticvoid add（）{
    StringBuffer sb = newStringBuffer（）; // 定义一个字符串缓冲区
    sb.append（"abcdefg"）; // 在末尾添加字符串
```

```
        System.out.println（"append 添加结果："+ sb）;
        sb.insert（2，"123"）; // 在指定位置插入字符串
        System.out.println（"insert 添加结果："+ sb）;
    }
    publicstaticvoid remove（）{
        StringBuffer sb = newStringBuffer（"abcdefg"）;
        sb.delete（1，5）; // 指定范围删除
        System.out.println（"删除指定位置结果："+ sb）;
        sb.deleteCharAt（2）; // 指定位置删除
        System.out.println（"删除指定位置结果："+ sb）;
        sb.delete（0，sb.length（））; // 清空缓冲区
        System.out.println（"清空缓冲区结果："+ sb）;
    }
    publicstaticvoid alter（）{
        StringBuffer sb = newStringBuffer（"abcdef"）;
        sb.setCharAt（1，'p'）; // 修改指定位置字符
        System.out.println（"修改指定位置字符结果："+ sb）;
        sb.replace（1，3，"qq"）; // 替换指定位置字符串或字符
        System.out.println（"替换指定位置字符（串）结果："+ sb）;
        System.out.println（"字符串翻转结果："+ sb.reverse（））;
    }
}
```

执行结果

```
1. 添加-----------------------
append 添加结果：abcdefg
insert 添加结果：ab123cdefg
2. 删除-----------------------
删除指定位置结果：afg
删除指定位置结果：af
清空缓冲区结果：
3. 修改-----------------------
修改指定位置字符结果：apcdef
替换指定位置字符（串）结果：aqqdef
字符串翻转结果：fedqqa
```

6.1.4 String 类和 StringBuffer 类区别

String 类和 StringBuffer 类有很多相似之处，初学者在使用时很容易混淆。接下来针对这

两个类进行对比，简单归纳一下两者的不同，具体如下：

（1）String 类表示的字符串是常量，一旦创建后，内容和长度都是无法改变的。而 StringBuffer 表示字符容器，其内容和长度可以随时修改。在操作字符串时，如果该字符串仅用于表示数据类型，则使用 String 类即可，但是如果需要对字符串中的字符进行增删操作，则使用 StringBuffer 类。

（2）String 类覆盖了 Object 类的 equals（）方法，而 StringBuffer 类没有覆盖 Object 类的 equals（）方法，具体示例如下：

```
String s1 = new String（"abc"）；
String s2 = new String（"abc"）；
System.out.println（s1.equals（s2））；        //打印结果为 true
StringBuffer sb1 = new StringBuffer（"abc"）；
StringBuffer sb2 = new StringBuffer（"abc"）；
System.out.println（sb1.equals（sb2））；      //打印结果为 false
```

（3）String 类对象可以用操作符"+"进行连接，而 StringBuffer 类对象之间不能，具体示例如下：

```
String s1 = "a"；
String s2 = "b"；
String s3 = s1+s2；                        //合法
System.out.println（s3）；                   //打印输出 ab
StringBuffer sb1 = new StringBuffer（"a"）；
StringBuffer sb2 = new StringBuffer（"b"）；
StringBuffer sb3 = sb1 + sb2；              //编译出错
```

6.2　System 类和 Runtime 类

6.2.1　System 类

System 类对于读者来说并不陌生，因为在之前所学知识中，当需要打印结果时，使用的都是"System.out.println（）；"语句，这句代码中就使用了 System 类。System 类定义了一些与系统相关的属性和方法，它所提供的属性和方法都是静态的，因此，想要引用这些属性和方法，直接使用 System 类调用即可。System 类的常用方法如表 6-9 所示。

表 6-9　System 类的常用方法

方法声明	功能描述
static void exit（int status）	该方法用于终止当前正在运行的 Java 虚拟机，其中参数 status 表示状态码，若状态码非 0，则表示异常终止
static void gc（）	运行垃圾回收器，并对垃圾进行回收
static void currentTimeMillis（）	返回以毫秒为单位的当前时间

方法声明	功能描述
static void arraycopy（Object src，int srcPos，Object dest，int destPos，int length）	从 src 引用的指定源数组复制到 dest 引用的数组，复制从指定的位置开始，到目标数组的指定位置结束
static Properties getProperties（）	取得当前的系统属性
static String getProperty（String key）	获取指定键描述的系统属性

1. getProperties（）

System 类的 getProperties（）方法用于获取当前系统的全部属性，该方法会返回一个 Properties 对象，其中封装了系统的所有属性，这些属性是以键值对形式存在的。

【例 6.9】下面通过一个案例来学习此种情况下 super 关键字的用法，如文件 6-9 所示。

文件 6-9　Example09.java

```java
package cn.cswu.chapter06.example09;
importjava.util.*;
/**
 * 日期：2020 年 03 月
 * 功能：System 类的 getProperties（）方法
 * 作者：软件技术教研室
 */
publicclass Example09 {
publicstaticvoid main（String[] args）{
    // 获取当前系统属性
    Properties properties = System.getProperties（）;
    // 获得所有系统属性的 key，返回 Enumeration 对象
    Enumeration propertyNames= properties.propertyNames（）;
    while（propertyNames.hasMoreElements（））{
        // 获取系统属性的键 key
        String key =（String）propertyNames.nextElement（）;
        // 获得当前键 key 对应的值 value
        String value = System.getProperty（key）;
        System.out.println（key + "--->" + value）;
    }
}
}
```

执行结果

java.specification.vendor--->Oracle Corporation

awt.toolkit--->sun.awt.windows.WToolkit

java.vm.info--->mixed mode

java.version--->10.0.2

java.vendor--->Oracle Corportion

file.separtor--->\

java.version.date--->2018-07-17

java.version.ur1.bug--->http：//bugreport.java.com/bugreport/

sun.io.unicode.encoding--->UnicodeLittle

sun.cpu.endian--->little

java.vendor.version--->18.3

sun.desktop--->windows

sun.cpu.isalist--->amd64

2. currentTimeMillis（）

currentTimeMillis（）方法返回一个 long 类型的值，该值表示当前时间与 1970 年 1 月 1 日 0 时 0 分 0 秒之间的时间差，单位是毫秒，通常也将该值称作时间戳。

【例 6.10】为了便于读者理解该方法的使用，接下来通过一个案例来计算程序在进行求和操作时所消耗的时间，如文件 6-10 所示。

文件 6-10　Example10.java

```java
package cn.cswu.chapter06.example10;
/**
 * 日期：2020 年 03 月
 * 功能：计算程序在进行求和操作时所消耗的时间
 * 作者：软件技术教研室
 */
publicclass Example10 {
publicstaticvoid main（String[] args）{
    longstartTime = System.currentTimeMillis（）; // 循环开始时的当前时间
    intsum = 0;
    for（inti = 0; i< 100000000; i++）{
        sum += i;
    }
    longendTime = System.currentTimeMillis（）; // 循环结束后的当前时间
    System.out.println（"程序运行的时间为：" +（endTime - startTime）+ "毫秒"）;
}
}
```

执行结果

程序运行的时间为：43 毫秒

3. arraycopy（Object src，int srcPos，Object dest，int destPos，int length）

arraycopy（）方法用于将一个数组中的元素快速拷贝到另一个数组。其中的参数具体作用如下：

- src：表示源数组。
- dest：表示目标数组。
- srcPos：表示源数组中拷贝元素的起始位置。
- destPos：表示拷贝到目标数组的起始位置。
- length：表示拷贝元素的个数。

需要注意的是，在进行数组复制时，目标数组必须有足够的空间来存放拷贝的元素，否则会发生角标越界异常。

【例 6.11】下面通过一个案例来演示数组元素的拷贝，如文件 6-11 所示。

文件 6-11　Example11.java

```java
package cn.cswu.chapter06.example111;
/**
 * 日期：2020 年 03 月
 * 功能：数组元素的拷贝
 * 作者：软件技术教研室
 */
publicclass Example11 {
publicstaticvoid main（String[] args）{
    int[] fromArray = { 101，102，103，104，105，106 }; // 源数组
    int[] toArray = { 201，202，203，204，205，206，207 }; // 目标数组
    System.arraycopy（fromArray，2，toArray，3，4）; // 拷贝数组元素
    // 打印目标数组中的元素
    for（inti = 0; i<toArray.length; i++）{
        System.out.println（i + ": " + toArray[i]）;
    }
}
}
```

执行结果

```
0：201
1：202
2：203
3：103
4：104
5：105
6：106
```

6.2.2 Runtime 类

Runtime 类用于表示虚拟机运行时的状态，它用于封装 JVM 虚拟机进程。每次使用 Java 命令启动虚拟机都对应一个 Runtime 实例，并且只有一个实例。因此，该类采用单例模式进行设计，对象不可以直接实例化。若想在程序中获得一个 Runtime 实例，只能通过以下方式：

Runtime run = Runtime.getRuntime（）;

由于 Runtime 类封装了虚拟机进程，因此，在程序中通常会通过该类的实例对象来获取当前虚拟机的相关信息。

【例 6.12】下面通过一个案例来演示 Runtime 类的使用，如文件 6-12 所示。

文件 6-12　Example12.java

```
package cn.cswu.chapter06.example12;
/**
 * 日期：2020 年 03 月
 * 功能：Runtime 类的使用
 * 作者：软件技术教研室
 */
publicclass Example12 {
publicstaticvoid main（String[] args）{
    Runtime rt = Runtime.getRuntime（）; // 获取
    System.out.println（"处理器的个数：" + rt.availableProcessors（）+ "个"）;
    System.out.println（"空闲内存数量：" + rt.freeMemory（）/ 1024 / 1024 + "M"）;
    System.out.println（"最大可用内存数量：" + rt.maxMemory（）/ 1024 / 1024 + "M"）;
}
}
```

执行结果

```
处理器的个数：8 个
空间内存数量：125M
最大可用内存数量：2024M
```

Runtime 类中提供了一个 exec（）方法，该方法用于执行一个 dos 命令，从而实现和在命令行窗口中输入 dos 命令同样的效果。

【例 6.13】通过运行 "notepad.exe" 命令打开一个 Windows 自带的记事本程序，如文件 6-13 所示。

文件 6-13　Example13.java

```
package cn.cswu.chapter06.example13;

importjava.io.IOException;
/**
 * 日期：2020 年 03 月
 * 功能：使用 exec（）方法打开记事本
```

```
 * 作者：软件技术教研室
 */
publicclass Example13 {
publicstaticvoid main（String[] args）throwsIOException {
    Runtime rt = Runtime.getRuntime（）; // 创建 Runtime 实例对象
    rt.exec（"notepad.exe"）; // 调用 exec（）方法
}
}
```

执行结果

无标题 - 记事本
文件(F)　编辑(E)　格式(O)　查看(V)　帮助(H)

【例 6.14】下面通过一个案例来实现打开的记事本并在 3 秒后自动关闭的功能，如文件 6-14 所示。

文件 6-14　Example14.java

```
package cn.itcast.chapter06.example14;
/**
 * 日期：2020 年 03 月
 * 功能：打开的记事本并在 3 秒后自动关闭
 * 作者：软件技术教研室
 */
publicclass Example14 {
publicstaticvoid main（String[] args）throws Exception {
    Runtime rt = Runtime.getRuntime（）; // 创建一个 Runtime 实例对象
    Process process = rt.exec（"notepad.exe"）; // 得到表示进程的 Process 对象
    Thread.sleep（3000）; // 程序休眠 3 秒
    process.destroy（）; // 杀掉进程
}
}
```

6.3　Math 类和 Random 类

6.3.1　Math 类

Math 类是数学操作类，提供了一系列用于数学运算的静态方法，包括求绝对值、三角函数等。Math 类中有两个静态常量：PI 和 E，分别代表数学常量 π 和 e。

由于 Math 类比较简单，因此初学者可以通过查看 API 文档来学习 Math 类的具体用法。

【例 6.15】下面通过一个案例对 Math 类中比较常用的方法进行演示，请查看文件 6-15。

文件 6-15　Example15.java

```
package cn.cswu.chapter06.example15;
/**
 * 日期：2020 年 03 月
 * 功能：Math 类中比较常见的方法
 * 作者：软件技术教研室
 */
publicclass Example15 {
publicstaticvoid main（String[] args）{
    System.out.println（"计算绝对值的结果："+ Math.abs（-1）);
    System.out.println（"求大于参数的最小整数："+ Math.ceil（5.6）);
    System.out.println（"求小于参数的最大整数："+ Math.floor（-4.2）);
    System.out.println（"对小数进行四舍五入后的结果："+ Math.round（-4.6）);
    System.out.println（"求两个数的较大值："+ Math.max（2.1，-2.1）);
    System.out.println（"求两个数的较小值："+ Math.min（2.1，-2.1）);
    System.out.println（"生成一个大于等于 0.0 小于 1.0 随机值："+ Math.random（）);
    }
}
```

执行结果

计算绝对值的结果：1
求大于参数的最小整数：6.0
求小于参数的最大整数：-5.0
对小数进行四舍五入后的结果：-5
求两个数的较大值：2.1
求两个数的较小值：-2.1
生成一个大于等于 0.0 小于 1.0 随机值：0.15974029058343764

6.3.2　Random 类

在 JDK 的 java.util 包中有一个 Random 类，它可以在指定的取值范围内随机产生数字。在 Random 类中提供了两个构造方法，具体如表 6-10 所示。

表 6-10　Random 类的两种构造方法

方法声明	功能描述
Random（）	构造方法，用于创建一个伪随机数生成器
Random（long seed）	构造方法，使用一个 long 型的 seed 种子创建伪随机数生成器

表中列举了 Random 类的两个构造方法，其中第一种构造方法是无参的，通过它创建的 Random 实例对象每次使用的种子是随机的，因此每个对象所产生的随机数不同。如果希望创建的多个 Random 实例对象产生相同序列的随机数，则可以在创建对象时调用第二种构造方法，传入相同的种子即可。

【例 6.16】下面通过一个案例采用第一种构造方法来产生随机数，如文件 6-16 所示。

文件 6-16　Example16.java

```java
package cn.cswu.chapter06.example16;
importjava.util.Random;
/**
 * 日期：2020 年 03 月
 * 功能：使用构造方法 Random（ ）产生随机数
 * 作者：软件技术教研室
 */
publicclass Example16 {
publicstaticvoid main（String args[]）{
    Random r = new Random（ ）; // 不传入种子
    // 随机产生 10 个[0，100）之间的整数
    for（int x = 0; x < 10; x++）{
        System.out.println（r.nextInt（100））;
    }
}
}
```

执行结果

```
0
3
65
23
80
24
92
71
70
45
```

【例 6.17】下面将文件 6-17 稍做修改，采用表 6-5 中的第二种构造方法产生随机数，如文件 6-17 所示。

文件 6-17　Example17.java

```java
package cn.cswu.chapter06.example17;
importjava.util.Random;
/**
 * 日期：2020 年 03 月
 * 功能：使用构造方法 Random（long seed）产生随机数
 * 作者：软件技术教研室
 */
publicclass Example17 {
publicstaticvoid main（String args[]）{
    Random r = new Random（13）; // 创建对象时传入种子
    // 随机产生 10 个[0，100）之间的整数
    for（int x = 0；x < 10；x++）{
        System.out.println（r.nextInt（100 ));
    }
}
}
```

执行结果

```
92
0
75
98
63
10
93
13
56
14
```

相对于 Math 的 random（）方法而言，Random 类提供了更多的方法来生成各种伪随机数，不仅可以生成整数类型的随机数，还可以生成浮点类型的随机数。表 6-11 中列举了 Random 类中的常用方法。

表 6-11　Random 类的常用方法

方法声明	功能描述
booleannextBoolean（）	随机生成 boolean 类型的随机数
double nextDouble（）	随机生成 double 类型的随机数
float nextFloat（）	随机生成 float 类型的随机数
int nextInt（）	随机生成 int 类型的随机数
int nextInt（int n）	随机生成 0~n 之间 int 类型的随机数
int nextLong（）	随机生成 long 类型的随机数

表中列出了 Random 类常用的方法，其中，Random 类的 nextDouble（）方法返回的是 0.0 和 1.0 之间 double 类型的值，nextFloat（）方法返回的是 0.0 和 1.0 之间 float 类型的值，nextInt（int n）返回的是 0（包括）和指定值 n（不包括）之间的值。

【例 6.18】下面通过一个案例来学习这些方法的使用，如文件 6-18 所示。

文件 6-18　Example18.java

```
package cn.cswu.chapter06.example18;
importjava.util.Random;
/**
 * 日期：2020 年 03 月
 * 功能：Random 类中的常用方法
 * 作者：软件技术教研室
 */
publicclass Example18 {
publicstaticvoid main（String[] args）{
    Random r1 = new Random（）; // 创建 Random 实例对象
    System.out.println（"产生 float 类型随机数："+ r1.nextFloat（）);
    System.out.println（"产生 0~100 之间 int 类型的随机数："+ r1.nextInt（100））;
    System.out.println（"产生 double 类型的随机数："+ r1.nextDouble（）);
}
}
```

执行结果

```
产生 float 类型的随机数：0.23934543
产生 0~100 之间 int 类型的随机数：82
产生 double 类型的随机数：0.5979104859098349
```

6.4　包装类

在 Java 中，很多类的方法都需要接收引用类型的对象，此时就无法将一个基本数据类型的值传入。为了解决这种问题，JDK 中提供了一系列的包装类，通过这些包装类可以将基本数据类型的值包装为引用数据类型的对象。在 Java 中，每种基本类型都有对应的包装类，具体如表 6-12 所示。

表 6-12　基本数据类型及其对应的包装类

基本数据类型	对应的包装类
byte	Byte
char	Character
int	Integer

基本数据类型	对应的包装类
short	Short
long	Long
float	Float
double	Double
boolean	Boolean

表 6-11 中列举了 8 种基本数据类型及其对应的包装类。其中，除了 Integer 和 Character 类，其他包装类的名称和基本数据类型的名称一致，只是类名的第一个字母需要大写。

包装类和基本数据类型在进行转换时，引入了装箱和拆箱的概念，其中装箱是指将基本数据类型的值转为引用数据类型，反之，拆箱是指将引用数据类型的对象转为基本数据类型。

【例 6.19】下面以 int 类型的包装类 Integer 为例，学习一下装箱的过程，如文件 6-19 所示。

文件 6-19　Example19.java

```
package cn.cswu.chapter06.example19;
/**
 * 日期：2020 年 03 月
 * 功能：装箱过程演示
 * 作者：软件技术教研室
 */
publicclass Example19 {
publicstaticvoid main（String args[]）{
    int a= 20;
    Integer in = newInteger（a）;
    System.out.println（in）;
}
}
```

执行结果

20

Integer 类除了具有 Object 类的所有方法外，还有一些特有的方法，如表 6-13 所示。

表 6-13　Integer 类的特有方法

方法声明	功能描述
static String toBinaryString（int i）	以二进制无符号整数形式返回一个整数参数的字符串
static String toHexString（int i）	以十六进制无符号整数形式返回一个整数参数的字符串

方法声明	功能描述
static String toOctalString（int i）	以八进制无符号整数形式返回一个整数参数的字符串
static Integer valueOf（int i）	返回一个表示指定的 int 值的 Integer 实例
static Integer valueOf（String s）	返回保存指定的 String 的值的 Integer 对象
static int parseInt（String s）	将字符串参数作为有符号的十进制整数进行解析
intValue（）	将 Integer 类型的值以 int 类型返回

表 6-12 中列举了 Integer 的特有方法，其中的 intValue（）方法可以将 Integer 类型的值转为 int 类型，这个方法可以用来进行拆箱操作。

【例 6.20】下面通过一个案例来演示 intValue（）方法的使用，请查看文件 6-20。

文件 6-20　Example20.java

```
package cn.cswu.chapter06.example20;
/**
 * 日期：2020 年 11 月
 * 功能：拆箱操作，intValue（）方法的使用
 * 作者：软件技术教研室
 */
publicclass Example20 {
publicstaticvoid main（String args[]）{
    Integer num = newInteger（20）;
    int a= 10;
    int sum = num.intValue（）+ a;
    System.out.println（"sum=" + sum）;
}
}
```

执行结果

sum = 30

【例 6.21】下面通过一个案例来演示 parseInt（）方法的使用，该案例实现了在屏幕上打印"*"矩形，其中宽和高分别设为 20 和 10，如文件 6-21 所示。

文件 6-21　Example21.java

```
package cn.cswu.chapter06.example21;
/**
 * 日期：2020 年 03 月
 * 功能：parseInt（）方法的使用，在屏幕上打印*矩形
 * 作者：软件技术教研室
 */
```

```
publicclass Example21 {
publicstaticvoid main（String args[]）{
    int w = Integer.parseInt（"20"）;
    int h = Integer.parseInt（"10"）;
    for（inti = 0；i< h；i++）{
        StringBuffer sb = newStringBuffer（）;
        for（intJ = 0；j < w；j++）{
            sb.append（"*"）;
        }
        System.out.println（sb.toString（））;
    }
}
}
```

执行结果

```
********************
********************
********************
********************
********************
********************
********************
********************
********************
********************
```

本节主要讲解了 Integer 的具体用法。掌握了 Integer 类的用法，自然也就学会了其他几个包装类的用法，但在使用包装类时，需要注意以下几点：

① 包装类都重写了 Object 类中的 toString（）方法，以字符串的形式返回被包装的基本数据类型的值。

- Integer i = Integer.valueOf（"123"）;   // 合法
- Integer i = Integer.valueOf（"12a"）;   // 不合法

② 除了 Character 外，包装类都有 valueOf（String s）方法，可以根据 String 类型的参数创建包装类对象，但参数字符串 s 不能为 null，而且字符串必须是可以解析为相应基本类型的数据，否则虽然编译通过，但运行时会报错。具体示例如下：

- Integer i = Integer.valueOf（"123"）;   // 合法
- Integer i = Integer.valueOf（"12a"）;   // 不合法

③ 除了 Character 外，包装类都有 parseXxx（String s）的静态方法，将字符串转换为对应的基本类型的数据。参数 s 不能为 null，而且同样必须是可以解析为相应基本类型的数据，否则虽然编译通过，但运行时会报错。具体示例如下：

- int i = Integer.parseInt（"123"）;　　　　　　// 合法
- Integer in = Integer.parseInt（"itcast"）;　　　// 不合法

switch 语句支持字符串类型。

第 2 章讲解 switch 条件语句时，演示了 switch 语句表达式中接收 int 类型的例子。在 JDK7 中，switch 语句的表达式增加了对字符串类型的支持。由于字符串的操作在编程中使用频繁，这个新特性的出现为 Java 编程带来了便利。

【例 6.22】通过下面案例来演示一下在 switch 语句中使用字符串进行匹配，如文件 6-22 所示。

文件 6–22　Example22.java

```java
package cn.cswu.chapter06.example22;
/**
 * 日期：2020 年 03 月
 * 功能：switch 语句对 String 类型的支持
 * 作者：软件技术教研室
 */
publicclass Example22 {
publicstaticvoid main（String[] args）{
    String week = "Wednesday";
    switch（week）{
    case "Monday":
        System.out.println（"星期一"）;
        break;
    case "Tuesday":
        System.out.println（"星期二"）;
        break;
    case "Wednesday":
        System.out.println（"星期三"）;
        break;
    case "Thursday":
        System.out.println（"星期四"）;
        break;
    case "Friday":
        System.out.println（"星期五"）;
        break;
    case "Saturday":
        System.out.println（"星期六"）;
        break;
    case "Sunday":
        System.out.println（"星期日"）;
```

```
            break;
        default:
            System.out.println（"您输入有误..."）;
        }
    }
}
```

执行结果

星期三

6.5　日期与时间类

6.5.1　Date 类

在 JDK 的 java.util 包中，提供了一个 Date 类用于表示日期和时间。随着 JDK 版本的不断升级和发展，Date 类中大部分的构造方法和普通方法都已经不再推荐使用。目前 JDK 8 中，Date 类只有两个构造方法是可以使用的。

（1）Date()：用来创建当前日期时间的 Date 对象。

（2）Date(long date)：用于创建指定时间的 Date 对象，其中 date 参数表示 1970 年 1 月 1 日 0 时 0 分 0 秒（称为历元）以来的毫秒数，即时间戳。

Calendar 类用于完成日期和时间字段的操作，它可以通过特定的方法设置和读取日期的特定部分，比如年、月、日、时、分和秒等。Calendar 类是一个抽象类，不可以被实例化。在程序中需要调用其静态方法 getInstance() 来得到一个 Calendar 对象，然后才能调用其相应的方法。

Calendar calendar = Calendar.getInstance();

6.5.2　Calendar 类的常用方法

Calendar 类的常用方法如表 6-14 所示。

表 6-14　Calendar 类的常用方法

方法声明	功能描述
int get(int field)	返回指定日历字段的值
void add(int field,int amount)	根据日历规则，为指定的日历字段增加或减去指定的时间量
void set(int field,int value)	为指定日历字段设置指定值
void set(int year,intmonth,intdate)	设置 Calendar 对象的年、月、日三个字段的值
void set(int year.int month, intdate, inthourOfDay, intminute, int second)	设置 Calendar 对象的年、月、日、时、分、秒六个字段的值

【例 6-23】举例说明 Calendar 类如何获取当前计算机的日期和时间，如文件 6-23 所示。

```java
package cn.cswu.chapter06.example23;
/**
 * 日期：2020 年 03 月
 * 功能：Calendar 日历容错
 * 作者：软件技术教研室
 */
public class Example23 {
public static void main(String[] args) {
        // 获取表示当前时间的 Calendar 对象
    Calendar calendar = Calendar.getInstance();
    int year = calendar.get(Calendar.YEAR);        // 获取当前年份
    int month = calendar.get(Calendar.MONTH) + 1; // 获取当前月份
    int date = calendar.get(Calendar.DATE);        // 获取当前日
    int hour = calendar.get(Calendar.HOUR);        // 获取时
    int minute = calendar.get(Calendar.MINUTE);    // 获取分
    int second = calendar.get(Calendar.SECOND);    // 获取秒
    System.out.println("当前时间为:" + year + "年 " + month + "月 "
        + date + "日 "+ hour + "时 " + minute + "分 " + second + "秒");
}
}
```

执行结果

当前时间为：2020 年 6 月 27 日 9 时 48 分 45 秒。

【例 6-24】Calendar 日历案例演示，如文件 6-24 所示。

文件 6-24　Example24.java

```java
package cn.cswu.chapter05.example24;
/**
 * 日期：2020 年 03 月
 * 功能：Calendar 日历容错
 * 作者：软件技术教研室
 */
public class Example24 {
public static void main(String[] args) {
    // 获取表示当前时间的 Calendar 对象
    Calendar calendar = Calendar.getInstance();
    // 设置指定日期
    calendar.set(2018, 1, 1);
```

```
// 为指定日期增加时间
calendar.add(Calendar.DATE, 100);
// 返回指定日期的年
int year = calendar.get(Calendar.YEAR);
// 返回指定日期的月
int month = calendar.get(Calendar.MONTH) + 1;
// 返回指定日期的日
int date = calendar.get(Calendar.DATE);
System.out.println("计划竣工日期为:" + year + "年"
                              + month + "月" + date + "日");
    }
 }
```

执行结果

计划竣工日期为：2018 年 5 月 12 日。

Calendar 有两种解释日历字段的模式——lenient 模式（容错模式）和 non-lenient 模式（非容错模式）。当 Calendar 处于 lenient 模式时，它的字段可以接收超过允许范围的值，当调用 get(int field) 方法获取某个字段值时，Calendar 会重新计算所有字段的值，将字段的值标准化。

【例 6.25】Calendar 的两种解释日历字段的模式——lenient 模式（容错模式）和 non-lenient 模式案例演示，如文件 6-25 所示。

文件 6-25　Example25.java

```
package cn.cswu.chapter06.example25;
/**
 * 日期：2020 年 03 月
 * 功能：Calendar 日历容错
 * 作者：软件技术教研室
 */
public class Example25 {
public static void main(String[] args) {
    // 获取表示当前时间的 Calendar 对象
    Calendar calendar = Calendar.getInstance();
    // 设置指定日期,将 MONTH 设为 13
    calendar.set(Calendar.MONTH, 13);
    System.out.println(calendar.getTime());
    // 开启 non-lenient 模式
    calendar.setLenient(false);
    calendar.set(Calendar.MONTH, 13);
    System.out.println(calendar.getTime());
```

```
        }
    }
```

执行结果

Sat Feb 27 21:50:53 CST 2021

6.5.3　JDK 8——新增日期与时间类

为了满足更多的需求，JDK 8 中新增了一个 java.time 包，在该包下包含了更多的日期和时间操作类，如表 6-15 所示。

表 6-15　JDK 8——新增日期与时间类

类名	功能描述
Clock	用于获取指定时区的当前日期、时间
DayOfWeek	枚举类，定义了一周七天周一到周日的枚举值
Duration	表示持续时间。该类提供的 ofXxx()方法用于获取指定的时间的小时、分钟、秒数等
Instant	表示一个具体时刻，可以精确到纳秒。该类提供了静态的 now()方法来获取当前时刻，提供了静态的 now(Clock clock)方法来获取 clock 对应的时刻。同时还提供了一系列的 plusXxx()方法来获取当前时刻基础上加上一段时间，以及一系列的 minusXxx()方法在当前时刻基础上减去一段时间
LocalDate	表示不带时区的日期，如 2018-01-27。该类提供了静态的 now()方法来获取当前日期，提供了静态的 now(Clock clock)方法来获取 clock 对应的日期。同时还提供了一系列的 plusXxx()方法在当前年份基础上加上几年、几月、几日等，以及一系列的 minusXxx()方法在当前年份基础上减去几年、几月、几日等
LocalTime	表示不带时区的时间，如 14:49:20。该类提供了静态的 now()方法来获取当前时间，提供了静态的 now(Clock clock)方法来获取 clock 对应的时间。同时还提供了一系列的 plusXxx()方法在当前年份基础上加上几小时、几分、几秒等，以及一系列的 minusXxx()方法在当前年份基础上减去几小时、几分、几秒等
LocalDateTime	表示不带时区的日期、时间。该类提供了静态的 now()方法来获取当前日期、时间，提供了静态的 now(Clock clock)方法来获取 clock 对应的日期、时间。同时还提供了一系列的 plusXxx()方法在当前年份基础上加上几年、几月、几日、几小时、几分、几秒等，以及一系列的 minusXxx()方法在当前年份基础上减去几年、几月、几日、几小时、几分、几秒等
Month	枚举类，定义了一月到十二月的枚举值
MonthDay	表示月日，如--01-27。该类提供了静态的 now()方法来获取当前月日，提供了静态的 now(Clock clock)方法来获取 clock 对应的月日
Year	表示年，如 2018。该类提供了静态的 now()方法来获取当前年份，提供了静态的 now(Clock clock)方法来获取 clock 对应的年份。同时还提供了 plusYears()方法在当前年份基础上增加几年，以及 minusYears()方法在当前年份基础上减去几年

类名	功能描述
YearMonth	表示年月，如 2018-01。该类提供了静态的 now()方法来获取当前年月，提供了静态的 now(Clock clock)方法来获取 clock 对应的年月。同时还提供了 plusXxx()方法在当前年月基础上增加几年、几月，以及 minusXxx()方法在当前年月基础上减去几年、几月
ZoneId	表示一个时区
ZonedDateTime	表示一个时区化的日期、时间
Year	表示年，如 2018。该类提供了静态的 now()方法来获取当前年份，提供了静态的 now(Clock clock)方法来获取 clock 对应的年份。同时还提供了 plusYears()方法在当前年份基础上增加几年，以及 minusYears()方法在当前年份基础上减去几年

6.6 格式化类

6.6.1 DateFormat 类

DateFormat 类专门用于将日期格式化为字符串或者将用特定格式显示的日期字符串转换成一个 Date 对象。

DateFormat 是一个抽象类，不能被直接实例化，但它提供了一系列的静态方法来获取 DateFormat 类的实例对象，并能调用其他相应的方法进行操作。DateFormat 类的常用方法如表 6-16 所示。

表 6-16　DateFormat 类的常用方法

方法声明	功能描述
static DateFormatgetDateInstance ()	用于创建默认语言环境和格式化风格的日期格式器
static DateFormatgetDateInstance (int style)	用于创建默认语言环境和指定格式化风格的日期格式器
static DateFormatgetDateTimeInstance ()	用于创建默认语言环境和格式化风格的日期/时间格式器
static DateFormatgetDateTimeInstance (int dateStyle,inttimeStyle)	用于创建默认语言环境和指定格式化风格的日期/时间格式器
String format (Date date)	将一个 Date 格式化为日期/时间字符串。
Date parse(String source)	将给定字符串解析成一个日期

DateFormat 类——常用常量：

FULL：用于表示完整格式。

LONG：用于表示长格式。

MEDIUM：用于表示普通格式。

SHORT：用于表示短格式。

6.6.2 SimpleDateFormat 类

在使用 DateFormat 对象的 parse()方法将字符串解析为日期时，需要输入固定格式的字符串，这显然不够灵活。为了能够更好地格式化日期、解析字符串，Java 提供了一个 SimpleDate Format 类。

SimpleDateFormat 类是 DateFormat 类的子类，它可以使用 new 关键字创建实例对象。在创建实例对象时，它的构造方法需要接收一个表示日期格式模板的字符串参数。

格式化示例

（1）使用 SimpleDateFormat 类将日期对象以特定的格式转为字符串形式：

```
SimpleDateFormatsdf = new SimpleDateFormat(
        "Gyyyy 年 MM 月 dd 日：今天是 yyyy 年的第 D 天，E");
System.out.println(sdf.format(new Date()));
```

（2）使用 SimpleDateFormat 类将一个指定日期格式的字符串解析为 Date 对象：

```
SimpleDateFormatsdf = new SimpleDateFormat("yyyy/MM/dd");
    String str = "2018/01/27";
System.out.println(sdf.parse(str));
```

6.6.3 DateTimeFomatter 类

JDK 8 在 java.time.format 包下还提供了一个 DateTimeFormatter 类，该类也是一个格式化类，其功能相当于 DataFormat 和 SimpleDateFormat 的合体，它不仅可以将日期、时间对象格式化成字符串，还能将特定格式的字符串解析成日期、时间对象。

要使用 DateTimeFormatter 进行格式化或者解析，就必须先获得 DateTimeFormatter 对象。

1. 获取实例对象方式

（1）使用静态常量创建 DateTimeFormatter 格式器。

在 DateTimeFormatter 类中包含大量的静态常量，如 BASIC_ISO_DATE、ISO_LOCAL_DATE、ISO_LOCAL_TIME 等，通过这些静态常量都可以获取 DateTimeFormatter 实例。

（2）使用不同风格的枚举值来创建 DateTimeFormatter 格式器。

在 FormatStyle 类中定义了 FULL、LONG、MEDIUM 和 SHORT 四个枚举值，它们表示日期和时间的不同风格。

（3）根据模式字符串创建 DateTimeFormatter 格式器。

2. DateTimeFormatter 类的基本使用

将日期、时间格式化为字符串：

● 调用 DateTimeFormatter 的 format(TemporalAccessor temporal)方法执行格式化。其中参数 temporal 是一个 TemporalAccessor 类型接口，其主要实现类有 LocalDate、LocalDateTime。

● 调用 LocalDate、LocalDateTime 等日期、时间对象的 format(DateTimeFormatterformatter)方法执行格式化。

【例 6.28】调用 DateTimeFormatter 的 format(TemporalAccessor temporal)方法执行格式化，如文件 6-28 所示。

文件 6-28　Example28.java

```
package cn.cswu.chapter06.example28;
/**
 * 日期：2020 年 03 月
 * 功能：解析字符串错
 * 作者：软件技术教研室
 */
importJava.time.*;
importJava.time.format.*;
public class Example28 {
public static void main(String[] args) {
    LocalDateTime date = LocalDateTime.now();
    // 1. 使用常量创建 DateTimeFormatter
System.out.print("使用常量创建 DateTimeFormatter: ");
DateTimeFormatter dtf1 = DateTimeFormatter.ISO_DATE_TIME;
System.out.println(dtf1.format(date));
    // 2. 使用 Long 类型风格的 DateTimeFormatter
    System.out.print("使用 MEDIUM 类型风格的 DateTimeFormatter: ");
    DateTimeFormatter dtf2 = DateTimeFormatter
                            .ofLocalizedDateTime(FormatStyle.MEDIUM);
    System.out.println(dtf2.format(date));
    // 3. 根据模式字符串来创建 DateTimeFormatter 格式器
    System.out.print("根据模式字符串来创建 DateTimeFormatter: ");
    DateTimeFormatter dtf3 = DateTimeFormatter
                            .ofPattern("yyyy-MM-dd HH:mm:ss");
    System.out.println(date.format(dtf3));
}
}
```

2. 解析字符串

将指定格式的字符串解析成日期、时间对象：

● 可以通过日期时间对象所提供的 parse(CharSequence text, DateTimeFormatter formatter)方法来实现。

【例 6.29】使用 LocalDateTime 的 parse()方法执行解析，如文件 6-29 所示。

文件 6-29　Example29.java

```
package cn.cswu.chapter06.example29;
/**
 * 日期：2020 年 03 月
```

```
 * 功能：解析字符串错
 * 作者：软件技术教研室
 */
importJava.time.format.*;
public class Example29 {
public static void main(String[] args) {
    // 定义两种日期格式的字符串
    String str1 = "2018-01-27 12:38:36";
    String str2 = "2018 年 01 月 29 日  15 时 01 分 20 秒";
    // 定义解析所用的格式器
    DateTimeFormatter formatter1 = DateTimeFormatter
                        .ofPattern("yyyy-MM-dd HH:mm:ss");
    DateTimeFormatter formatter2 = DateTimeFormatter
                        .ofPattern("yyyy 年 MM 月 dd 日  HH 时 mm 分 ss 秒");
    // 使用 LocalDateTime 的 parse()方法执行解析
    LocalDateTime localDateTime1 = LocalDateTime
                                        .parse(str1, formatter1);
    LocalDateTime localDateTime2 = LocalDateTime
                                        .parse(str2, formatter2);
    // 输出结果
    System.out.println(localDateTime1);
    System.out.println(localDateTime2);
    }
}
```

6.7 本章小结

　　本章主要讲解了JavaAPI的相关概念和JavaAPI中常用的一些类的使用。首先讲解了String和 StringBuffer 类的使用，并通过一个任务演示了 String 类中常用方法的使用；然后讲解了System 类和 Runtime 类常用方法的使用、Math 类和 Random 类的使用，还讲解了 Java 中包装类的相关知识；接下来，通过一个字符串排序程序任务来巩固字 String 和 StringBuffer 知识；最后讲解了 JDK1.7 新特性中关于 switch 语句支持字符串类型的知识。由于篇幅有限，在JavaAPI 中还有很多类在本章没有提到，而初学者也没有必要把所有的类全部学习，只需要使用这些类时，通过一些技术论坛或者利用搜索引擎参看一些范例，再通过查看 API 文档就能很容易掌握这些类的用法。

第7章　框架与集合类

7.1　集合概述

前面的章节已经介绍过在程序中可以通过数组来保存多个对象，但在某些情况下开发人员无法预先确定需要保存对象的个数，此时数组将不再适用，因为数组的长度不可变。例如，要保存一个学校的学生信息，由于不停有新生来报道，同时也有学生毕业离开学校，这时学生的数目就很难确定。

7.1.1　集合的概念

为了在程序中可以保存这些数目不确定的对象，JDK 中提供了一系列特殊的类，这些类可以存储任意类型的对象，并且长度可变，在 Java 中这些类被统称为集合。Java 中的集合就像一个容器，专门用来存储 Java 对象。集合类都位于 java.util 包中，在使用时一定要注意导包的问题，否则会出现异常。

7.1.2　集合的分类

集合按照其存储结构可以分为两大类，即单列集合 Collection 和双列集合 Map，这两种集合的特点具体如下：

（1）Collection：单列集合类的根接口，用于存储一系列符合某种规则的元素，它有两个重要的子接口，分别是 List 和 Set。其中，List 的特点是元素有序、元素可重复。Set 的特点是元素无序，而且不可重复。List 接口的主要实现类有 ArrayList 和 LinkedList，Set 接口的主要实现类有 HashSet 和 TreeSet。

（2）Map：双列集合类的根接口，用于存储具有键（key）、值（value）映射关系的元素，每个元素都包含一对键值，在使用 Map 集合时可以通过指定的 Key 找到对应的 Value，例如根据一个学生的学号就可以找到对应的学生。Map 接口的主要实现类有 HashMap 和 TreeMap。

从上面的描述可以看出，JDK 中提供了丰富的集合类库，为了便于初学者进行系统的学习，接下来通过图 7.1 来描述整个集合类的继承体系。

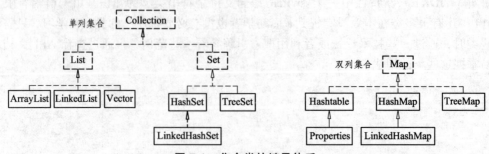

图 7.1　集合类的继承体系

1. Collection 接口

Collection 是所有单列集合的父接口，因此在 Collection 中定义了单列集合（List 和 Set）的一些通用方法，这些方法可用于操作所有的单列集合，如表 7-1 所示。

表 7-1　Collection 接口的通用方法

方法声明	功能描述
boolean add（Object o）	向集合中添加一个元素
booleanaddAll（Collection c）	将制定 Collection 中的所有元素添加到该集合中
void clear（）	删除该集合中的所有元素
boolean remove（Object o）	删除该集合中指定的元素
booleanremoveAll（Collection c）	删除指定集合中的所有元素
booleanisEmpty（）	判断该集合是否为空
boolean contains（Object o）	判断该集合是否包含某个元素
booleancontainsAll（Collection c）	判断该集合是否包含指定集合中的所有元素
Iterator iterator（）	返回在该集合的元素上进行迭代的迭代器（Iterator），用于遍历该集合所有元素
int size（）	获取该集合元素个数

表 7-1 中所列举的方法都来自 JavaAPI 文档，初学者可以通过查询 API 文档来学习这些方法的具体用法，此处列出这些方法，只是为了方便后面的学习。

2. List 结构的集合类

List 结构的集合类有：ArrayList 类、LinkedList 类、Vector 类、Stack 类。

（1） List 接口。

List 接口继承自 Collection 接口，是单列集合的一个重要分支，一般将实现了 List 接口的对象称为 List 集合。在 List 集合中允许出现重复的元素，所有的元素是以一种线性方式进行存储的，在程序中可以通过索引来访问集合中的指定元素。另外，List 集合还有一个特点就是元素有序，即元素的存入顺序和取出顺序一致。

List 作为 Collection 集合的子接口，不但继承了 Collection 接口中的全部方法，而且增加了一些根据元素索引来操作集合的特有方法，如表 7-2 所示。

（2）ArrayList 集合。

ArrayList 是 List 接口的一个实现类，它是程序中最常见的一种集合。在 ArrayList 内部封装了一个长度可变的数组对象，当存入的元素超过数组长度时，ArrayList 会在内存中分配一个更大的数组来存储这些元素，因此可以将 ArrayList 集合看作一个长度可变的数组。由于 ArrayList 的存储结构，在增加或删除指定位置的元素时，会创建新的数组，效率比较低，因此不适合做大量的增删操作。这种数组结构允许程序通过索引的方式来访问元素，使用 ArrayList 集合在遍历和查找元素时显得非常高效。

ArrayList 集合中大部分方法都是从父类 Collection 和 List 继承过来的，其中 add（）方法和 get（）方法用于实现元素的存取。

表 7-2　List 接口的特有方法

方法声明	功能描述
void add（int index，Object element）	将元素 element 插入在 List 集合的 index 处
booleanaddAll（int index，Collection c）	将集合 c 所包含的所有元素插入到 List 集合的 index 处
Object get（int index）	返回集合索引 index 处的元素
Object remove（int index）	删除 index 索引处的元素
Object set（int index，Object element）	将索引 index 处元素替换成 element 对象，并将替换后的元素返回
int indexOf（Object o）	返回对象 o 在 List 集合中出现的位置索引
int lastIndexOf（Object o）	返回对象 o 在 List 集合中最后一次出现的位置索引
List subList（int fromIndex，int toIndex）	返回从索引 fromIndex（包括）到 toIndex（不包括）处所有元素集合组成的子集合

【例 7.1】下面通过一个案例来学习 ArrayList 集合如何存取元素，如文件 7-1 所示。

文件 7-1　　Example01.java

```
package cn.cswu.chapter07.example01;
importjava.util.ArrayList;
/**
 * 日期：2020 年 03 月
 * 功能：ArrayList 集合存取元素
 * 作者：软件技术教研室
 */
publicclass Example01 {
publicstaticvoid main（String[] args）{
    ArrayList list = newArrayList（）; // 创建 ArrayList 集合
    list.add（"stu1"）; // 向集合中添加元素
    list.add（"stu2"）;
    list.add（"stu3"）;
    list.add（"stu4"）;
    System.out.println（"集合的长度：" + list.size（））; // 获取集合中元素的个数
    System.out.println（"第 2 个元素是：" + list.get（1））; // 取出并打印指定位置的元素
}
}
```

执行结果

集合的长度：4
第 2 个元素是：stu2

【例 7.2】下面通过一个案例来学习集合框架 List 结构集合类——ArrayList 类的使用（无同步性，线程不安全），如文件 7-2 所示。

文件 7-2　Example02.java

```
package cn.cswu.chapter07.example02;
importjava.util.*;
/**
 * 日期：2020 年 03 月
 * 功能：java 集合类用法--List 结构--ArrayList 类
 * 作者：软件技术教研室
 */
publicclass Example02 {
publicstaticvoid main（String[] args）{
    //定义 ArrayList 对象
    ArrayList al=newArrayList（）;
    //显示大小
    System.out.println（"al 大小："+al.size（））;
    //向 all 中加入数据（类型是 Object）
    //创建一个职员
    Clerk clerk1=new Clerk（"曹操"，50，1000）;
    Clerk clerk2=new Clerk（"刘备"，45，1200）;
    Clerk clerk3=new Clerk（"孙权"，35，1300）;
    //将 clerk1 加入 al 中
    al.add（clerk1）;
    al.add（clerk2）;
    al.add（clerk3）;
    //可不可以放入同样的对象？
    al.add（clerk1）;
    //显示大小
    System.out.println（"al 大小："+al.size（））;
    //如何访问 al 中的对象（数据）
    //访问第一个对象
    //Clerk temp=（Clerk）al.get（0）;

    //System.out.println（"第一个人的名字是："+temp.getName（））;

    //遍历 al 所有的对象（数据）
    for（inti=0；i<al.size（）；i++）{
        Clerk temp=（Clerk）al.get（i）;
        System.out.println（"名字："+temp.getName（））;
```

```java
        }
        //如何从 al 中删除一个对象
        al.remove（1）;
        System.out.println（"===删除吴用==="）;
        //遍历 al 所有的对象（数据）
        for（inti=0; i<al.size（）; i++）{
            Clerk temp=（Clerk）al.get（i）;
            System.out.println（"名字："+temp.getName（））;
        }
    }
}
//定义一个员工类
class Clerk{
private String name;
privateint age;
privatefloatsal;
public Clerk（String name，int age，floatsal）{
    this.name=name;
    this.age=age;
    this.sal=sal;
}
public String getName（）{
    return name;
}
publicvoidsetName（String name）{
    this.name = name;
}
publicintgetAge（）{
    return age;
}
publicvoidsetAge（int age）{
    this.age = age;
}
publicfloatgetSal（）{
    returnsal;
}
publicvoidsetSal（floatsal）{
    this.sal = sal;
}
}
```

执行结果

a1 大小：0
a1 大小：4
名字：曹操
名字：刘备
名字：孙权
名字：曹操
===删除吴用===
名字：曹操
名字：孙权
名字：曹操

（3）LinkedList 集合。

前面讲解的 ArrayList 集合在查询元素时速度很快，但在增删元素时效率较低。为了克服这种局限性，可以使用 List 接口的另一个实现类 LinkedList。该集合内部维护了一个双向循环链表，链表中的每一个元素都使用引用的方式来记住它的前一个元素和后一个元素，从而可以将所有的元素彼此连接起来。当插入一个新元素时，只需要修改元素之间的这种引用关系即可，删除一个节点也是如此。正因为这样的存储结构，所以 LinkedList 集合对于元素的增删操作具有很高的效率。LinkedList 集合添加元素和删除元素的过程如图 7.2 所示。

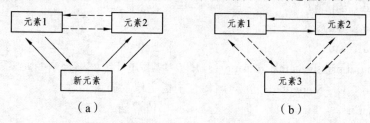

图 7.2　LinkedList 集合添加和删除元素的过程

上面两张图描述了 LinkedList 集合新增元素和删除元素的过程。其中，（a）图为新增一个元素，图中的元素 1 和元素 2 在集合中彼此为前后关系，在它们之间新增一个元素时，只需要让元素 1 记住它后面的元素是新元素，让元素 2 记住它前面的元素为新元素就可以了。（b）图为删除元素，要想删除元素 1 与元素 2 之间的元素 3，只需要让元素 1 与元素 2 变成前后关系就可以了。由此可见，LinkedList 集合具有增删元素效率高的特点。LinkedList 集合的方法如表 7-3 所示。

表 7-3　LinkedList 集合的方法

方法声明	功能描述
void add（int index，E element）	在此列表中指定的位置插入指定的元素
void addFirst（Object o）	将指定元素插入此列表的开头
void addLast（Object o）	将指定元素添加到此列表的结尾
Object getFirst（）	返回此列表的第一个元素

方法声明	功能描述
Object getLast（）	返回此列表的最后一个元素
Object removeFirst（）	移除并返回此列表的第一个元素
Object removeLast（）	移除并返回此列表的最后一个元素

【例 7.3】下面通过一个案例来学习 LinkedList 这些方法的使用，如文件 7-3 所示。

文件 7-3　　Example03.java

```
package    cn.cswu.chapter07.example03；
importjava.util.*；
/**
 * 日期：2020 年 03 月
 * 功能：LinkedList 集合的使用
 * 作者：软件技术教研室
 */
publicclass Example03 {
publicstaticvoid main（String[] args）{
    LinkedList link = new LinkedList（）; // 创建 LinkedList 集合
    link.add（"stu1"）;
    link.add（"stu2"）;
    link.add（"stu3"）;
    link.add（"stu4"）;
    System.out.println（link.toString（））; // 取出并打印该集合中的元素
    link.add（3，"Student"）; // 向该集合中指定位置插入元素
    link.addFirst（"First"）; // 向该集合第一个位置插入元素
    System.out.println（link）;
    System.out.println（link.getFirst（））; // 取出该集合中第一个元素
    link.remove（3）; // 移除该集合中指定位置的元素
    link.removeFirst（）; // 移除该集合中第一个元素
    System.out.println（link）;
}
}
```

执行结果

```
[stu1，stu2，stu3，stu4，]
[First，stu1，stu2，stu3，Student，stu4，]
First
[stu1，stu2，Student，stu4，]
```

【例 7.4】下面通过一个例子来学习 LinkedList 集合类中的 addFist、addLast 方法，remove 方法及 remmoveall 方法，如文件 7-4 所示。

文件 7-4　　Example04.java

```java
package   cn.cswu.chapter07.example04;
importjava.util.*;
/**
 * 日期：2020 年 03 月
 * 功能：LinkedList 集合类中的 addFist，及 addLast 方法，remove 方法及 remmoveall 方法
 * 作者：软件技术教研室
 */
publicclass Example04 {
publicstaticvoid main（String[] args）{
    LinkedList ll=new LinkedList（）;
    Empp emp1=newEmpp（"sa01"，"aa"，1.2f）;
    Empp emp2=newEmpp（"sa02"，"bb"，1.2f）;
    Empp emp3=newEmpp（"sa03"，"cc"，1.2f）;
    //addFirst 表示把 emp1 加载（链表）队列的最前面
    ll.addFirst（emp1）; //addFirst 方法是可以插入在数组之前
    ll.addFirst（emp2）; //也可以理解为 addFirst 方法是后进先出的方法
    //addLast 表示把 emp3 加载（链表）队列的后面
    ll.addLast（emp3）;
    System.out.println（"测试 LinkedList 集合类中的 addFist 及 addLast 方法"）;
    for（inti=0；i<ll.size（）；i++）{
        System.out.println（（（Empp）ll.get（i））.getName（））;
    }
    //remove 表示将某一条数据进行删除
    ll.remove（emp1）; //将 ll 中的 emp1 数据删除
    System.out.println（"测试 LinkedList 集合类中的 remove 方法"）;
    for（inti=0；i<ll.size（）；i++）{
        System.out.println（（（Empp）ll.get（i））.getName（））;
    }
    ll.removeAll（ll）; //清除整个链表
    System.out.println（"测试 LinkedList 集合类中的 remmoveall 方法"）;
    for（inti=0；i<ll.size（）；i++）{
        System.out.println（（（Empp）ll.get（i））.getName（））;
    }
}
}
//创建员工类
```

```java
classEmpp{//在同一个包中的类，可以同包中的其他 class 文件直接访问或调用
//定义成员变量工号、姓名、薪水
private String empNo;
private String name;
privatefloatsal;
//创建构造函数，初始化成员变量
publicEmpp（String empNo，String name，floatsal）{
    this.empNo=empNo;
    this.name=name;
    this.sal=sal;
}
//使用 set、get 方法进行数据传递
public String getEmpNo（）{
    returnempNo;
}
publicvoidsetEmpNo（String empNo）{
    this.empNo = empNo;
}
public String getName（）{
    return name;
}
publicvoidsetName（String name）{
    this.name = name;
}
publicfloatgetSal（）{
    returnsal;
}
publicvoidsetSal（floatsal）{
    this.sal = sal;
}
}
```

执行结果

测试 LinkedList 集合类中的 addFist 及 addLast 方法
bb
aa
cc
测试 LinkedList 集合类中的 remove 方法
bb

cc

测试 LinkedList 集合类中的 removeall 方法

【例 7.5】Vector 集合类的使用（线程安全具有同步性），如文件 7-5 所示。

文件 7-5　Example05.java

```
package    cn.cswu.chapter07.example05;
importjava.util.*;
/**
 * 日期：2020 年 03 月
 * 功能：Vector 集合类（向量）的使用方法
 * 作者：软件技术教研室
 */
publicclass Example05{
publicstaticvoid main（String[] args）{
    //Vector 的用法
    Vector vv=new Vector（）;
    AEmp emp1=newAEmp（"1"，"aa"，1.2f）;
    AEmp emp2=newAEmp（"2"，"bb"，1.2f）;
    AEmp emp3=newAEmp（"3"，"cc"，1.2f）;
    vv.add（emp1）;
    vv.add（emp2）;
    vv.add（emp3）;
    //遍历
    for（inti=0；i<vv.size（）；i++）{
        AEmp emp=（AEmp）vv.get（i）;
        System.out.println（emp.getName（））;
    }
}
}
//创建员工类
classAEmp{
//定义成员变量工号、姓名、薪水
private String empNo;
private String name;
privatefloatsal;
//创建构造函数，初始化成员变量
publicAEmp（String empNo，String name，floatsal）{
    this.empNo=empNo;
    this.name=name;
    this.sal=sal;
```

```
}
//使用 set、get 方法进行数据传递
public String getEmpNo（）{
    returnempNo；
}
publicvoidsetEmpNo（String empNo）{
    this.empNo = empNo；
}
public String getName（）{
    return name；
}
publicvoidsetName（String name）{
    this.name = name；
}
publicfloatgetSal（）{
    returnsal；
}
publicvoidsetSal（floatsal）{
    this.sal = sal；
}
}
```

执行结果

```
aa
bb
cc
```

【例 7.6】Stack 集合类（栈）的使用，如文件 7-6 所示。

文件 7-6　　Example06.java

```
package    cn.cswu.chapter07.example06；
importjava.util.*；
/**
 * 日期：2020 年 03 月
 * 功能：Stack 集合类（栈）的使用方法
 * 作者：软件技术教研室
 */
publicclass Example06 {
publicstaticvoid main（String[] args）{
    //Stack 的用法
```

```
        Stack stack=new Stack（）;
        AEmp emp1=newAEmp（"s1"，"aa"，1.2f）;
        AEmp emp2=newAEmp（"s2"，"bb"，1.2f）;
        stack.add（emp1）;
        stack.add（emp2）;
        for（inti=0；i<stack.size（）；i++）{
            System.out.println（（（AEmp）stack.get（i））.getName（））;
        }
    }
}
//创建员工类
classAEmp{
//定义成员变量工号、姓名、薪水
private String empNo;
private String name;
privatefloatsal;
//创建构造函数，初始化成员变量
publicAEmp（String empNo，String name，floatsal）{
    this.empNo=empNo;
    this.name=name;
    this.sal=sal;
}
//使用 set、get 方法进行数据传递
public String getEmpNo（）{
    returnempNo;
}
publicvoidsetEmpNo（String empNo）{
    this.empNo = empNo;
}
public String getName（）{
    return name;
}
publicvoidsetName（String name）{
    this.name = name;
}
publicfloatgetSal（）{
    returnsal;
}
publicvoidsetSal（floatsal）{
    this.sal = sal;
```

```
        }
    }
```

执行结果

```
aa
bb
```

7.1.3 ArrayList 和 Vector 的区别

ArrayList 与 Vector 都是 Java 的集合类，都可以用来存放 Java 对象，这是它们的相同点，但是它们也有区别：

（1）同步性。

Vector 是线程同步的。这个类中的一些方法保证了 Vector 中的对象是线程安全的。而 ArrayList 则是线程异步的，因此 ArrayList 中的对象并不是线程安全的。因为同步的要求会影响执行的效率，所以如果不需要线程安全的集合，使用 ArrayList 是一个很好的选择，这样可以避免由于同步带来的不必要的性能开销。

（2）数据增长。

从内部实现机制来讲，ArrayList 和 Vector 都是使用数组（array）来控制集合中的对象。当向这两种类型中增加元素时，如果元素的数目超出了内部数组目前的长度，那么它们都需要扩展内部数组的长度，Vector 缺省情况下自动增长原来一倍的数组长度，ArrayList 是原来的 50%，最后所获得的这个集合所占的空间总是比实际需要的大。所以如果要在集合中保存大量的数据，那么使用 Vector 有一些优势，因为可以通过设置集合的初始化大小来避免不必要的资源开销。

7.2 Iterator 接口

7.2.1 Iterator 接口介绍

在程序开发中，经常需要遍历集合中的所有元素。针对这种需求，JDK 专门提供了一个接口 Iterator。Iterator 接口也是 Java 集合中的一员，但它与 Collection、Map 接口有所不同，Collection 接口与 Map 接口主要用于存储元素，而 Iterator 主要用于迭代访问（即遍历）Collection 中的元素，因此 Iterator 对象也被称为迭代器。

【例 7.7】下面通过一个案例来学习如何使用 Iterator 迭代集合中的元素，如文件 7-7 所示。

文件 7-7 Example07.java

```
package    cn.cswu.chapter07.example07;
importjava.util.*;
/**
 * 日期：2020 年 03 月
 * 功能：使用 Iterator 迭代集合中的元素
```

```
 * 作者：软件技术教研室
 */
publicclass Example07 {
publicstaticvoid main（String[] args）{
    ArrayListlist= newArrayList（）; // 创建 ArrayList 集合
    list.add（"data_1"）; // 向该集合中添加字符串
    list.add（"data_2"）;
    list.add（"data_3"）;
    list.add（"data_4"）;
    Iterator it = list.iterator（）; // 获取 Iterator 对象
    while（it.hasNext（））{ // 判断 ArrayList 集合中是否存在下一个元素
        Object obj = it.next（）; // 取出 ArrayList 集合中的元素
        System.out.println（obj）;
    }
}
}
```

执行结果

```
data_1
data_2
data_3
data_4
```

Iterator 迭代器对象在遍历集合时，内部采用指针的方式来跟踪集合中的元素。为了让初学者能更好地理解迭代器的工作原理，下面通过图 7.3 来演示 Iterator 对象迭代元素的过程。

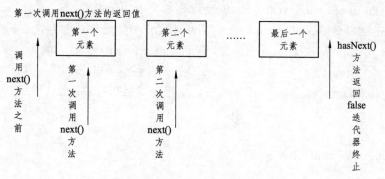

图 7.3　Iterator 对象迭代元素的过程

图 7.3 中，在调用 Iterator 的 next（）方法之前，迭代器的索引位于第一个元素之前，不指向任何元素，当第一次调用迭代器的 next（）方法后，迭代器的索引会向后移动一位，指向第一个元素并将该元素返回。当再次调用 next（）方法时，迭代器的索引会指向第二个元素并将该元素返回。依此类推，直到 hasNext（）方法返回 false，表示到达了集合的末尾，终止对元素的遍历。

需要特别说明的是，当通过迭代器获取 ArrayList 集合中的元素时，都会将这些元素当作 Object 类型来看待，如果想得到特定类型的元素，则需要进行强制类型转换。

【例 7.8】下面通过一个案例来演示这种异常。假设在一个集合中存储了学校所有学生的姓名，由于一个名为 Annie 的学生中途转学，这时就需要在迭代集合时找出该元素并将其删除，如文件 7-8 所示。

文件 7-8　Example08.java

```java
package cn.cswu.chapter07.example08;
importjava.util.*;
/**
 * 日期：2020 年 03 月
 * 功能：Iterator 迭代器删除集合中元素的两种方式
 * 作者：软件技术教研室
 */
publicclass Example08 {
publicstaticvoid main（String[] args）{
    ArrayList list = newArrayList（）; // 创建 ArrayList 集合
    list.add（"光庆"）;
    list.add（"儒明"）;
    list.add（"咏霞"）;
    list.add（"世毅"）;
    list.add（"罗粮"）;
    list.add（"科宏"）;
    list.add（"晓洪"）;
    Iterator it = list.iterator（）; // 获得 Iterator 对象
    while（it.hasNext（））{              // 判断该集合是否有下一个元素
        Object obj = it.next（）;      // 获取该集合中的元素
        if（"世毅".equals（obj））{// 判断该集合中的元素是否为 Annie
            //list.remove（obj）;      // 删除该集合中的元素
            //break;                 //1.删除对象后，跳出循环不再迭代
            it.remove（）;            //2.使用迭代器本身的移除方法
        }
    }
    System.out.println（list）;
}
}
```

执行结果

[光庆，儒明，咏霞，罗粮，科宏，晓洪]

7.2.2 JDK5.0 新特性——foreach 循环

虽然 Iterator 可以用来遍历集合中的元素，但写法上比较烦琐。为了简化书写，从 JDK5.0 开始，提供了 foreach 循环。foreach 循环是一种更加简洁的 for 循环，也称增强 for 循环。foreach 循环用于遍历数组或集合中的元素，其具体语法格式如下：

```
for（容器中元素类型临时变量：容器变量）{
    执行语句
}
```

【例 7.9】下面通过一个案例对 foreach 循环进行详细讲解，如文件 7-9 所示。

文件 7-9　Example09.java

```java
package    cn.cswu.chapter07.example09;
importjava.util.*;
/**
 * 日期：2020 年 03 月
 * 功能：foreach 循环
 * 作者：软件技术教研室
 */
publicclass Example09 {
publicstaticvoid main（String[] args）{
    ArrayList list = newArrayList（）; // 创建 ArrayList 集合
    list.add（"光庆"）; // 向 ArrayList 集合中添加字符串元素
    list.add（"咏霞"）;
    list.add（"儒明"）;
    list.add（"世毅"）;
    list.add（"罗粮"）;
    list.add（"科宏"）;
    list.add（"晓洪"）;
    for（Object obj：list）{ // 使用 foreach 循环遍历 ArrayList 对象
        System.out.println（obj）; // 取出并打印 ArrayList 集合中的元素
    }
}
}
```

执行结果

```
光庆
咏霞
儒明
世毅
罗粮
```

科宏
晓洪

【例 7.10】下面以一个 String 类型的数组为例来进行演示，如文件 7-10 所示。

文件 7-10　Example10.java

```java
package  cn.cswu.chapter07.example10;
/**
 * 日期：2020 年 03 月
 * 功能：foreach 循环在 String 类型的数组中应用
 * 作者：软件技术教研室
 */
publicclass Example10 {
static String[] strs = { "aaa", "bbb", "ccc" };
publicstaticvoid main（String[] args）{
    // foreach 循环遍历数组
    for（String str：strs）{
        str = "ddd";
    }
    System.out.println（"foreach 循环修改后的数组：" + strs[0] + ", " + strs[1] + ", "
            + strs[2]）;
    // for 循环遍历数组
    for（inti = 0；i<strs.length；i++）{
        strs[i] = "ddd";
    }
    System.out.println（"普通 for 循环修改后的数组：" + strs[0] + ", " + strs[1] + ", "
            + strs[2]）;
}
}
```

执行结果

foreach 循环修改后的数组：aaa，bbb，ccc
普通 for 循环修改后的数组：ddd，ddd，ddd

7.3　Set 接口

　　Set 接口和 List 接口一样，同样继承自 Collection 接口，它与 Collection 接口中的方法基本一致，并没有对 Collection 接口进行功能上的扩充，只是比 Collection 接口更加严格了。与 List 接口不同的是，Set 接口中的元素无序，并且都会以某种规则保证存入的元素不出现重复。

　　Set 接口主要有两个实现类，分别是 HashSet 和 TreeSet。其中，HashSet 是根据对象的哈希值来确定元素在集合中的存储位置，因此具有良好的存取和查找性能。TreeSet 则是以二叉树的方式来存储元素，它可以实现对集合中的元素进行排序。接下来将对 HashSet 进行详细讲解。

7.3.1　HashSet 集合类

HashSet 是 Set 接口的一个实现类，它所存储的元素是不可重复的，并且元素都是无序的。当向 HashSet 集合中添加一个对象时，首先会调用该对象的 hashCode（）方法来计算对象的哈希值，从而确定元素的存储位置，如果此时哈希值相同，再调用对象的 equals（）方法来确保该位置没有重复元素。Set 集合与 List 集合存取元素的方式都一样，此处不再详细讲解。

【例 7.11】下面通过一个案例来演示 HashSet 集合的用法，如文件 7-11 所示。

文件 7-11　Example11.java

```
package    cn.cswu.chapter07.example11;
importjava.util.*;
/**
 *  日期：2020 年 03 月
 *  功能：foreach 循环在 String 类型的数组中应用
 *  作者：软件技术教研室
 */
publicclass Example11 {
publicstaticvoid main（String[] args）{
    HashSet set = new HashSet（）;   // 创建 HashSet 集合
    set.add（"光庆"）;                        // 向该 Set 集合中添加字符串
    set.add（"儒明"）;
    set.add（"咏霞"）;
    set.add（"咏霞"）;                        // 向该 Set 集合中添加重复元素
    Iterator it = set.iterator（）; // 获取 Iterator 对象
    while（it.hasNext（））{              // 通过 while 循环，判断集合中是否有元素
        Object obj = it.next（）;  // 如果有元素，就通过迭代器的 next（）方法获取元素
        System.out.println（obj）;
    }
}
}
```

执行结果

```
咏霞
儒明
光庆
```

HashSet 集合之所以能确保不出现重复的元素，是因为它在存入元素时做了很多工作。当

调用 HashSet 集合的 add（）方法存入元素时，首先调用当前存入对象的 hashCode（）方法获得对象的哈希值，然后根据对象的哈希值计算出一个存储位置。如果该位置上没有元素，则直接将元素存入；如果该位置上有元素存在，则会调用 equals（）方法让当前存入的元素依次和该位置上的元素进行比较。见如果返回的结果为 false，就将该元素存入集合；返回的结果为 true，则说明有重复元素，就将该元素舍弃。整个存储的流程如图 7.4 所示。

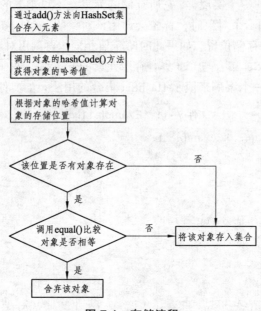

图 7.4　存储流程

【例 7.12】下面通过一个案例来进行演示 HashSet 集合的用法，如文件 7-12 和 7-13 所示。

文件 7–12　Example12.java

```
package    cn.cswu.chapter06.example12;
importjava.util.*;
/**
 *  日期：2020 年 03 月
 *  功能：HashSet 集合的用法
 *  作者：软件技术教研室
 */
class Student {
String id;
String name;
public Student（String id，String name）{        // 创建构造方法
    this.id=id;
    this.name = name;
}
public String toString（）{                         // 重写 toString（）方法
    return id+"：  "+name;
```

```
    }
}
/**
 * HashSet 集合的用法
 */
publicclass Example12 {
publicstaticvoid main（String[] args）{
    HashSet hs = new HashSet（）;                            // 创建 HashSet 集合
    Student stu1 = new Student（"1", "光庆"）;    // 创建 Student 对象
    Student stu2 = newStudent（"2", "咏霞"）;
    Student stu3 = new Student（"2", "咏霞"）;
    hs.add（stu1）;
    hs.add（stu2）;
    hs.add（stu3）;
    System.out.println（hs）;
}
}
```

执行结果

[2：咏霞，2：咏霞，1：光庆]

在例 7.12 的运行结果中出现了两个相同的学生信息"儒明"，这样的学生信息应视为重复元素，不允许同时出现在 hashset 集合中。为了解决这一问题，请看例 7.13 代码。

【例 7.13】通过重写 hashcode()和 equals()方法，去掉 hashset 集合中重复元素，如文件 7-13 所示。

文件 7-13　Example13.java

```
package    cn.cswu.chapter06.example13;
importJava.util.*;
class Student {
private String id;
private String name;
public Student（String id, String name）{
    this.id = id;
    this.name = name;
}
    // 重写 toString（）方法
public String toString（）{
    return id + "：" + name;
}
```

```
                // 重写 hashCode 方法
        public int hashCode（ ）{
            return id.hashCode（ ）;        // 返回 id 属性的哈希值
        }
                // 重写 equals 方法
        public boolean equals（Object obj）{
            if（this == obj）{ // 判断是否是同一个对象
                return true;    // 如果是，直接返回 true
            }
            if（!（obj instanceof Student））{// 判断对象是为 Student 类型
                return false;   // 如果对象不是 Student 类型，返回 false
            }
            Student stu =（Student）obj;      // 将对象强转为 Student 类型
        boolean b = this.id.equals（stu.id）;    // 判断 id 值是否相同
            return    b;  // 返回判断结果
        }
        }
    public class Example13 {
    public static void main（String[] args）{
        HashSet hs = new HashSet（ ）;                    // 创建 HashSet 对象
        Student stu1 = new Student（"1"，"Jack"）;    // 创建 Student 对象
        Student stu2 = new Student（"2"，"Rose"）;
        Student stu3 = new Student（"2"，"Rose"）;
        hs.add（stu1）;     // 向集合存入对象
        hs.add（stu2）;
        hs.add（stu3）;
        System.out.println（hs）;      // 打印集合中的元素
    }
    }
```

执行结果

【1：光庆，2：儒明】

7.3.2　TreeSet 集合

1. TreeSet 集合类的概念

TreeSet 集合类是一个有序集合，它的元素按照升序排序，默认是自然顺序排列，也就是说 TreeSet 中的对象元素需要实现 Comparable 接口。TreeSet 与 HashSet 类一样没有 get() 方法来获取列表中的元素，所以也只能通过迭代器方法来获取。

由于 TreeMap 需要排序，所以需要一个 Comparator 为键值进行大小比较，当然也是用 Comparator 定位的 Comparator 可以在创建 TreeMap 时指定，这时排序时使用 Comparator.compare。如果创建时没有指定 Comparator，那么就会使用 key.compareTo()方法，这就要求 key 必须实现 Comparable 接口。TreeSet 是 Set 接口的另一个实现类，它内部采用平衡二叉树来存储元素，以保证 TreeSet 集合中没有重复的元素，并且可以对元素进行排序。

二叉树就是每个节点最多有两个子节点的有序树，每个节点及其子节点组成的树称为子树，左侧的节点称为"左子树"，右侧的节点称为"右子树"，其中左子树上的元素小于它的根节点，而右子树上的元素大于它的根节点。TreeSet 集合的二叉树存储结构如图 7.5 所示。

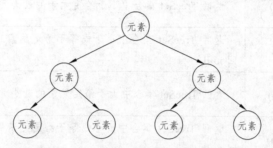

图 7.5　TreeSet 集合的二叉树存储结构

同一层的元素可分为 1 个根节点元素和 2 个子节点元素，左边的元素总是小于右边的元素。

存储原理：

① TreeSet 集合没有元素时，新增的第 1 个元素会在二叉树最顶层。

② 接着新增元素时，首先会与根节点元素比较。

③ 如果小于根节点元素就与左边的分支比较。

④ 如果大于根节点元素就与右边的分支比较。

⑤ 依此类推。

向 TreeSet 添加元素举例：向 TreeSet 中依次添加 13、8、17、17、1、11、15、25 元素。

存储过程：

① 将元素 13 个放在二叉树的最顶端。

② 之后存入的元素与 13 比较，如果小于 13，就将该元素放左子树上；如果大于 13，就将该元素放在右子树上。

③ 当二叉树中已经存入一个 17 的元素时，再向集合中存入一个为 17 的元素时，TreeSet 会将重复的元素去掉。

④ 依此类推。

最后生成结果如图 7.6 所示。

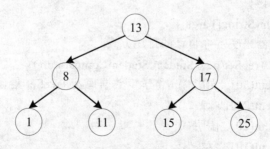

图 7.6　TreeSet 最终生成结果

2. TreeSet 集合类的方法

TreeSet 集合类的常用方法如表 7-4 所示。

表 7-4　TreeSet 集合的常用方法。

方法声明	功能描述
Object first()	返回 TreeSet 集合的首个元素
Object last()	返回 TreeSet 集合的最后一个元素
Object lower(Object o)	返回 TreeSet 集合中小于给定元素的最大元素，如果没有返回 null
Object floor(Object o)	返回 TreeSet 集合中小于或等于给定元素的最大元素，如果没有返回 null
Object higher(Object o)	返回 TreeSet 集合中大于给定元素的最小元素，如果没有返回 null
Object ceiling(Object o)	返回 TreeSet 集合中大于或等于给定元素的最小元素，如果没有返回 null
Object pollFirst()	移除并返回集合的第一个元素
Object pollLast()	移除并返回集合的最后一个元素

TreeSet 是依靠 TreeMap 来实现的。TreeSet 是一个有序集合，它的元素按照升序排列，默认是按照自然顺序排列，也就是说 TreeSet 中的对象元素需要实现 Comparable 接口。

TreeSet 类中跟 HashSet 类一样也没有 get()方法来获取列表中的元素，所以也只能通过迭代器的方法来获取，请查看文件 7-14。

【例 7.14】TreeSet 类中通过迭代器的方法来获取，如文件 7-14 所示。

文件 7-14　Example14.java

```
package    cn.cswu.chapter07.example14;
importJava.util.*;
/**
 * 日期：2020 年 03 月
 * 功能：TreeSet 集合类的使用
 * 作者：软件技术教研室
 */
public class Example14{
public static void main(String[] args){
    //传递一个比较器来实现你自己的排序方式
    TreeSet tr =new TreeSet(new Student.StudentComparator());
    tr.add(new Student(301,"光庆"));//将学生数据写入 TreeSet 集合类的 tr 中
    tr.add(new Student(201,"咏霞"));
    tr.add(new Student(101,"儒明"));
    tr.add(new Student(101,"罗粮"));
```

```
        Iterator it=tr.iterator();//迭代器，遍历
        while(it.hasNext()){//判断是否有下一个元素
            System.out.println(it.next());
        }
    }
}
//创建 Student 学生类并实现 Comparable 与 Comparator 接口
class Student implements Comparable,Comparator{
private int num;//定义学号
private String name;//定义名字
public Student(int num,String name){
    this.num=num;
    this.name=name;
}
public int compareTo(Object o){
    Student st=(Student)o;
    int result;
    result=num>st.num?1:(num==st.num?0:-1);//判断学号是否相同并返回 result 的值
    //如果学号相等，就按姓名排列
/*  if(result==0){
        return name.compareTo(st.name);
    }*/
    return result;
}
//实现 Comparator 接口并实现它的抽象方法
public int compare(Object o1,Object o2){
    Student st1 =(Student)o1;
    Student st2 =(Student)o2;
    return st1.name.compareTo(st2.name);//比较姓名是否相同
}
//重写 toString()方法，因为如果不重写，打印出来的是 16 进制代码
public String toString(){
    return "num="+num+"; name="+name;
}
public static class StudentComparator implements Comparator{//定义一个静态 Student Comparator
类并实现 Comparator 接口
    public int compare(Object o1,Object o2){
        Student st1 =(Student)o1;
        Student st2 =(Student)o2;
        int result;
```

```
        result=st1.num>st2.num?1:(st1.num==st2.num?0:-1);//判断学号是否相同进行排序
        if(result==0){//如果学号相等就进行名字排序
            result=st1.name.compareTo(st2.name);
        }
        return result;
    }
}
}
```

执行结果

```
num=101；name=儒明
num=101；name=罗粮
num=201；name=咏霞
num=301；name=光庆
```

3. 元素排序

向 TreeSet 集合添加元素时，都会调用 compareTo()方法进行比较排序。该方法是 Comparable 接口中定义的，因此要想对集合中的元素进行排序，就必须实现 Comparable 接口。Java 中大部分的类都实现了 Comparable 接口，并默认实现了接口中的 compareTo()方法，如 Integer、Double 和 String 等。

（1）自然排序：要求存储的元素类必须实现 Comparable 接口，并重写 compareTo()方法。

（2）定制排序：要求自定义一个比较器，该比较器必须实现 Comparator 接口，并重写 compare()方法，然后将该比较器作为参数传入集合的有参构造。

两种排序的主要区别：

① 自然排序：

- 元素类本身实现 Comparable 接口。
- 依赖 compareTo()方法的实现。
- 实现 Comparable 接口排序规则比较单一，不利于后续改进。

② 定制排序：

- 适合元素类本身未实现 Comparable 接口，无法进行比较。
- 适合元素类实现的 Comparable 接口排序规则无法满足用户需求。
- 会额外定义一个实现 Comparator 接口的比较器。

7.4　Map 接口

在现实生活中，每个人都有唯一的身份证号，通过身份证号可以查询到这个人的信息，这两者是一对一的关系。在应用程序中，如果想存储这种具有对应关系的数据，则需要使用 JDK 中提供的 Map 接口。

Map 接口是一种双列集合，它的每个元素都包含一个键对象 Key 和值对象 Value，键和值对象之间存在一种对应关系，称为映射。从 Map 集合中访问元素时，只要指定了 Key，就能找到对应的 Value。

7.4.1　Map 接口中的常用方法

为了便于对 Map 接口学习，首先来了解一下 Map 接口中定义的一些常用方法，如表 7-5 所示。

表 7-5　Map 接口中的常用方法

方法声明	功能描述
void put（Object key，Object value）	将指定的值与此映射中的指定键关联（可选操作）
Object get（Object key）	返回指定键所映射的值；如果此映射不包含该键的映射关系，则返回 null
booleancontainsKey（Object key）	如果此映射包含指定键的映射关系，则返回 true。
booleancontainsValue（Object value）	如果此映射将一个或多个键映射到指定值，则返回 true
Ste keyset（）	返回此映射中包含的键的 Set 视图
Collection<V>values（）	返回此映射中包含的值的 Collection 视图
Set<Map，Entry<K，V>>entrySet（）	返回此映射中包含的映射关系的 Set 视图

7.4.2　HashMap 集合

HashMap 集合是 Map 接口的一个实现类，用于存储键值映射关系，该集合的键和值允许为空，但键不能重复，且集合中的元素是无序的。HashMap 底层是由哈希表结构组成的，其实就是"数组+链表"的组合体，数组是 HashMap 的主体结构，链表则主要是为了解决哈希值冲突而存在的分支结构。正因为这样特殊的存储结构，HashMap 集合对于元素的增、删、改、查操作表现出的效率都比较高。

1. HashMap 集合的内部结构

HashMap 集合的内部结构组成如图 7.7 所示。

（1）在哈希表结构中，主体结构为图中水平方向的数组结构，其长度称为 HashMap 集合的容量（capacity）。

（2）数组结构垂直对应的是链表结构，链表结构称为一个桶（bucket），每个桶的位置在集合中都有对应的桶值，用于快速定位集合元素添加、查找时的位置。

使用 HashMap 集合时，如果通过键对象 k 定位到的桶位置不含链表结构，那么对于查找、添加等操作很快；如果定位到的桶位置包含链表结构，对于添加操作，其时间复杂度依然不大，因为最新的元素会插入链表头部，只需要简单改变引用链即可；而对于查找操作来讲，此时就需要遍历链表，然后通过键对象 k 的 equals(k)方法逐一查找比对。所以，从性能方面考虑，HashMap 中的链表出现越少，性能才会越好，这就要求 HashMap 集合中的桶越多越好。

HashMap 根据实际情况，内部实现了动态地分配桶数量的策略。通过 new HashMap()方法创建 HashMap 时，会默认集合容量 capacity 大小为 16，加载因子 loadFactor 为 0.75（HashMap 桶多少权衡策略的经验值），此时该集合桶的阈值就为 12（容量 capacity 与加载因子 loadFactor 的乘积），如果向 HashMap 集合中不断添加完全不同的键值对<k,v>，当超过 12 个存储元素时，HashMap 集合就会默认新增加一倍桶的数量（也就是集合的容量），此时集合容量就变为 32。

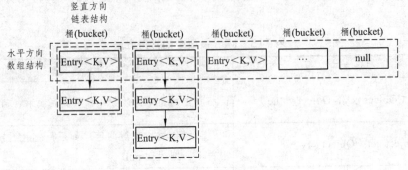

图 7.7　HashMap 集合的内部结构

7.4.3　Map 集合遍历

　　Map 集合遍历方式主要有两种：一种是使用 Iterator 迭代器遍历集合；另一种是使用 JDK 8 提供的 forEach(Consumer action)方法遍历集合。

1. Iterator 迭代器遍历 Map 集合

　　先将 Map 集合转换为 Iterator 接口对象，然后进行遍历。由于 Map 集合中元素是由键值对组成的，所以使用 Iterator 接口遍历 Map 集合时，会有两种将 Map 集合转换为 Iterator 接口对象再进行遍历的方法：keySet()方法和 entrySet()方法。

　　（1）keySet()方法。

　　先将 Map 集合中所有键对象转换为 Set 单列集合，接着将包含键对象的 Set 集合转换为 Iterator 接口对象，然后遍历 Map 集合中所有的键，再根据键获取相应的值。

```
Set keySet = map.keySet();              // 获取键的集合
    Iterator it = keySet.iterator();        // 迭代键的集合
    while (it.hasNext()) {
        Object key = it.next();
        Object value = map.get(key);    // 获取每个键所对应的值
System.out.println(key + ":" + value);
    }
```

　　（2）entrySet()方法。

　　将原有 Map 集合中的键值对作为一个整体返回为 Set 集合，接着将包含键值对对象的 Set 集合转换为 Iterator 接口对象，然后获取集合中的所有的键值对映射关系，再从映射关系中取出键和值。

```
Set entrySet = map.entrySet();
    Iterator it = entrySet.iterator();                      // 获取 Iterator 对象
```

```
        while (it.hasNext()) {
   Map.Entry entry = (Map.Entry) (it.next());
               Object key = entry.getKey();                // 获取 Entry 中的键
               Object value = entry.getValue();            // 获取 Entry 中的值
   System.out.println(key + ":" + value);
        }
```

【例 7.15】下面通过一个案例来学习 HashMap 的用法，如文件 7-15 所示。

文件 7-15　Example15.java

```
package    cn.cswu.chapter07.example15;
importJava.util.*;
/**
 * 日期：2020 年 03 月
 * 功能：  HashMap 的用法
 * 作者：软件技术教研室
 */
public class Example14 {
public static void main(String[] args) {
    Map map = new HashMap(); // 创建 Map 对象
    map.put("1", "光庆");         // 存储键和值
    map.put("2", "咏霞");
    map.put("3", "儒明");
    map.put("3", "科宏");
    System.out.println("1：" + map.get("1"));   // 根据键获取值
    System.out.println("2：" + map.get("2"));
    System.out.println("3：" + map.get("3"));
}
}
```

执行结果

```
1：光庆
2：咏霞
3：科宏
```

【例 7.16】通过一个案例来演示先遍历 Map 集合中所有的键，再根据键获取相应的值的方式，如文件 7-16 所示。

文件 7-16　Example16.java

```
package    cn.cswu.chapter07.example16;
importJava.util.*;
/**
```

```
 * 日期：2019 年 11 月
 * 功能：HashMap 的用法
 * 遍历集合中的元素，通过键值遍历
 * 作者：软件技术教研室
 */
public class Example16 {
public static void main(String[] args) {
    Map map = new HashMap();                    // 创建 Map 集合
    map.put("1", "光庆");                        // 存储键和值
    map.put("2", "咏霞");
    map.put("3", "儒明");
    Set keySet = map.keySet();                  // 获取键的集合
    Iterator it = keySet.iterator();    // 迭代键的集合
    while (it.hasNext()) {
        Object key = it.next();
        Object value = map.get(key);    // 获取每个键所对应的值
        System.out.println(key + ":" + value);
    }
}
}
```

执行结果

```
1：光庆
2：咏霞
3：儒明
```

Map 集合的另外一种遍历方式是先获取集合中的所有的映射关系，然后从映射关系中取出键和值。

【例 7.17】下面通过一个案例来演示遍历集合中的元素，通过所有映射遍历方式，如文件 7-17 所示。

文件 7-17 Example17.java

```
 package    cn.cswu.chapter07.example17;
importJava.util.*;
/**
 * 日期：2020 年 03 月
 * 功能：HashMap 的用法
 * 遍历集合中的元素，通过所有映射遍历
 * 作者：软件技术教研室
 */
```

```
public class Example17 {
public static void main(String[] args) {
    Map map = new HashMap();        // 创建 Map 集合
    map.put("1", "光庆");            // 存储键和值
    map.put("2", "咏霞");
    map.put("3", "儒明");
    Set entrySet = map.entrySet();
    Iterator it = entrySet.iterator();                    // 获取 Iterator 对象
    while (it.hasNext()) {
        Map.Entry entry = (Map.Entry) (it.next());// 获取集合中键值对映射关系
        Object key = entry.getKey();                    // 获取 Entry 中的键
        Object value = entry.getValue();                // 获取 Entry 中的值
        System.out.println(key + ":" + value);
    }
}
}
```

执行结果

```
1：光庆
2：咏霞
3：儒明
```

在 Map 中，还提供了一个 values（）方法，通过这个方法可以直接获取 Map 中存储所有值的 Collection 集合。

【例 7.18】下面通过一个案例来演示 values（）方法的使用，如文件 7-18 所示。

文件 7-18　Example18.java

```
package    cn.cswu.chapter07.example18;
importJava.util.*;
/**
 * 日期：2020 年 03 月
 * 功能：Map 的用法
 * values()方法的使用
 * 作者：软件技术教研室
 */
public class Example18 {
public static void main(String[] args) {
    Map map = new HashMap(); // 创建 Map 集合
    map.put("1", "光庆");        // 存储键和值
    map.put("2", "咏霞");
```

```
        map.put("3", "儒明");
        Collection values = map.values();
        Iterator it = values.iterator();
        while (it.hasNext()) {
            Object value = it.next();
            System.out.println(value);
        }
    }
    }
```

执行结果

1：光庆
2：咏霞
3：儒明

【例 7.19】下面通过一个案例来验证 HashMap 集合类的使用，如文件 7-19 所示。

文件 7-19   Example19.java

```
package    cn.cswu.chapter07.example19;
/**
  * 日期：2020 年 03 月
  * 功能：HashMap 集合类的使用
  * 作者：软件技术教研室
  */
importJava.util.*;
public class Example19{
public static void main(String[] args) {
    //创建 HashMap 对象
    HashMap hm=new HashMap();
    Emp emp1=new Emp("s001","光庆",3.4f);
    Emp emp2=new Emp("s002","咏霞",5.6f);
    Emp emp3=new Emp("s003","儒明",1.2f);
    //将 emp 放入 hm 中
    //hm.put(null,null);//可以放空值
    hm.put("s001", emp1);
    hm.put("s002", emp2);
    hm.put("s002", emp3);//不允许 key 重复,所以 emp3 会覆盖 emp2
    //如果你要查找编号是 s002
    if(hm.containsKey("s002")){//取键值 containsKey
```

```
            System.out.println("有该员工");
            //如何取出，键<key>值
            Emp emp=(Emp)hm.get("s002");
            System.out.println("名字：  "+emp.getName());
        }else{
            System.out.println("没该员工");
        }
        //遍历 HashMap 中所有的 key 和 value 值
        //Iterator 迭代
        Iterator it=hm.keySet().iterator();
        //hasNext 返回一个 boolean 值
        while(it.hasNext()){
            //如果有下一个取出 key 值
            String key=it.next().toString();
            //通过 key 取出 value
            Emp emp=(Emp)hm.get(key);
            System.out.println("名字：  "+emp.getName());
            System.out.println("工资：  "+emp.getSal());
        }
    }
}
//创建员工类
class Emp{
//定义成员变量工号、姓名、薪水
private String empNo;
private String name;
private float sal;
//创建构造函数，初始化成员变量
public Emp(String empNo,Stringname,floatsal){
    this.empNo=empNo;
    this.name=name;
    this.sal=sal;
}
//使用 set、get 方法进行数据传递
public String getEmpNo() {
    return empNo;
}
public void setEmpNo(String empNo) {
    this.empNo = empNo;
```

```
        }
        public String getName() {
            return name;
        }
        public void setName(String name) {
            this.name = name;
        }
        public float getSal() {
            return sal;
        }
        public void setSal(float sal) {
            this.sal = sal;
        }
    }
```

执行结果

```
有该员工
名字：儒明
名字：儒明
工资：1.2
名字：光庆
工资：3.4
```

【例 7.20】下面通过一个案例来学习 LinkedHashMap 的用法，如文件 7-20 所示。

文件 7-20　Example20.java

```
package    cn.cswu.chapter07.example20;
importJava.util.*;
/**
 * 日期：2020 年 03 月
 * 功能：Map 的用法
 * LinkedHashMap 的用法
 * 作者：软件技术教研室
 */
public class Example20{
public static void main(String[] args) {
        Map map = new LinkedHashMap();        // 创建 Map 集合
        map.put("1", "光庆");                  // 存储键和值
        map.put("2", "咏霞");
        map.put("3", "儒明");
```

```
            Set keySet = map.keySet();
            Iterator it = keySet.iterator();
            while (it.hasNext()) {
                Object key = it.next();
                Object value = map.get(key); // 获取每个键所对应的值
                System.out.println(key + ":" + value);
            }
        }
    }
```

执行结果

```
1：光庆
2：咏霞
3：儒明
```

【例 7.21】下面通过一个案例来学习 Hashtable 集合类的使用（Hashtable 具有同步性，线程安全），如文件 7-21 所示。

文件 7-21　Example21.java

```
package    cn.cswu.chapter07.example21;
importJava.util.*;
/**
 * 日期：2020 年 03 月
 * 功能：Hashtable 集合类的使用
 * 作者：软件技术教研室
 */
public class Example21{
public static void main(String []args){
    Hashtableht=new Hashtable();//Hashtable 与 HsahMap 在用法上一致
    Emp emp4=new Emp("s101","光庆",9.2f);
    Emp emp5=new Emp("s102","咏霞",5.2f);
    Emp emp6=new Emp("s103","儒明",6.2f);
    ht.put("s101", emp4);
    ht.put("s102", emp5);
    ht.put("s103", emp6);
    //遍历
    for(Iterator it=ht.keySet().iterator();it.hasNext();){
        String key=it.next().toString();
        Emp emp=(Emp)ht.get(key);
        System.out.println("名字："+emp.getName()+"\t 工资："+emp.getSal());
```

```java
        }
    }
}
//创建员工类
class Emp{
//定义成员变量工号、姓名、薪水
private String empNo;
private String name;
private float sal;
//创建构造函数，初始化成员变量
public Emp(String empNo,Stringname,floatsal){
    this.empNo=empNo;
    this.name=name;
    this.sal=sal;
}
//使用 set、get 方法进行数据传递
public String getEmpNo() {
    return empNo;
}
public void setEmpNo(String empNo) {
    this.empNo = empNo;
}
public String getName() {
    return name;
}
public void setName(String name) {
    this.name = name;
}
public float getSal() {
    return sal;
}
public void setSal(float sal) {
    this.sal = sal;
}
}
```

执行结果

名字：光庆工资：9.2
名字：儒明工资：6.2

2. forEach(BiConsumer action)方法来遍历 Map 集合

在 JDK 8 中，根据 Lambda 表达式特性新增了一个 forEach(BiConsumer action)方法来遍历 Map 集合，该方法所需要的参数也是一个函数式接口，因此可以使用 Lambda 表达式的书写形式来进行集合遍历。

```
map.forEach((key,value) ->System.out.println(key + ":" + value));
```

Map 集合值遍历的 values()方法如下：

在 Map 集合中，除了以上介绍的两种主要的遍历方式外，还提供了一个 values()方法，通过这个方法可以直接获取 Map 中存储所有值的 Collection 集合。

```
Collection values = map.values(); // 获取 Map 集合中 value 值集合对象
values.forEach(v ->System.out.println(v));
```

使用 LinkedHashMap 集合保证元素添加顺序，HashMap 集合并不保证集合元素存入和取出的顺序。如果想让这两个顺序一致，可以使用 LinkedHashMap 类，它是 HashMap 的子类。和 LinkedList 一样也使用双向链表来维护内部元素的关系，使 LinkedHashMap 元素迭代的顺序与存入的顺序一致。一般情况下，用得最多的是 HashMap，在 Map 中插入、删除和定位元素，HashMap 是最好的选择。但如果需要输出的顺序和输入的相同，那么用 LinkedHashMap 可以实现，它还可以按读取顺序来排列。

7.4.4 TreeMap 集合

TreeMap 集合是 Map 接口的另一个实现类，在 TreeMap 内部是通过二叉树的原理来保证键的唯一性，这与 TreeSet 集合存储的原理一样，因此，TreeMap 中所有的键是按照某种顺序排列的。为了实现 TreeMap 元素排序，可以参考 TreeSet 集合排序方式，使用自然排序和定制排序。

7.4.5 HashMap 和 Hashtable 集合类的区别

HashMap 与 Hashtable 都是 Java 的集合类，都可以用来存放 Java 对象，这是它们的相同点，但它们也有区别。

（1）历史原因。

Hashtable 是基于陈旧的 Dictionary 类的，HashMap 是 Java1.2 引进的 Map 接口的一个实现。

（2）同步性。

Hashtable 是线程同步的。这个类中的一些方法保证了 Hashtable 中的对象是线程安全的。而 HashMap 则是线程异步的，因此 HashMap 中的对象并不是线程安全的。因为同步的要求会影响执行的效率，所以不需要线程安全的集合使用 HashMap 是一个很好的选择，这样可以避免由于同步带来的不必要的性能开销，从而提高效率。

（3）值。

HashMap 可以将空值作为一个表的条目的 key 或 value，但是 Hashtable 是不能放入空值的（null）。

7.4.6 深入讨论

1. 进一步理解集合框架

Java 的设计者提供了这些集合类，它们在后面编程中是相当有用的，具体什么时候用什么集合，要根据刚才分析的集合异同来选取。

2. 如何选用集合类

（1）要求线程安全，使用 Vector、Hashtable。
（2）不要求线程安全，使用 ArrayList，LinkedList，HashMap。
（3）要求 key 和 value 键值，使用 HashMap，Hashtable。
（4）数据量很大，又要线程安全，使用 Vector。

7.5 Properties 集合

7.5.1 Properties 集合介绍

Map 接口中还有一个实现类 Hashtable，它和 HashMap 十分相似，区别在于 Hashtable 是线程安全的。Hashtable 存取元素时速度很慢，目前基本上被 HashMap 类所取代，但 Hashtable 类有一个子类 Properties 在实际应用中非常重要。

Properties 主要用来存储字符串类型的键和值，在实际开发中，经常使用 Properties 集合来存取应用的配置项。假设有一个文本编辑工具，要求默认背景色是红色，字体大小为 14 px，语言为中文，其配置项应该如下所示：

Backgroup-color = red
Font-size = 14px
Language = chinese

在程序中可以使用 Properties 集合对这些配置项进行存取。

【例 7.22】下面通过一个案例来学习 Properties 集合的使用，如文件 7-22 所示。

文件 7-22　Example22.java

```java
package    cn.cswu.chapter07.example22;
importJava.util.*;
/**
 * 日期：2020 年 03 月
 * 功能：Prorperties 集合的使用
 * 作者：软件技术教研室
 */
public class Example22 {
    public static void main(String[] args) {
        Properties p=new Properties();                    // 创建 Properties 对象
p.setProperty("Backgroup-color", "red");
p.setProperty("Font-size", "14px");
```

```
    p.setProperty("Language", "chinese");
        Enumeration names = p.propertyNames();        // 获取 Enumeration 对象所有键的枚举
        while(names.hasMoreElements()){                 // 循环遍历所有的键
        String key=(String) names.nextElement();
        String value=p.getProperty(key);            // 获取对应键的值
        System.out.println(key+" = "+value);
        }
    }
    }
```

执行结果

```
Language = Chinese
Backgroup-color = red
Font-size = 14px
```

7.5.2 泛型

通过之前的学习，可以了解到集合可以存储任何类型的对象，但是当把一个对象存入集合后，集合会"忘记"这个对象的类型，将该对象从集合中取出时，这个对象的编译类型就变成了 Object 类型。换句话说，在程序中无法确定一个集合中的元素到底是什么类型的。那么在取出元素时，如果进行强制类型转换就很容易出错。

泛型的基本概念：泛型是 Javase1.5 的新特性，泛型的本质是参数化类型，也就是说所操作的数据类型被指定为一个参数。这种参数类型可以用在类、接口和方法的创建中，分别称为泛型类、泛型接口、泛型方法。

Java 语言引入泛型的好处是安全简单。

在 Javase1.5 之前，没有泛型的情况下，通过对类型 Object 的引用来实现参数的"任意化"，"任意化"带来的缺点是要做显式的强制类型转换，而这种转换是要求开发者对实际参数类型可以预知的情况下进行的，对于强制类型转换错误的情况，编译器可能不提示错误，在运行的时候才出现异常，这是一个安全隐患。以 ArrayList 集合为例。

语法：

ArrayList<参数化类型> list = new ArrayList<参数化类型>();

使用：

ArrayList<String> list = new ArrayList<String>();

泛型的好处是在编译的时候检查类型安全，并且所有的强制转换都是自动和隐式的，提高了代码的重用率。

【例 7.23】下面通过一个案例了解泛型的必要性，如文件 7-23 所示。

文件 7-23   Example23.java

```
package   cn.cswu.chapter07.example23;
importJava.util.*;
```

```java
/**
 * 日期：2020 年 03 月
 * 功能：泛型的必要性
 * 作者：软件技术教研室
 */
public class Example23 {
public static void main（String[] args）{
    ArrayList<Dog> al=new ArrayList<Dog>（ ）; //<Dog>即泛型的指定参数，提高安全性
    ArrayList bl=new ArrayList（ ）;
    //创建一只狗
    Dog dog1=new Dog（ ）;
    //放入集合中
    al.add（dog1）;
    //取出
    Dog temp=al.get（0）; //引用泛型后即可不用强转，Dog temp=（Dog）al.get（0）;
    Cat temp1=（Cat）bl.get（0）;
}
}


class Cat{
private String color;
private int age;
public String getColor（ ）{
    return color;
}
public void setColor（String color）{
    this.color = color;
}
public int getAge（ ）{
    return age;
}
public void setAge（int age）{
    this.age = age;
}
}


class Dog{
private String name;
private int age;
```

```
public String getName（ ） {
    return name；
}
public void setName（ String name） {
    this.name = name；
}
public int getAge（ ） {
    return age；
}
public void setAge（ int age） {
    this.age = age；
}
}
```

執行結果

```
Exception in thread "main"Java.lang.IndexOutOfBoundsException: Index 0 out-of-bounds for
length 0
atJava.base/jdk.internal.util.Preconditions.outOfBounds(Preconditions.java:64)
atJava.base/jdk.internal.util.Preconditions.outOfBoundsCheckIndex(Preconditions.java:70)
atJava.base/jdk.internal.util.Preconditions.checkIndex(Preconditions.java:248)
atJava.base/java.util.Objects.checkIndex(Objects.java:372)
atJava.base/java.util.ArrayList.get(ArrayList.java:440)
at cn.cswu.chapter06.example22.Example22.main(Example22.java:18)
```

【例 7.24】通过下面的案例演示 Java-->反射机制，如文件 7-24 所示。

文件 7-24　Example24.java

```
package    cn.cswu.chapter07.example24；
/**
 * 日期：2020 年 03 月
 * 功能：泛型的必要性,Java-->反射机制
 * 作者：软件技术教研室
 */
importJava.util.*；
importJava.lang.reflect.Method；//引入 Java 反射方法类
public class Example24 {
public static void main(String[] args) {
    Gen<String> gen1=new Gen<String>("aa");//<>可以放任意类型
    Gen<Bird> gen2=new Gen<Bird>(new Bird());//<>也可以放入定义好的类
    gen1.showTypeName();
```

```
        gen2.showTypeName();
    }
}
//定义一个 Bird
class Bird{
public void test1(){
    System.out.println("aa");
}
public void count(int a,int b){
    System.out.println(a+b);
}
}
//定义一个类
class Gen<T>{//T 传入什么类型，Gen 类就是什么类型
private T o;
//构造函数
public Gen(T a){
    o=a;
}
//得到 T 的类型名称
public void showTypeName(){
    System.out.println("类型是："+o.getClass().getName());
    //通过反射机制，我们可以得到 T 这个类型的很多信息
    //得到成员函数名
    Method [] m=o.getClass().getDeclaredMethods();
    //打印
    for(int i=0;i<m.length;i++){
        System.out.println(m[i].getName());//打印函数名列表
    }
}
}
```

执行结果

```
format
copyValueOf
copyValueOf
intern
isLatin1
checkOffset
```

checkBoundsOffCount

checkBoundsBeginEnd

access$100

access$200

类型是: cn.cswu.chapter07.example24.Bird

count

test1

【例 7.25】下面通过一个案例来演示泛型中强制类型转换出错情况，如文件 7-25 所示。

文件 7-25 Example25.java

```
package    cn.cswu.chapter07.example25;
importJava.util.*;
/**
* 日期：2020 年 03 月
 * 功能：强制类型转换出错
 * 作者：软件技术教研室
 */
public class Example25 {
public static void main（String[] args）{
    ArrayList list = new ArrayList（ ）; // 创建 ArrayList 集合
    //ArrayList<String> list = new ArrayList<String>（ ）; // 创建集合对象并指定泛型为
String
    list.add（"String"）; // 添加字符串对象
    list.add（"Collection"）;
    list.add（1）; // 添加 Integer 对象
    for（Object obj：list）{ // 遍历集合
        String str =（String）obj; // 强制转换成 String 类型
    }
}
}
```

执行结果

Exception in thread "main"Java.lang.ClassCastException:Java.base/java.lang.Integer cannot be cast toJava.base/java.lang.String

at cn.cswu.chapter07.example25.Example25.main(Example25.java:16)

泛型可以限定方法操作的数据类型，在定义集合类时，使用"<参数化类型>"的方式指定该类中方法操作的数据类型，具体格式如下：

接下来，对文件 7-25 中的第 4 行代码进行修改，如下所示：

ArrayList<String>list = new ArrayList<String>（ ）; //创建集合对象并指定泛型为 String

上面这种写法就限定了 ArrayList 集合只能存储 String 类型元素，将改写后的程序在 Eclipse 中编译时就会出现错误提示，如图 7.8 所示。

```
 8  public class Example24 {
 9      public static void main(String[] args) {
10          //ArrayList list = new ArrayList(); // 创建ArrayList集合
11          ArrayList<String> list = new ArrayList<String>();// 创建集合对象并指定泛型为String
12          list.add("String"); // 添加字符串对象
13          list.add("Collection");
14          list.add(1); // 添加Integer对象
15          for (Object obj : list) { // 遍历集合
16              String str = (String) obj; // 强制转换成String类型
17          }
18      }
19  }
```

图 7.8　错误提示

【例 7.26】下面使用泛型再次对文件 7-25 进行改写，如文件 7-26 所示。

文件 7-26　Example26.java

```
package    cn.cswu.chapter06.example26;
importJava.util.*;
/**
 *日期：2020 年 03 月
 * 功能：泛型的使用
 * 作者：软件技术教研室
 */
public class Example25 {
public static void main（String[] args）{
    ArrayList<String> list = new ArrayList<String>（ ）; // 创建 ArrayList 集合，使用泛型
    list.add（"String"）;                // 添加字符串对象
    list.add（"Collection"）;
    for（String str：list）{        // 遍历集合
        System.out.println（str）;
    }
}
}
```

执行结果

```
String
Collection
```

使用泛型有以下几个优点：

① 类型安全；

② 向后兼容；

③ 层次清晰；

④ 性能较高，用 GJ（泛型 JAVA）编写的代码可以为 Java 编译器和虚拟机带来更多的类型信息，这些信息对 Java 程序做进一步优化提供条件。

7.6　本章小结

本章详细介绍了几种 Java 常用集合类，从 Collection、Map 接口开始讲起，重点介绍了 List 集合、Set 集合、Map 集合之间的区别，以及它们常用实现类的使用方法和需要注意的问题，最后还介绍了泛型的使用。通过本章的学习，读者可以熟练掌握各种集合类的使用场景，以及需要注意的细节，同时可以掌握泛型的使用。

第8章 IO 输入输出

8.1 基本概念

1. 文件

文件是数据源（保存数据的地方）的一种，比如大家经常使用的 word 文档、txt 文件、excel 文件等都是文件。文件最主要的作用就是保存数据，它既可以保存一张图片，也可以保存视频、声音等。

2. 文件流

文件在程序中是以流的形式来操作的。流是数据在数据源（文件）和程序（内存）之间经历的路径。I/O（Input/Output）流，即输入/输出流，是 Java 中实现输入/输出的基础，它可以方便地实现数据的输入/输出操作。

输入流：数据从数据源（文件）到程序（内存）的路径。

输出流：数据从程序（内存）到数据源（文件）的路径。

如何判断是输入流、输出流？以内存为参照，如果数据流向内存流动，则是输入流；反之，则是输出流。大多数应用程序都需要实现与设备之间的数据传输，例如，键盘可以输入数据，显示器可以显示程序的运行结果等。在 Java 中，将这种通过不同输入输出设备（键盘、内存、显示器、网络等）之间的数据传输抽象表述为"流"，程序允许通过流的方式与输入输出设备进行数据传输。Java 中的"流"都位于 Java.io 包中，称为 IO（输入输出）流。

8.2 Java 流分类

Java 流分为两种流：

（1）字节流：可以用于读写二进制文件及任何类型文件 byte。

（2）字符流：可以用于读写文本文件，不能操作二进制文件。

字节流		字符流
输入	InputStream	Reader
输出	OutputStream	Writer

IO 流有很多种，按照操作数据的不同，可以分为字节流和字符流，按照数据传输方向的不同又可分为输入流和输出流，程序从输入流中读取数据，向输出流中写入数据。在 IO 包中，字节流的输入输出流分别用 java.io.InputStream 和 java.io.OutputStream 表示，字符流的输入输出流分别用 java.io.Reader 和 java.io.Writer 表示，具体分类如图 8.1 所示。

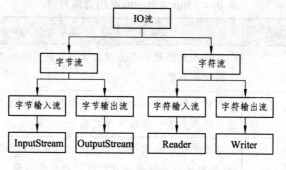

图 8.1　IO 流的分类

说明：

- InputStream 和 OutputStream 是字节流，而 Reader 和 Writer 是字符流；
- InputStream 和 Reader 是输入流，而 OutputStream 和 Writer 是输出流；
- 图中的 4 个顶级类都是抽象类，并且是所有流类型的父类。

1. 字节流

在计算机中，无论是文本、图片、音频还是视频，所有文件都是以二进制（字节）形式存在的，I/O 流中针对字节的输入/输出提供了一系列的流，统称为字节流。字节流是程序中最常用的流。

在 JDK 中，提供了两个抽象类 InputStream 和 OutputStream，它们是字节流的顶级父类，所有的字节输入流都继承自 InputStream，所有的字节输出流都继承自 OutputStream。为了方便理解，可以把 InputStream 和 OutputStream 比作两根"水管"，如图 8.2 所示。

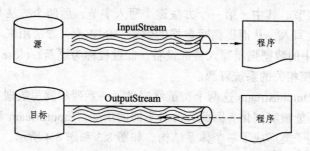

图 8.2　InputStream 与 OutputStream 示意图

在 JDK 中，InputStream 和 OutputStream 提供了一系列与读写数据相关的方法。下面先来了解一下 InputStream 的常用方法，如表 8-1 所示。

表 8-1 中列举了 InputStream 的四个常用方法。前三个 read（）方法都是用来读数据的，其中，第一个 read（）方法是从输入流中逐个读入字节，而第二个和第三个 read（）方法则将若干字节以字节数组的形式一次性读入，从而提高读数据的效率。在进行 IO 流操作时，当前 IO 流会占用一定的内存。由于系统资源宝贵，因此在 IO 操作结束后，应该调用 close（）方法关闭流，从而释放当前 IO 流所占的系统资源。

与 InputStream 对应的是 OutputStream。OutputStream 是用于写数据的，因此 OutputStream 提供了一些与写数据有关的方法，如表 8-2 所示。

表 8-1　InputStream 类的常用方法

方法声明	功能描述
int read ()	从输入流读取一个 8 位的字节,把它转换为 0~255 之间的整数,并返回这一整数
int read (byte[] b)	从输入流读取若干字节,把它们保存到参数 b 指定的字节数组中,返回的整数表示读取字节的数目
int read (byte[] b, int off, int len)	从输入流读取若干字节,把它们保存到参数 b 指定的字节数组中,off 指定字节数组开始保存数据的起始下标,len 表示读取的字节数目
void close ()	关闭此输入流并释放与该流关联的所有系统资源

表 8-2　OutputStream 类写数据的方法

方法名称	方法描述
void write (int b)	向输出流写入一个字节
void write (byte[] b)	把参数 b 指定的字节数组的所有字节写到输出流
void write (byte[] b, int off, int len)	将指定 byte 数组中从偏移量 off 开始的 len 个字节写入输出流
void flush ()	刷新此输出流并强制写出所有缓冲的输出字节
void close ()	关闭此输出流并释放与此流相关的所有系统资源

表 8-2 中列举了 OutputStream 类的五个常用方法。前三个是重载的 write ( ) 方法,都是用于向输出流写入字节。其中,第一个方法逐个写入字节,后两个方法是将若干个字节以字节数组的形式一次性写入,从而提高写数据的效率。flush ( ) 方法用来将当前输出流缓冲区(通常是字节数组)中的数据强制写入目标设备,此过程称为刷新。close ( ) 方法是用来关闭流并释放与当前 IO 流相关的系统资源。

InputStream 和 OutputStream 这两个类虽然提供了一系列和读写数据有关的方法,但是这两个类是抽象类,不能被实例化。因此,针对不同的功能,InputStream 和 OutputStream 提供了不同的子类,这些子类形成了一个体系结构,如图 8.3 和图 8.4 所示。

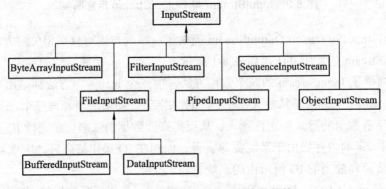

图 8.3　InputStream 的子类体系结构

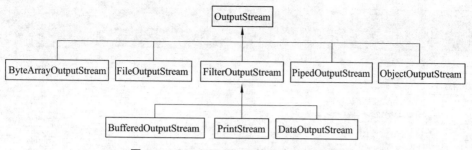

图 8.4　OutputStream 的子类体系结构

（1）字节流读写文件。

由于计算机中的数据基本都保存在硬盘的文件中，因此，操作文件中的数据是一种很常见的操作。在操作文件时，最常见的就是从文件中读取数据并将数据写入文件，即文件的读写。针对文件的读写，JDK 专门提供了两个类，分别是 FileInputStream 和 FileOutputStream。

FileInputStream 是 InputStream 的子类，它是操作文件的字节输入流，专门用于读取文件中的数据。由于从文件读取数据是重复的操作，因此需要通过循环语句来实现数据的持续读取。

（2）常用 IO 流——文件对象。

目的：文件数据源 File 类介绍（文件流对象中最为重要的 File 类，对 File 了解后对子类理解会更加容易）。

【例 8.1】下面通过一个案例来实现字节流对文件数据的读取，如文件 8-1 所示。

文件 8-1　Example01.java

```java
package    cn.cswu.chapter08.example01;
importJava.io.*;
/**
 * 日期：2020 年 03 月
 * 功能：字节流对文件数据的读取
 * 作者：软件技术教研室
 */
public class Example01 {
public static void main（String[] args）throws Exception {
    // 创建一个文件字节输入流
    FileInputStream in = new FileInputStream（"test.txt"）;
    int b = 0; // 定义一个 int 类型的变量 b，记住每次读取的一个字节
    while（true）{
        b = in.read（）; // 变量 b 记住读取的一个字节
        if（b == -1）{// 如果读取的字节为-1，跳出 while 循环
            break;
        }
        System.out.println（b）; // 否则将 b 写出
    }
    in.close（）;
```

```
    }
}
```

```
119
117
46
99
110
```

FileOutputStream 是 OutputStream 的子类，它是操作文件的字节输出流，专门用于把数据写入文件。

【例 8.2】下面通过一个案例来演示如何将数据写入文件，如文件 8-2 所示。

文件 8–2   Example02.java

```java
package    cn.cswu.chapter08.example02;
importJava.io.*;
/**
 * 日期：2020 年 03 月
 * 功能：使用 FileOutputStream 将数据写入文件
 * 作者：软件技术教研室
 */
public class Example02 {
public static void main（String[] args）throws Exception {
    // 创建一个文件字节输出流
    FileOutputStream out = new FileOutputStream（"example.txt"）;
    String str = "高校大学生";
    byte[] b = str.getBytes（ ）;
    for（int i = 0；i<b.length；i++）{
        out.write（b[i]）;
    }
    out.close（ ）;
}
}
```

执行结果

高校大学生

【例 8.3】下面通过一个案例来演示如何将数据追加到文件末尾，如文件 8-3 所示。

```
package    cn.cswu.chapter08.example03;
importJava.io.*;
/**
 * 使用 FileOutputStream 将数据追加到文件末尾
 */
public class Example03 {
public static void main（String[] args）throws Exception {
    OutputStream out = new FileOutputStream（"example.txt "，true）;
    String str = "欢迎你!";
    byte[] b = str.getBytes（）;
    for（int i = 0；i<b.length；i++）{
        out.write（b[i]）;
    }
    out.close（）;
}
}
```

执行结果

高校大学生欢迎你!

　　由于 IO 流在进行数据读写操作时会出现异常，为了代码的简洁，在上面的程序中使用了 throws 关键字将异常抛出。然而一旦遇到 IO 异常，IO 流的 close（）方法将无法得到执行，流对象所占用的系统资源将得不到释放。因此，为了保证 IO 流的 close（）方法必须执行，通常将关闭流的操作写在 finally 代码块中，具体代码如下所示：

```
finally{
    try{
        if（in!=null）              //如果 in 不为空，关闭输入流
            in.close（）;
    }catch（Exception e）{
      e.printStackTrace（）;
    }
    try{
        if（out!=null）              //如果 out 不为空，关闭输出流
            out.close（）;
    }catch（Exception e）{
      e.printStackTrace（）;
    }
}
```

（3）文件的拷贝。

在应用程序中，IO 流通常都是成对出现的，即输入流和输出流一起使用。例如文件的拷贝就需要通过输入流来读取文件中的数据，通过输出流将数据写入文件。

【例 8.4】下面通过一个案例来演示如何进行文件内容的拷贝，如文件 8-4 所示。

文件 8-4　Example04.java

```java
package    cn.cswu.chapter08.example04;
importJava.io.*;
/**
 * 日期：2020 年 03 月
 * 功能：文件的拷贝
 * 作者：软件技术教研室
 */
public class Example04 {
public static void main（String[] args）throws Exception {
    // 创建一个字节输入流，用于读取当前目录下 source 文件夹中的 mp3 文件
    InputStream in = new FileInputStream（"source\\五环之歌.mp3"）;
    // 创建一个文件字节输出流，用于将读取的数据写入 target 目录下的文件中
    OutputStream out = new FileOutputStream（"target\\五环之歌.mp3"）;
    int len; // 定义一个 int 类型的变量 len，记住每次读取的一个字节
    long begintime = System.currentTimeMillis（）; // 获取拷贝文件前的系统时间
    while（（ len = in.read（）） != -1）{ // 读取一个字节并判断是否读到文件末尾
        out.write（len）; // 将读到的字节写入文件
    }
    long endtime = System.currentTimeMillis（）; // 获取文件拷贝结束时的系统时间
    System.out.println（"拷贝文件所消耗的时间是：" +（ endtime - begintime ）+ "毫秒"）;
    in.close（）;
    out.close（）;
}
}
```

执行结果

拷贝文件所消耗的时间是：35156 毫秒

（4）字节流的缓冲区。

一个字节一个字节地读写，需要频繁的操作文件，效率非常低。这就好比从北京运送烤鸭到上海，如果有一万只烤鸭，每次运送一只，就必须运输一万次，这样的效率显然非常低。为了减少运输次数，可以先把一批烤鸭装在车厢中，这样就可以成批地运送烤鸭，这时的车厢就相当于一个临时缓冲区。当通过流的方式拷贝文件时，为了提高效率也可以定义一个字节数组作为缓冲区。在拷贝文件时，一次性读取多个字节的数据，并保存在字节数组中，然

后将字节数组中的数据一次性写入文件。

【例 8.5】下面通过修改文件 8-4 来学习如何使用缓冲区拷贝文件，如文件 8-5 所示。

文件 8-5　Example05.java

```java
package    cn.cswu.chapter08.example05;
importJava.io.*;
/**
 * 日期：2020 年 03 月
 * 功能：文件的拷贝（使用缓冲区拷贝文件）
 * 作者：软件技术教研室
 */
public class Example05 {
public static void main（String[] args）throws Exception {
    // 创建一个字节输入流，用于读取当前目录下 source 文件夹中的 mp3 文件
    InputStream in = new FileInputStream（"source\\五环之歌.mp3"）;
    // 创建一个文件字节输出流，用于将读取的数据写入当前目录的 target 文件中
    OutputStream out = new FileOutputStream（"target\\五环之歌.mp3"）;
    // 以下是用缓冲区读写文件
    byte[] buff = new byte[1024]; // 定义一个字节数组，作为缓冲区
    // 定义一个 int 类型的变量 len 记住读取读入缓冲区的字节数
    int len;
    long begintime = System.currentTimeMillis（）;
    while（（ len = in.read（buff））!= -1）{ // 判断是否读到文件末尾
        out.write（buff，0，len）; // 从第一个字节开始，向文件写入 len 个字节
    }
    long endtime = System.currentTimeMillis（）;
    System.out.println（"拷贝文件所消耗的时间是：" +（endtime - begintime）+ "毫秒"）;
    in.close（）;
    out.close（）;
}
}
```

执行结果

拷贝文件所消耗的时间是：43 毫秒

在 IO 包中提供两个带缓冲的字节流，分别是 BufferedInputStream 和 BufferedOutputStream，它们的构造方法中分别接收 InputStream 和 OutputStream 类型的参数作为对象，在读写数据时提供缓冲功能。应用程序、缓冲流和底层字节流之间的关系如图 8.5 所示。

图 8.5 应用程序、缓冲流和底层字节流之间的关系

【例 8.6】下面通过一个案例来学习 BufferedInputStream 和 BufferedOutputStream 这两个流的用法，如文件 8-6 所示。

文件 8-6　Example06.java

```
package    cn.cswu.chapter08.example06;
importJava.io.*;
/**
 * 日期：2020 年 03 月
 * 功能：BufferedInputStream 和 BufferedOutputStream 这两个流的用法
 * 作者：软件技术教研室
 */
public class Example06 {
public static void main（String[] args）throws Exception {
    // 创建一个带缓冲区的输入流
    BufferedInputStream bis = new BufferedInputStream（new FileInputStream（
            "src.txt"））;
    // 创建一个带缓冲区的输出流
    BufferedOutputStreambos = new BufferedOutputStream（
            new FileOutputStream（"des.txt"））;
    int len;
    while（（len = bis.read（））!= -1）{
        bos.write（len）;
    }
    bis.close（）;
    bos.close（）;
}
}
```

执行结果将会使 des.txt 文件中的内容与 src.txt 文件中的内容相同：

src.txt	des.txt
www.cswu.cn	www.cswu.cn

2. 字符流

在程序开发中，经常需要对文本文件的内容进行读取，如果想从文件中直接读取字符便可以使用字符输入流 FileReader，通过此流可以从关联的文件中读取一个或一组字符。接下来通过一个案例来学习如何使用 FileReader 读取文件中的字符和 FileWriter 将字符写入文件中。

【例 8.7】下面通过一个案例来学习如何使用 FileReader 读取文件和 FileWriter 写入文件以及两个输入输出流实现文件的拷贝，如文件 8-7 所示。

文件 8-7　Example07.java

```java
package   cn.cswu.chapter08.example07;
importJava.io.*;
/**
  * 日期：2020 年 03 月
  * 功能：使用字符输入流 FileReader 读取文件中字符
  * 作者：软件技术教研室
  */
public class Example07 {
public static void main（String[] args）throws Exception {
    // 创建一个 FileReader 对象用来读取文件中的字符
    FileReader reader = new FileReader（"reader.txt"）;
    int ch；// 定义一个变量用于记录读取的字符
    while（( ch = reader.read（ ）) != -1）{ // 循环判断是否读取到文件的末尾
        System.out.println（( char ) ch）; // 不是字符流末尾就转为字符打印
    }
    reader.close（ ）; // 关闭文件读取流，释放资源
}
}
```

执行结果

重庆城市管理职业学院网址：www.cswu.cn

【例 8.8】使用 FileWriter 将字符写入文件，如文件 8-8 所示。

文件 8-8　Example08.java

```java
package   cn.cswu.chapter08.example08;
importJava.io.*;
/**
  * 日期：2020 年 03 月
  * 功能：使用 FileWriter 将字符写入文件
  * 作者：软件技术教研室
  */
public class Example08 {
public static void main（String[] args）throws Exception {
    // 创建一个 FileWriter 对象用于向文件中写入数据
    FileWriter writer = new FileWriter（"writer.txt"）;
    String str = "你好，高校大学生";
    writer.write（str）; // 将字符数据写入文本文件中
    writer.write（"\r\n"）; // 将输出语句换行
```

```
        writer.close ( );  // 关闭写入流，释放资源
    }
}
```

执行结果

你好，全国高校大学生！

使用字符流逐个字符的读写文件也需要频繁地操作文件，效率仍非常低。为此，同字节流操作文件一样，也可以使用提供的字符流缓冲区（类似于字节流缓冲区）和字符缓冲流（类似于字节缓冲流）进行读写操作，来提高执行效率。字符流缓冲区需要定义一个字符数组作为字符缓冲区，通过操作字符缓冲区来提高文件读写效率。字符缓冲流需要使用BufferedReader 和 BufferedWriter，其中 BufferedReader 用于对字符输入流进行操作，BufferedWriter 用于对字符输出流进行操作。在 BufferedReader 中有一个 readLine()方法，用于一次读取一行文本。

使用 BufferedReader 和 BufferedWriter 又是如何对文本内容进行读取，我们通过文件 8-9来调试验证。

【例 8.9】使用 BufferedReader 和 BufferedWriter，如文件 8-9 所示。

文件 8-9　Example09.java

```
package    cn.cswu.chapter08.example09;
importJava.io.*;
/**
 * 日期：2020 年 03 月
 * 功能：使用 BufferedReader 和 BufferedWriter
 * 作者：软件技术教研室
 */
public class Example09 {
public static void main（String[] args）throws Exception {
    FileReader reader = new FileReader（"src.txt"）;
    // 创建一个 BufferedReader 缓冲对象
    BufferedReaderbr = new BufferedReader（reader）;
    FileWriter writer = new FileWriter（"des.txt"）;
    // 创建一个 BufferdWriter 缓冲区对象
    BufferedWriterbw = new BufferedWriter（writer）;
    String str;
    while（（str = br.readLine（））!= null）{ // 每次读取一行文本，判断是否到文件末尾
        bw.write（str）;
        bw.newLine（）; // 写入一个换行符，该方法会根据不同的操作系统生成相应的
换行符
    }
```

```
        br.close（）;
        bw.close（）;
    }
}
```

执行结果会使 des.txt 文件中的内容与 src.txt 文件中的内容相同：

src.txt	des.txt
www.cswu.cn	www.cswu.cn

3. 转换流

前面提到 IO 流可分为字节流和字符流,有时字节流和字符流之间也需要进行转换。在 JDK 中提供了两个类可以将字节流转换为字符流，它们分别是 InputStreamReader 和 OutputStreamWriter。

OutputStreamWriter 是 Writer 的子类，它可以将一个字节输出流转换成字符输出流，方便直接写入字符。而 InputStreamReader 是 Reader 的子类，它可以将一个字节输入流转换成字符输入流，方便直接读取字符。通过转换流进行数据读写的过程如图 7.6 所示。

图 8.6　通过转换流进行数据读写和过程

【例 8.10】下面通过一个案例来学习如何将字节流转为字符流。为了提高读写效率，可以通过 BufferedReader 和 BufferedWriter 来实现转换工作，如文件 8-10 所示。

文件 8-10　Example10.java

```
package   cn.cswu.chapter08.example10;
importJava.io.*;
/**
 * 日期: 2020 年 03 月
 * 功能: 将字节流转为字符流
 * 作者: 软件技术教研室
 */
public class Example10 {
public static void main（String[] args）throws Exception {
    FileInputStream in = new FileInputStream（"src.txt"）; // 创建字节输入流
    InputStreamReaderisr = new InputStreamReader（in）; // 将字节流输入转换成字符输
入流
    BufferedReaderbr = new BufferedReader（isr）; // 赋予字符流对象缓冲区
    FileOutputStream out = new FileOutputStream（"des.txt"）;
    // 将字节输出流转换成字符输出流
    OutputStreamWriterosw = new OutputStreamWriter（out）;
    BufferedWriterbw = new BufferedWriter（osw）; // 赋予字符输出流对象缓冲区
    String line;
```

```
    while ((line = br.readLine ()) != null) { // 判断是否读到文件末尾
        bw.write (line); // 输出读取到的文件
    }
    br.close ();
    bw.close ();
}
}
```

执行结果

8.3　File 类

　　File 类中提供了一系列方法，用于操作其内部封装的路径指向的文件或者目录，例如判断文件/目录是否存在，创建、删除文件/目录等。接下来介绍一下 File 类中的常用方法，如表 8-3 所示。

表 8-3　File 类的常用方法

方法声明	功能描述
boolean exists ()	判断 File 对象对应的文件或目录是否存在，若存在则返回 true，否则返回 false
boolean delete ()	删除 File 对象对应的文件或目录，若成功删除则返回 true，否则返回 false
booleancreateNewFile ()	当 File 对象对应的文件不存在时，该方法将新建一个此 File 对象所指定的新文件，若创建成功则返回 true，否则返回 false
String getName ()	返回 File 对象表示的文件或文件夹的名称
String getPath ()	返回 File 对象对应的路径
String getAbsolutePath ()	返回 File 对象对应的绝对路径（在 Unix/Linux 等系统上，如果路径是以正斜线开始，则这个路径是绝对路径；在 Windows 等系统上，如果路径是从盘符开始，则这个路径是绝对路径）
String getParent ()	返回 File 对象对应目录的父目录（即返回的目录不包含最后一级子目录）
booleancanRead ()	判断 File 对象对应的文件或目录是否可读，若可读则返回 true，反之返回 false
booleancanWrite ()	判断 File 对象对应的文件或目录是否可写，若可写则返回 true，反之返回 false
booleanisFile ()	判断 File 对象的是否是文件（不是目录），若是文件则返回 true，反之返回 false

続表

方法声明	功能描述
booleanisDirectory ()	判断 File 对象的是否是目录（不是文件），若是目录则返回 true，反之返回 false
booleanisAbsolute ()	判断 File 对象对应的文件或目录是否是绝对路径
long lastModified ()	返回 1970 年 1 月 1 日 0 时 0 分 0 秒到文件最后修改时间的毫秒值
long length ()	返回文件内容的长度
String[] list ()	列出指定目录的全部内容，只是列出名称
File[] listFiles ()	返回一个包含了 File 对象所有子文件和子目录的 File 数组

【例 8.11】下面首先在当前目录下创建一个文件"example.txt"并输入内容"itcast"，然后通过一个案例来演示 File 类的常用方法，如文件 8-11 所示。

文件 8-11　Example11.java

```
package    cn.cswu.chapter08.example11;
importJava.io.*;
/**
 * 日期：2020 年 03 月
 * 功能：File 类的常用方法
 * 作者：软件技术教研室
 */
public class Example11 {
public static void main（String[] args）{
    File file = new File（"example.txt"）; // 创建 File 文件对象，表示一个文件
    // 获取文件名称
    System.out.println（"文件名称："+ file.getName（ ））;
    // 获取文件的相对路径
    System.out.println（"文件的相对路径："+ file.getPath（ ））;
    // 获取文件的绝对路径
    System.out.println（"文件的绝对路径："+ file.getAbsolutePath（ ））;
    // 获取文件的父路径
    System.out.println（"文件的父路径："+ file.getParent（ ））;
    // 判断文件是否可读
    System.out.println（file.canRead（ ）?"文件可读": "文件不可读"）;
    // 判断文件是否可写
    System.out.println（file.canWrite（ ）?"文件可写": "文件不可写"）;
    // 判断是否是一个文件
    System.out.println（file.isFile（ ）?"是一个文件": "不是一个文件"）;
    // 判断是否是一个目录
```

·271·

```
        System.out.println（file.isDirectory（）? "是一个目录" : "不是一个目录"）;
        // 判断是否是一个绝对路径
        System.out.println（file.isAbsolute（）? "是绝对路径" : "不是绝对路径"）;
        // 得到文件最后修改时间
        System.out.println（"最后修改时间为：" + file.lastModified（））;
        // 得到文件的大小
        System.out.println（"文件大小为：" + file.length（）+ " bytes"）;
        // 是否成功删除文件
        System.out.println（"是否成功删除文件" + file.delete（））;
    }
}
```

执行结果

文件名称:example.txt
文件的相对路径:example.txt
文件的绝对路径:E:\常用教案\Java 黑马配套教学资源\《Java 基础案例教程》_资源\03_教
材源码\第 8 章 IO\chapter07\example.txt
文件的父路径:null
文件不可读
文件不可写
不是一个文件
不是一个目录
不是绝对路径
最后修改时间为:0
文件大小为:0 bytes
是否成功删除文件 false

1. 遍历目录下的文件

list（）方法用于遍历某个指定目录下的所有文件的名称，文件 8-11 中没有演示该方法的
使用。接下来通过一个案例来演示 list（）方法的用法。

【例 8.12】下面通过一个案例来演示 list（）方法的用法，如文件 8-12 所示。

文件 8-12　Example12.java

```
package   cn.cswu.chapter08.example12;
importJava.io.*;
/**
 * 日期：2020 年 03 月
 * 功能：list（）方法的用法
 * 作者：软件技术教研室
 */
```

```
public class Example12 {
public static void main（String[] args）throws Exception {
        //File file = new File（"D：\\eclipseWorkspace\\JavaBasicWorkspace\\chapter07"）; // 创
建 File 对象

        File file = new File（E:\常用教案\Java 黑马配套教学资源\《Java 基础案例教程》_资源\03_
教材源码\第 8 章  IO\chapter07"）；
            if（file.isDirectory（ ））{ // 判断 File 对象对应的目录是否存在
                String[] names = file.list（ ）; // 获得目录下的所有文件的文件名
                for（String name：names）{
                        System.out.println（name）; // 输出文件名
                }
            }
        }
    }
```

为了让初学者更好地理解文件过滤的原理，接下来分步骤分析 list（FilenameFilter filter）
方法的工作原理：

（1）调用 list（ ）方法传入 FilenameFilter 文件过滤器对象。

（2）对于每一个子目录或文件，都会调用文件过滤器对象的 accept（File dir，String name）
方法，并把代表当前目录的 File 对象以及这个子目录或文件的名字作为参数 dir 和 name 传递
给方法。

如果 accept（ ）方法返回 true，就将当前遍历的这个子目录或文件添加到数组中；如果返
回 false，则不添加。

【例 8.13】下面通过一个案例来演示如何遍历指定目录下所有扩展名为 ".txt" 的文件和实
现遍历指定目录下的文件，请查看文件 8-13 和 8-14。

文件 8-13　Example13.java

```
package    cn.cswu.chapter08.example13;
importJava.io.*;
/**
 * 日期：2020 年 03 月
 * 功能：遍历指定目录下所有扩展名为.txt 的文件
 * 作者：软件技术教研室
 */
public class Example13 {
public static void main（String[] args）throws Exception {
    // 创建 File 对象
    File file = new File（"D：\\eclipseWorkspace\\JavaBasicWorkspace\\chapter07"）;
    // 创建过滤器对象
    FilenameFilter filter = new FilenameFilter（ ）{
```

```
        // 实现 accept（）方法
        public boolean accept（File dir，String name）{
            File currFile = new File（dir，name）;
            // 如果文件名以.txt 结尾返回 true，否则返回 false
            if（currFile.isFile（）&&name.endsWith（".txt"））{
                return true;
            } else {
                return false;
            }
        }
    };
    if（file.exists（））{// 判断 File 对象对应的目录是否存在
        String[] lists = file.list（filter）; // 获得过滤后的所有文件名数组
        for（String name：lists）{
            System.out.println（name）;
        }
    }
}
}
```

执行结果

```
dest.txt
note.txt
reader.txt
src.txt
```

【例 8.14】遍历指定目录下的包含子目录下的所有文件，如文件 8-14 所示。

文件 8-14　Example14.java

```
package    cn.cswu.chapter08.example14;
importJava.io.*;
/**
 * 日期：2020 年 03 月
 * 功能：遍历指定目录下的包含子目录下的所有文件
 * 作者：软件技术教研室
 */
public class Example14 {
public static void main（String[] args）{
```

```
        File file = new File（"D：\\eclipseWorkspace\\JavaBasicWorkspace\\chapter07"）；// 创
建一个代表目录的 File 对象
        fileDir（file）；// 调用 FileDir 方法
    }

    public static void fileDir（File dir）{
        File[] files = dir.listFiles（）；// 获得表示目录下所有文件的数组
        for（File file：files）{ // 遍历所有的子目录和文件
            if（file.isDirectory（））{
                fileDir（file）；// 如果是目录，递归调用 fileDir（）
            }
            System.out.println（file.getAbsolutePath（））；// 输出文件的绝对路径
        }
    }
}
```

2. 删除文件及目录

在操作文件时，经常需要删除一个目录下的某个文件或者删除整个目录，这时可以使用 File 类的 delete（）方法。接下来通过一个案例来演示使用 delete（）方法删除文件。

【例 8.15】下面在 Eclipse 中创建一个使用 delete（）方法删除文件夹的类和删除包含子文件的目录，如文件 8-15 所示。

文件 8-15　Example15.java

```
package    cn.cswu.chapter08.example15；
importJava.io.*；
/**
 * 日期：2020 年 03 月
 * 功能：删除指定目录
 * 作者：软件技术教研室
 */
public class Example15 {
public static void main（String[] args）{
    File file = new File（"D：\\test"）；// 这是一个代表目录的 File 对象
    if（file.exists（））{
        System.out.println（file.delete（））；
    }
}
}
```

【例 8.16】下面在 Eclipse 中创建一个使用 delete（）方法删除包含子文件的目录，如文件 8-16 所示。

文件 8-16　Example16.java

```java
package    cn.cswu.chapter08.example16;
importJava.io.*;
/**
 * 日期：2020 年 03 月
 * 功能：删除包含子文件的目录
* 作者：软件技术教研室
 */
public class Example16 {
public static void main（String[] args）{
    File file = new File（"D：\\test"）; // 创建一个代表目录的 File 对象
    deleteDir（file）; // 调用 deleteDir 删除方法
}

public static void deleteDir（File dir）{
    if（dir.exists（））{// 判断传入的 File 对象是否存在
        File[] files = dir.listFiles（）; // 得到 File 数组
        for（File file：files）{// 遍历所有的子目录和文件
            if（file.isDirectory（））{
                deleteDir（file）; // 如果是目录，递归调用 deleteDir（）
            } else {
                // 如果是文件，直接删除
                file.delete（）;
            }
        }
        // 删除完一个目录里的所有文件后，就删除这个目录
        dir.delete（）;
    }
}
}
```

8.4　RandomAccesseFile

在 IO 包中，提供了一个 RandomAccessFile 类，它不属于流类，但具有读写文件数据的功能，可以随机从文件的任何位置开始，并以指定的操作权限（如只读、可读写等）执行读

写数据的操作。常用的构造方法如表 8-4 所示。

表 8-4   RandomAccesseFile 类构造方法

方法声明	功能描述
RandomAccessFile (File file,String mode)	使用参数 file 指定被访问的文件，并使用 mode 来指定访问模式
RandomAccessFile (String name,String mode)	使用参数 name 指定被访问文件的路径，并使用 mode 来指定访问模式

（1）RandomAccessFile(String name,String mode)中的参数 mode 用于指定访问文件的模式，也就是文件的操作权限。

参数 mode 取值：

- r：以只读的方式打开文件。如果执行写操作，会报 IOException 异常。
- rw：以“读写”的方式打开文件。如果文件不存在，会自动创建该文件。
- rws：以“读写”方式打开文件。与“rw”相比，它要求对文件的内容或元数据的每个更新都同步写入底层的存储设备。
- rwd：以“读写”方式打开文件。与“rw”相比，它要求对文件的内容的每个更新都同步写入底层的存储设备。

（2）RandomAccessFile 对象包含了一个记录指针来标识当前读写处的位置。

① 当新建 RandomAccessFile 对象时，该对象的文件记录指针会在文件开始处（即标识为 0 的位置）。

② 当读写了 n 个字节后，文件记录指针会向后移动 n 个字节。

③ 除了按顺序读写外，RandomAccessFile 对象还可以自由地移动记录指针，既可以向前移动，也可以向后移动。

表 8-5   RandomAccessFile 常用方法

方法声明	功能描述
long getFilePointer()	返回当前读写指针所处的位置
void seek(long pos)	设定读写指针的位置，与文件开头相隔 pos 个字节数
int skipBytes(int n)	使读写指针从当前位置开始，跳过 n 个字节
void write(byte[] b)	将指定的字节数组写入到这个文件，并从当前文件指针开始
void setLength(long newLength)	设置此文件的长度
final String readLine()	从指定文件当前指针读取下一行内容

seek(long pos)方法可以使 RandomAccessFile 对象中的记录指针向前、向后自由移动，通过 getFilePointer()方法，便可获取文件当前记录指针的位置。

示例（模拟软件使用次数）

```
RandomAccessFileraf = new RandomAccessFile("time.txt", "rw");
    int times = Integer.parseInt(raf.readLine())-1;
    if(times > 0){
System.out.println("您还可以试用"+ times+"次！ ");
raf.seek(0);              // 将记录指针重新指向文件开头
raf.write((times+ " " ).getBytes());          // 将剩余次数再写入文件
    }else{
System.out.println("试用次数已经用完！ ");
    }
raf.close();
```

8.5 本章小结

本章介绍了 Java 输入、输出体系的相关知识。首先讲解了如何使用字节流和字符流来读写磁盘上的文件，归纳了不同 IO 流的功能以及一些典型 IO 流的用法，然后介绍了如何使用 File 对象访问本地文件系统。通过对本章的学习，读者可以熟练掌握 IO 流对文件进行读写操作。

第9章 GUI 图形用户界面

在进入本章之前，所有运行的应用程序都是命令行界面（非图形界面）。从本章开始，就不再受限于只能够创建命令行应用程序，读者可以创建图形界面程序。图形编程内容主要包括 AWT（Abstract Windowing Toolkit，抽象窗口工具集）和 Swing 两个内容。AWT 是用来创建 Java 图形用户界面的基本工具，JavaSwing 是 JFC（Java Foundation Classes）的一部分，它可以弥补 AWT 的一些不足。

GUI 全称是 Graphical User Interface，即图形用户界面。顾名思义，就是应用程序提供给用户操作的图形界面，包括窗口、菜单、按钮、工具栏和其他各种图形界面元素。目前，图形用户界面已经成为一种趋势，几乎所有的程序设计语言都提供了 GUI 设计功能。Java 中针对 GUI 设计提供了丰富的类库，这些类分别位于 java.awt 和 javax.swing 包中，简称为 AWT 和 Swing。其中，AWT 是 SUN 公司最早推出的一套 API，它需要利用本地操作系统所提供的图形库，属于重量级组件，不跨平台，它的组件种类有限，可以提供基本的 GUI 设计工具，但无法实现目前 GUI 设计所需的所有功能。随后，SUN 公司对 AWT 进行改进，提供了 Swing 组件，Swing 组件由纯 Java 语言编写，属于轻量级组件，可跨平台，Swing 不仅实现了 AWT 中的所有功能，而且提供了更加丰富的组件和功能，足以满足 GUI 设计的一切需求。Swing 会用到 AWT 中的许多知识，掌握了 AWT，学习 Swing 就变成了一件很容易的事情，因此本章将从 AWT 开始学习图形用户界面。

9.1　AWT 概述

AWT 是用于创建图形用户界面的一个工具包，它提供了一系列用于实现图形界面的组件，如窗口、按钮、文本框、对话框等。在 JDK 中针对每个组件都提供了对应的 Java 类，这些类都位于 java.awt 包中。接下来通过一个图例来描述这些类的继承关系，如图 9.1 所示。

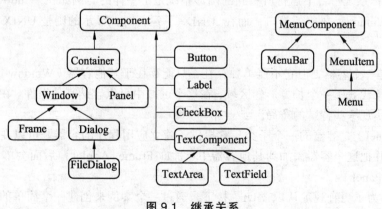

图 9.1　继承关系

从图 9.1 可以看出，在 AWT 中组件分为两大类，这两类的基类分别是 Component 和 Menu Component。其中，MenuComponent 是所有与菜单相关组件的父类；Component 则是除菜单外其他 AWT 组件的父类，它表示一个能以图形化方式显示出来，并可与用户交互的对象。

Component 类通常被称为组件，根据 Component 的不同作用，可将其分为基本组件类和容器类。基本组件类是诸如按钮、文本框之类的图形界面元素，而容器类则是通过 Component 的子类 Container 实例化的对象。Container 类表示容器，它是一种特殊的组件，可以用来容纳其他组件。Container 容器又分为两种类型，分别是 Window 和 Panel。接下来对这两种类型进行详细讲解。

1. Window

Window 类是不依赖其他容器而独立存在的容器。它有两个子类，分别是 Frame 类和 Dialog 类。Frame 类用于创建一个具有标题栏的框架窗口，作为程序的主界面，Dialog 类用于创建一个对话框，实现与用户的信息交互，窗口（Frame）是 Window 的子类，它是顶级窗口容器，可以添加组件、设置布局管理器、设置背景色等，如图 9.2 所示。

图 9.2　Frame 类创建的框架窗口与 Dialog 类创建的对话框

通常情况下，生成一个窗口要使用 Window 的派生类窗口实例化，而非直接使用 Window 类。窗口的外观界面和通常情况下在 Windows 系统下的窗口相似，可以设置标题名称、边框、菜单栏以及窗口大小等。窗口对象实例化后都是大小为零并且默认是不可见的，因此，在程序中必须调用 setSize() 设置大小，调用 setVisible(true) 来设置该窗口为可见。

注意：AWT 在实际的运行过程中是调用所在平台的图形系统，因此，同样一段 AWT 程序在不同的操作系统平台下运行所看到的图形系统是不一样的。例如在 Windows 下运行，显示的窗口是 Windows 风格的窗口；而在 UNIX 下运行时，显示的则是 UNIX 风格的窗口。

2. Panel

Panel 也是一个容器，但它不能单独存在，只能存在于其他容器（Window 或其子类）中，一个 Panel 对象代表了一个长方形的区域，在这个区域中可以容纳其他组件。在程序中通常会使用 Panel 来实现一些特殊的布局。

面板（Panel）是容器的一个子类，它提供了建立应用程序的容器。可以在一个面板上进行图形处理，并把这个容器添加到其他容器中（例如 Frame、Applet）。后面会单独介绍 Applet（一种特殊的 Panel）。

【例 9.1】为了更直观地认识 GUI，接下来通过一个案例来创建一个简单的图形界面，如文件 9-1 所示。

```
packagecn.cswu.chapter09.example01;
importJava.awt.*;
/**
 * 日期：2020 年 03 月
 * 功能：Fram 窗体对象的使用
 * 作者：软件技术教研室
 */
public class Example01 {
public static void main（String[] args）{
    // 建立新窗体对象
    Frame f = new Frame（"我的窗体！"）;
    // 设置窗体的宽和高
    f.setSize（400，300）;
    // 设置窗体在屏幕中所处的位置（参数是左上角坐标）
    f.setLocation（300，200）;
    // 设置窗体可见
    f.setVisible（true）;
}
}
```

执行结果

图 9.3　【例 9.1】执行结果

9.2　布局管理器

9.1 节中提到过，组件不能单独存在，必须放置于容器当中，而组件在容器中的位置和尺寸是由布局管理器来决定的。在 java.awt 包中提供了五种布局管理器，分别是 FlowLayout（流式布局管理器）、BorderLayout（边界布局管理器）、GridLayout（网格布局管理器）、GridBagLayout（网格包布局管理器）和 CardLayout（卡片布局管理器）。每个容器在创建时都会使用一种默认的布局管理器，在程序中可以通过调用容器对象的 setLayout（）方法设置布局管理器，通过布局管理器来自动进行组件的布局管理。例如把一个 Frame 窗体的布局管理器设置为

FlowLayout，代码如下所示：

```
Frame frame = new Frame（ ）;
frame.setlayout（new FlowLayout（ ））;
```

1. FlowLayout

FlowLayout 布局是按照组件的添加次序将按钮组件（当然也可以是别的组件）从左到右放置在容器中。当到达容器的边界时，组件将放置到下一行中。FlowLayout 可以以左对齐、居中对齐、以右对齐的方式排列组件。

流式布局管理器（FlowLayout）是最简单的布局管理器，在这种布局下，容器会将组件按照添加顺序从左到右放置。当到达容器的边界时，会自动将组件放到下一行的开始位置。这些组件可以左对齐、居中对齐（默认方式）或右对齐的方式排列。FlowLayout 对象有三个构造方法，如表 9-1 所示。

表 9-1　FlowLayout 对象的构造方法

方法声明	功能描述
FlowLayout（ ）	组件默认居中对齐，水平、垂直间距默认为 5 个单位
FlowLayout（int align）	指定组件相对于容器的对齐方式，水平、垂直间距默认为 5 个单位
FlowLayout（int align，int hgap，int vgap）	指定组件的对齐方式和水平、垂直间距

表 9-1 列出了 FlowLayout 的三个构造方法。参数 align 决定组件在每行中相对于容器边界的对齐方式，可以使用该类中提供的常量作为参数传递给构造方法，其中 FlowLayout. LEFT 用于表示左对齐、FlowLayout.RIGHT 用于表示右对齐、FlowLayout. CENTER 用于表示居中对齐。参数 hgap 和参数 vgap 分别设定组件之间的水平和垂直间隙，可以填入一个任意数值。

【例 9.2】下面通过添加按钮的案例来学习一下 FlowLayout 布局管理器的用法，如文件 9-2 所示。

文件 9-2　Example02.java

```
packagecn.cswu.chapter09.example02；
importJava.awt.*；
/**
 * 日期：2020 年 03 月
 * 功能：FlowLayout 布局管理器的用法演示
 * 作者：软件技术教研室
 */
public class Example02 {
public static void main（String[] args） {
    final Frame f = new Frame（"Flowlayout"）; // 创建一个名为 Flowlayout 的窗体
    // 设置窗体中的布局管理器为 FlowLayout，所有组件左对齐，水平间距为 20，垂直
```

间距为 30
```
        f.setLayout（new FlowLayout（FlowLayout.LEFT，20，30））;
        f.setSize（220，300）; // 设置窗体大小
        f.setLocation（300，200）; // 设置窗体显示的位置
        f.add（new Button（"第 1 个按钮"））; // 把"第 1 个按钮"添加到 f 窗口
        f.add（new Button（"第 2 个按钮"））;
        f.add（new Button（"第 3 个按钮"））;
        f.add（new Button（"第 4 个按钮"））;
        f.add（new Button（"第 5 个按钮"））;
        f.add（new Button（"第 6 个按钮"））;
        f.setVisible（true）; // 设置窗体可见
    }
}
```

执行结果

图 9.4 【例 9.2】执行结果

注意事项:

（1）不限制它所管理的组件大小，允许它们有最佳大小。

（2）当容器窗缩放时，组件的位置可能变化，但组件的大小不变。

（3）默认组件是居中对齐，可以通过 FlowLayout（intalign）函数来指定对齐方式。

2. BorderLayout

BorderLayout（边界布局管理器）是一种较为复杂的布局方式，它将容器划分为五个区域，分别是东（EAST）、南（SOUTH）、西（WEST）、北（NORTH）、中（CENTER）。组件可以被放置在这五个区域中的任意一个。BorderLayout 布局的效果如图 9.5 所示。

从图 9.5 可以看出 BorderLayout 边界布局管理器，它将容器划分为五个区域，其中箭头是指改变容器大小时，各个区域需要改变的方向。也就是说，在改变容器时 NORTH 和 SOUTH 区域高度不变长度调整，WEST 和 EAST 区域宽度不变高度调整，CENTER 会相应进行调整。

当向 BorderLayout 布局管理器的容器中添加组件时，需要使用 add（Component comp，Object constraints）方法。其中参数 comp 表示要添加的组件，constraints 指定将组件添加到布局中的方式和位置的对象，它是一个 Object 类型，在传参时可以使用 BorderLayout 类提供的 5 个常量，它们分别是 EAST、SOUTH、WEST、NORTH 和 CENTER。边界布局（BorderLayout）

将容器简单地划分为东南西北中 5 个区域，其中中间区域最大。JFrame 窗体、JDialog 对话框组件默认布局方法。

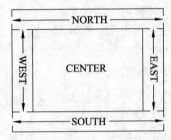

图 9.5　BorderLayout 布局的效果

【例 9.3】下面通过案例来演示一下 BorderLayout 布局管理器对组件布局的效果，如文件 9-3 所示。

文件 9-3　Example03.java

```java
packagecn.cswu.chapter09.example03;
importJava.awt.*;
/**
 * 日期：2020 年 03 月
 * 功能：BorderLayout 布局管理器对组件布局的效果应用
 * 作者：软件技术教研室
 */
public class Example03{
public static void main（String[] args）{
    final Frame f = new Frame（"BorderLayout"）; // 创建一个名为 BorderLayout 的窗体
    f.setLayout（new BorderLayout（））; // 设置窗体中的布局管理器为 BorderLayout
    f.setSize（300，300）; // 设置窗体大小
    f.setLocation（300，200）; // 设置窗体显示的位置
    f.setVisible（true）; // 设置窗体可见
    // 下面的代码是创建 5 个按钮，分别用于填充 BorderLayout 的 5 个区域
    Button but1 = new Button（"东部"）; // 创建新按钮
    Button but2 = new Button（"西部"）;
    Button but3 = new Button（"南部"）;
    Button but4 = new Button（"北部"）;
    Button but5 = new Button（"中部"）;
    // 下面的代码是将创建好的按钮添加到窗体中，并设置按钮所在的区域
    f.add（but1，BorderLayout.EAST）; // 设置按钮所在区域
    f.add（but2，BorderLayout.WEST）;
    f.add（but3，BorderLayout.SOUTH）;
    f.add（but4，BorderLayout.NORTH）;
```

```
        f.add（but5，BorderLayout.CENTER）;
    }
}
```

执行结果

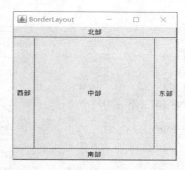

图 9.6 【例 9.3】执行结果

边界布局 BorderLayout 的注意事项：
（1）不是五个部分都必须添加。
（2）中部组件会自动调节大小。
（3）JFrame、Jdialog 默认布局管理器就是 BorderLayout。

3. GridLayout

GridLayout（网格布局管理器）使用纵横线将容器分成 *n* 行 *m* 列大小相等的网格，每个网格中放置一个组件。添加到容器中的组件首先放置在第 1 行第 1 列（左上角）的网格中，然后在第 1 行的网格中从左向右依次放置其他组件，行满后，继续在下一行中从左到右放置组件。与 FlowLayout 不同的是，放置在 GridLayout 布局管理器中的组件将自动占据网格的整个区域。

GridLayout 的构造方法如表 9-2 所示。

表 9-2　GridLayout 的构造方法

方法声明	功能描述
GridLayout（）	默认只有一行，每个组件占一列
GridLayout（int row，int cols）	指定容器的行数和列数
GridLayout（int row，int cols，int hgap，int vgap）	指定容器的行数和列数以及组件之间的水平、垂直间距

表 9-2 列出了 GridLayout 的三个构造方法。其中，参数 rows 代表行数，cols 代表列数，hgap 和 vgap 规定水平和垂直方向的间隙。水平间隙指的是网格之间的水平距离，垂直间隙指的是网格之间的垂直距离。

GridLayout 布局，听其名而知其意，它将容器分割成多行多列，组件被填充到每个网格中，添加到容器中的组件首先放置在左上角的网格中，然后从左到右放置其他的组件，当占满该行的所有网格后，接着继续在下一行从左到右放置组件。

【例 9.4】下面通过一个案例演示 GridLayout 布局的用法，如文件 9-4 所示。

文件 9-4　Example04.java

```java
packagecn.cswu.chapter09.example04;
importJava.awt.*;
/**
 * 日期：2020 年 03 月
 * 功能：GridLayout 布局的用法
 * 作者：软件技术教研室
 */
public class Example04 {
public static void main（String[] args）{
    Frame f = new Frame（"GridLayout"）; // 创建一个名为 GridLayout 的窗体
    f.setLayout（new GridLayout（3，3）); // 设置该窗体为 3*3 的网格
    f.setSize（300，300）; // 设置窗体大小
    f.setLocation（400，300）;
    // 下面的代码是循环添加 9 个按钮到 GridLayout 中
    for（int i = 1; i<= 9; i++）{
        Button btn = new Button（"btn" + i）;
        f.add（btn）; // 向窗体中添加按钮
    }
    f.setVisible（true）;
}
}
```

执行结果

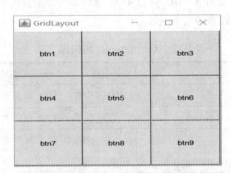

图 9.7　【例 9.4】执行结果

注意事项：

（1）组件的相对位置不随容器的缩放而变化，但大小会变化。

（2）所有组件的大小相同。

（3）可以通过 GridLayout（int rows、int cols、int hgap、int vgap）来指定网格的行/列，水平间隙/垂直间隙。

参数说明：rows：行数；cols：列数；hgap：垂直间隙；vgap：水平间隙。

4. GridBagLayout

GridBagLayout（网格包布局管理器）是最灵活、最复杂的布局管理器。与 GridLayout 布局管理器类似，不同的是，它允许网格中的组件大小各不相同，而且允许一个组件跨越一个或者多个网格。

使用 GridBagLayout 布局管理器的步骤如下：

（1）创建 GridbagLayout 布局管理器，并使容器采用该布局管理器。

```
GridbagLayout layout = new GridbagLayout（）;
container.setLayout（layout）;
```

（2）创建 GridBagContraints 对象（布局约束条件），并设置该对象的相关属性。

```
GridBagConstraints constraints = new GridBagContraints（）;
constraints.gridx = 1;          //设置网格的左上角横向索引
constraints.gridy = 1;          //设置网格的左上角纵向索引
constraints.gridwidth = 1;      //设置组件横向跨越的网格
constraints.gridheight = 1;      //设置组件纵向跨越的网格
```

（3）调用 GridBagLayout 对象的 setConstraints（）方法，建立 GridBagConstraints 对象和受控组件之间的关联。

```
layout.setConstraints（component，constraints）;
```

（4）向容器中添加组件。

```
container.add（conponent）;
```

GridBagConstraints 对象可以重复使用，只需要改变它的属性即可。如果要向容器中添加多个组件，则重复（2）、（3）、（4）步骤。

从上面的步骤可以看出，使用 GridBagLayout 布局管理器的关键在于 GridBagConstraints 对象，它才是控制容器中每个组件布局的核心类，在 GridBagConstraints 类中有很多表示约束的属性，下面对 GridBagConstraints 类的一些常用属性进行介绍，如表 9-3 所示。

表 9-3　GridBagConstraints 类的常用属性

属性	作　用
gridx 和 gridy	设置组件的左上角所在网格的横向和纵向索引（即所在的行和列）。如果将 gridx 和 gridy 的值设置为 GridBagConstraints.RELATIVE（默认值），表示当前组件紧跟在上一个组件后面
gridwidth 和 gridheight	设置组件横向、纵向跨越几个网格，两个属性的默认值都是 1。如果把这两个属性的值设为 GridBagConstraints.RELATIVE，表示当前组件在其行或其列上为最后一个组件。如果把这两个属性的值设为 GridBag Constraints. RELATIVE，表示当前组件在其行或列上为倒数第二个组件
fill	如果当组件的显示区域大于组件需要的大小，设置是否以及如何改变组件大小，该属性接收以下几个属性值： ·NONE：默认，不改变组件大小 ·HORIZONTAL：使组件水平方向足够长以填充显示区域，但是高度不变 ·VERTICAL：使组件水平方向足够高以填充显示区域，但长度不变 ·BOTH：使组件足够大，以填充整个显示区域

属性	作　　用
weightx 和 weighty	设置组件占领容器中多余的水平方向和垂直方向空白的比例（也称为权重。）假设容器的水平方向放置三个组件，其 weightx 分别为 1、2、3，当容器宽度增加 60 个像素时，这三个容器分别增加 10、20 和 30 像素。这两个属性的默认值是 0，即不占领多余的空间

表 9-4 中列出了 GridBagConstraints 的常用属性。其中，gridx 和 gridy 用于设置组件左上角所在网格的横向和纵向索引，gridwidth 和 gridheight 用于设置组件横向、纵向跨越几个网格，fill 用于设置是否及如何改变组件大小，weightx 和 weighty 用于设置组件在容器中的水平方向和垂直方向的权重。

需要注意的是，如果希望组件的大小随着容器的增大而增大，必须同时设置 GridBagConstraints 对象的 fill 属性和 weightx、weighty 属性。

【例 9.5】下面通过一个案例来演示 GridBagLayout 的用法，如文件 9-5 所示。

文件 9-5　Example05.java

```java
packagecn.cswu.chapter09.example05;
importJava.awt.*;
/**
 * 日期：2020 年 03 月
 * 功能：GridBagLayout 布局的用法
 * 作者：软件技术教研室
 */
class Layout extends Frame {
public Layout（String title）{
    GridBagLayout layout = new GridBagLayout（ ）;
    GridBagConstraints c = new GridBagConstraints（ ）;
    this.setLayout（layout）;
    c.fill = GridBagConstraints.BOTH；// 设置组件横向纵向可以拉伸
    c.weightx = 1；// 设置横向权重为 1
    c.weighty = 1；// 设置纵向权重为 1
    this.addComponent（"btn1"，layout，c）;
    this.addComponent（"btn2"，layout，c）;
    this.addComponent（"btn3"，layout，c）;
    c.gridwidth = GridBagConstraints.REMAINDER；// 添加的组件是本行最后一个组件
    this.addComponent（"btn4"，layout，c）;
    c.weightx = 0；// 设置横向权重为 0
    c.weighty = 0；// 设置纵向权重为 0
    addComponent（"btn5"，layout，c）;
    c.gridwidth = 1；// 设置组件跨一个网格（默认值）
    this.addComponent（"btn6"，layout，c）;
```

```
        c.gridwidth = GridBagConstraints.REMAINDER；// 添加的组件是本行最后一个组件
        this.addComponent（"btn7", layout, c）;
        c.gridheight = 2；// 设置组件纵向跨两个网格
        c.gridwidth = 1；// 设置组件横向跨一个网格
        c.weightx = 2；// 设置横向权重为 2
        c.weighty = 2；// 设置纵向权重为 2
        this.addComponent（"btn8", layout, c）;
        c.gridwidth = GridBagConstraints.REMAINDER;
        c.gridheight = 1;
        this.addComponent（"btn9", layout, c）;
        this.addComponent（"btn10", layout, c）;
        this.setTitle（title）;
        this.pack（ ）;
        this.setVisible（true）;
    }
    // 增加组件的方法
    private void addComponent（String name, GridBagLayout layout,
            GridBagConstraints c）{
        Button bt = new Button（name）; // 创建一个名为 name 的按钮
        layout.setConstraints（bt, c）; // 设置 GridBagConstraints 对象和按钮的关联
        this.add（bt）; // 增加按钮
    }
}
public class Example05 {
public static void main（String[] args）{
    new Layout（"GridBagLayout"）;
}
}
```

执行结果

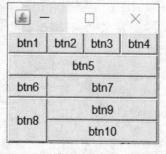

图 9.8 【例 9.5】执行结果

5. CardLayout

在操作程序时，经常会遇到通过选项卡按钮来切换程序中的界面，这些界面就相当于一张张卡片，而管理这些卡片的布局管理器就是卡片布局管理器（CardLayout）。卡片布局管理器将界面看作一系列卡片，在任何时候只有其中一张卡片是可见的，这张卡片占据容器的整个区域。卡片布局管理器（CardLayout）将每一个组件视为一张卡片，一次只能看到一张卡片，容器充当卡片的堆栈，容器第一次显示的是第一次添加的组件。构造方法有以下几种。

public CardLayout()：创建一个新卡片的布局，水平间距和垂直间距都是 0。

public CardLayout(int hgap,intvgap)：创建一个具有指定水平间距和垂直间距的新卡片布局。在 CardLayout 布局管理中经常会用到下面几个方法，如表 9-4 所示。

表 9-4　CardLayout 类的常用方法

方法声明	功能描述
void first（Container parent）	显示 parent 容器的第一张卡片
void last（Container parent）	显示 parent 容器的最后一张卡片
void previous（Container parent）	显示 parent 容器的前一张卡片
void next（Container parent）	显示 parent 容器的下一张卡片
void show（Container parent，String name）	显示 parent 容器中名称为 name 的组件,如果不存在,则不会发生任何操作

【例 9.6】下面通过一个案例来演示这些方法的使用，如文件 9-6 所示。

文件 9-6　Example06.java

```
packagecn.cswu.chapter09.example06；
importJava.awt.*；
importJava.awt.event.*；
/**
 * 日期：2020 年 03 月
 * 功能：卡片布局管理器(CardLayout)的用法
 * 作者：软件技术教研室
 */
//定义 Cardlayout 继承 Frame 类，实现 ActionListener 接口
class Cardlayout extends Frame implements ActionListener {
Panel cardPanel = new Panel（）；// 定义 Panel 面板放置卡片
Panel controlpaPanel = new Panel（）；// 定义 Panel 面板放置按钮
Button nextbutton，preButton；        //声明两个按钮
CardLayoutcardLayout = new CardLayout（）；// 定义卡片布局对象
// 定义构造方法，设置卡片布局管理器的属性
public Cardlayout（）{
    setSize（300，200）；
    setVisible（true）；
```

```
        // 为窗口添加关闭事件监听器
        this.addWindowListener（new WindowAdapter（）{
            public void windowClosing（WindowEvent e）{
                Cardlayout.this.dispose（）;
            }
        }）;
        cardPanel.setLayout（cardLayout）; // 设置 cardPanel 面板对象为卡片布局
        // 在 cardPanel 面板对象中添加 3 个文本标签
        cardPanel.add（new Label（"第一个界面"，Label.CENTER））;
        cardPanel.add（new Label（"第二个界面"，Label.CENTER））;
        cardPanel.add（new Label（"第三个界面"，Label.CENTER））;
        // 创建两个按钮对象
        nextbutton = new Button（"下一张卡片"）;
        preButton = new Button（"上一张卡片"）;
        // 为按钮对象注册监听器
        nextbutton.addActionListener（this）;
        preButton.addActionListener（this）;
        // 将按钮添加到 controlpaPanel 中
        controlpaPanel.add（preButton）;
        controlpaPanel.add（nextbutton）;
        // 将 cardPanel 面板放置在窗口边界布局的中间，窗口默认为边界布局
        this.add（cardPanel，BorderLayout.CENTER）;
        // 将 controlpaPanel 面板放置在窗口边界布局的南区，
        this.add（controlpaPanel，BorderLayout.SOUTH）;
    }
    // 下面的代码实现了按钮的监听触发，并对触发事件做出相应的处理
    public void actionPerformed（ActionEvent e）{
        // 如果用户单击 nextbutton，执行的语句
        if（e.getSource（）== nextbutton）{
            // 切换 cardPanel 面板中当前组件之后的一个组件,若当前组件为最后一个组件,
则显示第一个组件。
            cardLayout.next（cardPanel）;
        }
        if（e.getSource（）== preButton）{
            // 切换 cardPanel 面板中当前组件之前的一个组件，若当前组件为第一个组件，
则显示最后一个组件。
            cardLayout.previous（cardPanel）;
        }
    }
```

```
}
public class Example06 {
public static void main（String[] args）{
    Cardlayoutcardlayout = new Cardlayout（）;

}
}
```

执行结果

图 9.9 【例 9.6】执行结果

当一个容器被创建后，它们都会有一个默认的布局管理器。Window、Frame 和 Dialog 的默认布局管理器是 BorderLayout，Panel 的默认布局管理器是 FlowLayout。如果不希望通过布局管理器来对容器进行布局，也可以调用容器的 setLayout（null）方法，将布局管理器取消。在这种情况下，程序必须调用容器中每个组件的 setSize（）和 setLocation（）方法或者是 setBounds（）方法（这个方法接收四个参数，分别是左上角的 x、y 坐标和组件的长、宽）来为这些组件在容器中定位。

【例 9.7】下面通过一个案例来演示不使用布局管理器对组件进行布局，如文件 9-7 所示。

文件 9-7　Example07.java

```
packagecn.cswu.chapter09.example07;
importJava.awt.*;
/**
 * 日期：2020 年 03 月
 * 功能：不使用布局管理器对组件进行布局的用法
 * 作者：软件技术教研室
 */
public class Example07 {
public static void main（String[] args）{
    Frame f = new Frame（"hello"）;
    f.setLayout（null）; // 取消 frame 的布局管理器
    f.setSize（300，150）;
```

```
            Button btn1 = new Button（"press"）;
            Button btn2 = new Button（"pop"）;
            btn1.setBounds（40，60，100，30）;
            btn2.setBounds（140，90，100，30）;
            // 在窗口中添加按钮
            f.add（btn1）;
            f.add（btn2）;
            f.setVisible（true）;
        }
    }
```

执行结果

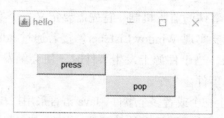

图 9.10 【例 9.7】执行结果

9.3 AWT 事件处理

1. 事件处理机制

9.1 节中的文件 9-1 实现了一个图形化窗口，单击窗口右上角的关闭按钮会发现窗口无法关闭，这说明该按钮的单击功能没有实现。按理说 Frame 对象应该实现这个按钮的功能，之所以没有实现，是因为 Frame 的设计者无法确定用户关闭 Frame 窗口的方式，例如，是直接关闭窗口还是需要弹出对话框询问用户是否关闭。如果想要关闭窗口，就需要通过事件处理机制对窗口进行监听。

事件处理机制专门用于响应用户的操作，比如，想要响应用户的单击鼠标、按下键盘等操作，就需要使用 AWT 的事件处理机制。在学习如何使用 AWT 事件处理机制之前，首先介绍几个比较重要的概念，具体如下所示：

（1）事件对象（event）：封装了 GUI 组件上发生的特定事件（通常就是用户的一次操作）。

（2）事件源（组件）：事件发生的场所，通常就是产生事件的组件。

（3）监听器（listener）：负责监听事件源上发生的事件，并对各种事件做出相应处理的对象（对象中包含事件处理器）。

（4）事件处理器：监听器对象对接收的事件对象进行相应处理的方法。

上面提到的事件对象、事件源、监听器、事件处理器在整个事件处理机制中都起着非常重要的作用，它们彼此之间有着非常紧密的联系。接下来通过图 9.11 来描述事件处理的工作流程。

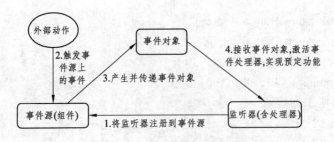

图 9.11　事件处理的工作流程

例如，在窗口中有一个按钮，当用户用鼠标单击这个按钮时，会产生 ActionEvent 类的一个对象。该按钮就是所谓的事件源，该对象就是鼠标操作所对应的事件，然后事件监听器接受触发的事件，并进行相应处理。事件源是一个组件，当用户进行一些操作时，如按下鼠标或者释放键盘等，都会触发相应的事件，如果事件源注册了监听器，则触发的相应事件将会被处理。

在程序中，如果想实现事件的监听机制，首先需要定义一个实现了事件监听器接口的类，例如 Window 类型的窗口需要实现 WindowListener。接着通过 addWindowListener（）方法为事件源注册事件监听器对象，当事件源上发生事件时，便会触发事件监听器对象，由事件监听器调用相应的方法来处理事件。

同一个事件源可能会产生一个或者多个事件，Java 语言采用授权处理机制（DelegationModel）将事件源可能产生的事件分发给不同的事件处理器。例如 Panel 对象可能发生鼠标事件和键盘事件，它可以授权处理鼠标事件的事件处理器来处理鼠标事件，同时也可以授权处理键盘事件的事件处理器处理键盘事件。事件处理器会一直监听所有的事件，直到有与之相匹配的事件，就马上进行相应的处理，因此事件处理器也称为事件监听器。

授权处理机制可以将事件委托给外部的处理对象进行处理，这就实现了事件源与事件处理器（监听器）的分离。通常事件处理者是一个事件类，该类必须实现处理该类型事件的接口，并实现某些接口方法。

【例 9.8】下面通过一个案例来实现对文件 9-1 中的窗口关闭的功能，如文件 9-8 所示。

文件 9-8　Example08.java

```
Package cn.cswu.chapter09.example08;
importJava.awt.*;
importJava.awt.event.*;
/**
 * 日期：2020 年 03 月
 * 功能：窗口关闭的功能实现的用法
 * 作者：软件技术教研室
 */
public class Example08 {
public static void main（String[] args）{
    // 建立新窗体
    Frame f = new Frame（"我的窗体！"）;
```

```
    // 设置窗体的宽和高
    f.setSize（400，300）;
    // 设置窗体出现的位置
    f.setLocation（300，200）;
    // 设置窗体可见
    f.setVisible（true）;
    // 为窗口组件注册监听器
    MyWindowListener mw = new MyWindowListener（）;
    f.addWindowListener（mw）;
    }
}
// 创建 MyWindowListener 类实现 WindowListener 接口
class MyWindowListener implements WindowListener {
// 监听器监听事件对象做出处理
public void windowClosing（WindowEvent e）{
    Window window = e.getWindow（）;
    window.setVisible（false）;
    // 释放窗口
    window.dispose（）;
}
public void windowActivated（WindowEvent e）{
}
public void windowClosed（WindowEvent e）{
}
public void windowDeactivated（WindowEvent e）{
}
public void windowDeiconified（WindowEvent e）{
}
public void windowIconified（WindowEvent e）{
}
public void windowOpened（WindowEvent e）{
}
}
```

2. 事件适配器

文件 9-8 中的 MyWindowListener 类实现 WindowListener 接口后，需要实现接口中定义的 7 个方法，然而在程序中需要用到的只有 windowClosing（）一个方法，其他六个方法都是空实现，没有发挥任何作用，这样代码的编写明显是一种多余但又必须的工作。针对这样的问题，JDK 提供了一些适配器类，它们是监听器接口的默认实现类，这些实现类中实现了接口的所有方法，但方法中没有任何代码，程序可以通过继承适配器类来达到实现监听器接口的目的。

【例 9.9】下面通过继承适配器类来实现与文件 9-8 相同的功能，如文件 9-9 所示。

文件 9-9　Example09.java

```java
packagecn.cswu.chapter09.example09;
importJava.awt.*;
importJava.awt.event.*;
/**
 * 日期：2020 年 03 月
 * 功能：通过继承适配器类来实现窗口关闭的功能用法
 * 作者：软件技术教研室
 */
public class Example09 {
public static void main（String[] args）{
    // 建立新窗体
    Frame f = new Frame（"我的窗体！"）;
    // 设置窗体的宽和高
    f.setSize（400，300）;
    // 设置窗体的出现的位置
    f.setLocation（300，200）;
    // 设置窗体可见
    f.setVisible（true）;
    // 为窗口组件注册监听器
    f.addWindowListener（new MyWindowListener（））;
}
}
// 继承 WindowAdapter 类，重写 windowClosing（）方法
class MyWindowListener extends WindowAdapter {
public void windowClosing（WindowEvent e）{
    Window window =（Window）e.getComponent（）;
    window.dispose（）;
}
}
```

用匿名内部类实现事件处理：文件 9-9 通过继承适配器类对事件源对象实现了监听，但在实际开发中，为了代码的简洁，经常通过匿名内部类来创建事件的监听器对象，针对所发生的事件进行处理。

【例 9.10】下面通过案例来演示如何为窗口添加一个具有单击事件的按钮，如文件 9-10 所示。

```
packagecn.cswu.chapter09.example10;
importJava.awt.*;
importJava.awt.event.*;
/**
 * 日期：2019 年 12 月
 * 功能：用匿名内部类实现事件处理的能用法
 * 作者：软件技术教研室
 */
public class Example10 {
public static void main（String[] args）{
    Frame f = new Frame（"我的窗体!"）;
    f.setSize（400，300）;
    f.setLocation（300，200）;
    f.setVisible（true）;
    Button btn = new Button（"EXIT"）; // 创建按钮组件对象
    f.add（btn）; // 把按钮对象加载到窗口上
    // 用内部类的方式为按钮组件注册监听器
    btn.addMouseListener（new MouseAdapter（）{
        public void mouseClicked（MouseEvent e）{
            System.exit（0）;
        }
    }）;
}
}
```

9.4　常用事件

9.4.1　常用事件分类

常用的事件主要包括：窗口事件（WindowEvent）、鼠标事件（MouseEvent）、键盘事件（KeyEvent）、动作事件（ActionEvent）。

1. 窗口事件

大部分 GUI 应用程序都需要使用 Window 窗体对象作为最外层的容器，可以说窗体对象是所有 GUI 应用程序的基础，应用程序中通常都是将其他组件直接或者间接地置于窗体中。

当对窗体进行操作时，比如窗体的打开、关闭、激活、停用等，这些动作都属于窗体事件，JDK 中提供了一个类 WindowEvent 用于表示这些窗体事件。在应用程序中，当对窗体事件进行处理时，首先需要定义一个实现了 WindowListener 接口的类作为窗体监听器，然后通过 addWindowListener（）方法将窗体对象与窗体监听器绑定。

【例 9.11】下面通过一个案例来实现对窗体事件的监听，如文件 9-11 所示。

文件 9-11　Example11.java

```java
packagecn.cswu.chapter09.example11;
importJava.awt.*;
importJava.awt.event.*;
/**
 * 日期：2020 年 03 月
 * 功能：窗体事件的监听
 * 作者：软件技术教研室
 */
public class Example11 {
public static void main（String[] args）{
    final Frame f = new Frame（"WindowEvent"）;
    f.setSize（400，300）;
    f.setLocation（300，200）;
    f.setVisible（true）;
    // 使用内部类创建 WindowListener 实例对象，监听窗体事件
    f.addWindowListener（new WindowListener（）{
        public void windowOpened（WindowEvent e）{
            System.out.println（"windowOpened---窗体打开事件"）;
        }
        public void windowIconified（WindowEvent e）{
            System.out.println（"windowIconified---窗体图标化事件"）;
        }
        public void windowDeiconified（WindowEvent e）{
            System.out.println（"windowDeiconified---窗体取消图标化事件"）;
        }
        public void windowDeactivated（WindowEvent e）{
            System.out.println（"windowDeactivated---窗体停用事件"）;
        }
        public void windowClosing（WindowEvent e）{
            System.out.println（"windowClosing---窗体正在关闭事件"）;
            （（Window）e.getComponent（））.dispose（）;
        }
        public void windowClosed（WindowEvent e）{
            System.out.println（"windowClosed---窗体关闭事件"）;
        }
        public void windowActivated（WindowEvent e）{
            System.out.println（"windowActivated---窗体激活事件"）;
```

```
                }
        } );
    }
}
```

执行结果

windowActivated---窗体激活事件

windowClosing---窗体正在关闭事件

windowDeactivated---窗体停用事件

windowClosed---窗体关闭事件

2. 鼠标事件

在图形用户界面中，用户会经常使用鼠标来进行选择、切换界面等操作，这些操作被定义为鼠标事件，其中包括鼠标按下、鼠标松开、鼠标单击等。JDK 中提供了一个 MouseEvent 类用于表示鼠标事件，几乎所有的组件都可以产生鼠标事件。处理鼠标事件时，首先需要通过实现 MouseListener 接口定义监听器（也可以通过继承适配器 MouseAdapter 类来实现），然后调用 addMouseListener（）方法将监听器绑定到事件源对象。

【例 9.12】下面通过一个案例来学习如何监听鼠标事件，如文件 9-12 所示。

文件 9-12　Example12.java

```java
packagecn.cswu.chapter09.example12;
importJava.awt.*;
importJava.awt.event.*;
/**
 * 日期：2020 年 03 月
 * 功能：鼠标事件的监听
 * 作者：软件技术教研室
 */
public class Example12 {
public static void main（String[] args）{
    final Frame f = new Frame（"WindowEvent"）;
    // 为窗口设置布局
    f.setLayout（new FlowLayout（ ））;
    f.setSize（300，200）;
    f.setLocation（300，200）;
    f.setVisible（true）;
    Button but = new Button（"Button"）; // 创建按钮对象
    f.add（but）; // 在窗口添加按钮组件
    // 为按钮添加鼠标事件监听器
    but.addMouseListener（new MouseListener（ ）{
```

```java
        public void mouseReleased（MouseEvent e）{
            System.out.println（"mouseReleased-鼠标放开事件"）;
        }

        public void mousePressed（MouseEvent e）{
            System.out.println（"mousePressed-鼠标按下事件"）;
        }

        public void mouseExited（MouseEvent e）{
            System.out.println（"mouseExited—鼠标移出按钮区域事件"）;
        }

        public void mouseEntered（MouseEvent e）{
            System.out.println（"mouseEntered—鼠标进入按钮区域事件"）;
        }

        public void mouseClicked（MouseEvent e）{
            System.out.println（"mouseClicked-鼠标完成单击事件"）;
        }
    }）;
    }
}
```

执行结果

mouseEntered—鼠标进入按钮区域事件
mousePressed-鼠标按下事件
mouseReleased-鼠标放开事件
mouseClicked-鼠标完成单击事件
mouseExited—鼠标移出按钮区域事件

读者可能会问，鼠标的操作分为左键单击双击和右键单击双击，而且还有滚轮。上面只给出这些事件的处理，能满足实际需求吗？答案是肯定的，MouseEvent 类中定义了很多常量来标识鼠标动作，如下所示：

```java
public void mouseClicked（MouseEvent e）{
if（e.getButton（）==e.BUTTON1）{
    System.out.println（"鼠标左击事件"）;
}
if（e.getButton（）==e.BUTTON3）{
    System.out.println（"鼠标右击事件"）;
}
```

```
if ( e.getButton ( ) ==e.BUTTON2 ) {
    System.out.println ( "鼠标中键单击事件" );
}
}
```

从上面的代码可以看出，MouseEvent 类中针对鼠标的按键都定义了对应的常量，可以通过 MouseEvent 对象的 getButton ( ) 方法获取被操作按键的常量键值，从而判断是哪个按键的操作。另外，鼠标的单击次数也可以通过 MouseEvent 对象的 getClickCount ( ) 方法获取到。因此，在鼠标事件中可以根据不同的操作做出相应的处理。

3. 键盘事件

键盘操作也是最常用的用户交互方式，例如键盘按下、释放等，这些操作被定义为键盘事件。JDK 中提供了一个 KeyEvent 类表示键盘事件，处理 KeyEvent 事件的监听器对象需要实现 KeyListener 接口或者继承 KeyAdapter 类。

【例 9.13】下面通过一个案例来学习如何监听键盘事件，如文件 9-11 所示。

文件 9-13 Example13.java

```
packagecn.cswu.chapter09.example13;

importJava.awt.*;
importJava.awt.event.*;
/**
 * 日期：2020 年 03 月
 * 功能：键盘事件的监听
 * 作者：软件技术教研室
 */
public class Example13 {
public static void main ( String[] args ) {
    Frame f = new Frame ( "KeyEvent" );
    f.setLayout ( new FlowLayout ( ));
    f.setSize ( 400，300 );
    f.setLocation ( 300，200 );
    TextFieldtf = new TextField ( 30 ); // 创建文本框对象
    f.add ( tf ); // 在窗口中添加文本框组件
    f.setVisible ( true );
    // 为文本框添加键盘事件监听器
    tf.addKeyListener ( new KeyAdapter ( ) {
        public void keyPressed ( KeyEvent e ) {
            int KeyCode = e.getKeyCode ( ); // 返回所按键对应的整数值
            String s = KeyEvent.getKeyText ( KeyCode ); // 返回按键的字符串描述
            System.out.print ( "输入的内容为：" + s + "，" );
            System.out.println ( "对应的 KeyCode 为：" + KeyCode );
```

```
            }
        } );
    }
}
```

执行结果

输入的内容为：Shift,对应的 KeyCode 为：16
输入的内容为：W,对应的 KeyCode 为：87
输入的内容为：A,对应的 KeyCode 为：65
输入的内容为：Y,对应的 KeyCode 为：89

4. 动作事件

动作事件与前面三种事件有所不同，它不代表某个具体的动作，只是表示一个动作发生了。例如，在关闭一个文件时，可以通过键盘关闭，也可以通过鼠标关闭。在这里读者不需要关心使用哪种方式对文件进行关闭，只要是对关闭按钮进行操作，即触发了动作事件。

在 Java 中，动作事件用 ActionEvent 类表示，处理 ActionEvent 事件的监听器对象需要实现 ActionListener 接口。监听器对象在监听动作时，不会像鼠标事件一样处理鼠标的移动和单击的细节，而是去处理类似于"按钮按下"这样"有意义"的事件。

关于动作事件的案例将在后面的小节进行详细讲解，这里只演示一种可以通过动作事件实现的情况。如图 9.12 所示。

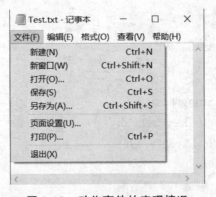

图 9.12　动作事件的实现情况

要想关闭上图的记事本程序，可以通过鼠标单击【退出】选项，或者在【文件】选项下，通过键盘的方向键将蓝色选中条移动至【退出】选项处单击回车键，这两个操作均可触发当前【退出】选项的动作事件 ActionEvent。

9.5　AWT 绘图

很多 GUI 程序都需要在组件上绘制图形，比如实现一个五子棋的小游戏，就需要在组件上绘制棋盘和棋子。在 java.awt 包中专门提供了一个 Graphics 类，它相当于一个抽象的画笔，其中提供了各种绘制图形的方法，使用 Graphics 类的方法就可以完成在组件上绘制图形。表 9-5 中列出了 Graphics 类中常用的方法。

表 9-5　Graphics 类的常用方法

方法声明	方法描述
void setColor（Color c）	将此图形上下文的当前颜色设置为指定颜色
void setFont（Font f）	将此图形上下文的字体设置为指定字体
void drawLine （int x1，int y1，int x2，int y2）	以（x1，y1）和（x2，y2）为端点绘制一条线段
void drawRect （int x，int y，int width，int height）	绘制指定矩形的边框，矩形的左边缘和右边缘分别位于 x 和 x+width。上边缘和下边缘分别位于 y 和 y+height
void drawOval （int x，int y，int width，int height）	绘制椭圆的边框。得到一个圆或椭圆，它刚好能放入由 x、y、width 和 height 参数指定的矩形中。椭圆覆盖区域的宽度为 width+1 像素，高度为 height+1 像素
void fillRect （int x，int y，int width，int height）	用当前颜色填充指定的矩形。该矩形左边缘和右边缘分别位于 x 和 x+width-1。上边缘和下边缘分别位于 y 和 y+height-1
void fillOval （int x，int y，int width，int height）	用当前颜色填充外接指定矩形框的椭圆
void drawstring （String str，int x，int y）	使用此图形上下文的当前字体和颜色绘制指定的文本 str。最左侧字符左下角位于（x，y）坐标

表 9-6 中列出了 Graphics 的常用方法，为了更好地理解和使用它们，下面对这些方法进行详细的说明。

（1）setColor（）方法。

setColor（）方法用于指定上下文颜色，方法中接收一个 Color 类型的参数。在 AWT 中，Color 类代表颜色，其中定义了许多代表各种颜色的常量，比如 Color.RED、Color.BLUE 等，这些常量都是 Color 类型的，可以直接作为参数传递给 setColor（）方法。

（2）setFont（）方法。

setFont（）方法用于指定上下文字体，方法中接收一个 Font 类型的参数。Font 类表示字体，可以使用 new 关键字创建 Font 对象。Font 的构造方法中接收三个参数：第一个参数为 String 类型，表示字体名称，如"宋体""微软雅黑"等；第二个参数为 int 类型，表示字体的样式，参数接收 Font 类的三个常量 Font.PLAINT、Font.ITALIC 和 Font.BOLD；第三个参数为 int 类型，表示字体的大小。

（3）drawRect（）方法和 drawOval（）方法。

drawRect（）方法和 drawOval（）方法用于绘制矩形和椭圆形的边框。

（4）fillRect（）和 fillOval（）方法。

fillRect（）和 fillOval（）方法用于使用当前的颜色填充绘制完成的矩形和椭圆形。

（5）drawString（）方法。

drawString（）方法用于绘制一段文本，第一个参数 str 表示绘制的文本内容，第二个和第三个参数 x、y 为绘制文本的左下角坐标。

【例 9.14】下面通过一个案例来演示如何使用 Graphics 在组件中进行绘图，如文件 9-14 所示。

文件 9-14　Example14.java

```
packagecn.cswu.chapter09.example14;
importJava.awt.*;
importJava.util.Random;
/**
 * 日期：2019 年 12 月
 * 功能：  AWT 绘图，使用 Graphics 在组件中进行绘图
 * 作者：软件技术教研室
 */
public class Example14 {
public static void main（String[] args）{
    final Frame frame = new Frame（"验证码"）; // 创建 Frame 对象
    final Panel panel = new MyPanel（）; // 创建 Panel 对象
    frame.add（panel）;
    frame.setSize（200，100）;
    // 将 Frame 窗口居中
    frame.setLocationRelativeTo（null）;
    frame.setVisible（true）;
}
}


class MyPanel extends Panel {
public void paint（Graphics g）{
    int width = 160; // 定义验证码图片的宽度
    int height = 40; // 定义验证码图片的高度
    g.setColor（Color.LIGHT_GRAY）; // 设置上下文颜色
    g.fillRect（0，0，width，height）; // 填充验证码背景
    g.setColor（Color.BLACK）; // 设置上下文颜色
    g.drawRect（0，0，width - 1，height - 1）; // 绘制边框
    // 绘制干扰点
    Random r = new Random（）;
    for（int i = 0；i< 100；i++）{
        int x = r.nextInt（width）- 2;
```

```
        int y = r.nextInt (height) - 2;
        g.drawOval (x, y, 2, 2);
    }
    g.setFont (new Font ("黑体", Font.BOLD, 30)); // 设置验证码字体
    g.setColor (Color.BLUE); // 设置验证码颜色
    // 产生随机验证码
    char[] chars = ("0123456789abcdefghijkmnopqrstuvwxyzABCDEFG"
            + "HIJKLMNPQRSTUVWXYZ").toCharArray ();
    StringBuilder sb = new StringBuilder ();
    for (int i = 0; i< 4; i++) {
        int pos = r.nextInt (chars.length);
        char c = chars[pos];
        sb.append (c + " ");
    }
    g.drawString (sb.toString (), 20, 30); // 写入验证码

    }
}
```

执行结果

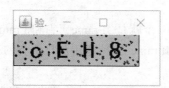

图 9.13 【例 9.14】执行结果

9.6 Swing

9.6.1 Swing 的三个组件

在本章的一开始就提到过 JDK 中针对 GUI 提供的 API 包括 AWT 和 Swing。前面的小节都是针对 AWT 组件进行讲解，接下来针对 Swing 组件进行讲解。相对于 AWT 来说，Swing 包中提供了更加丰富、便捷、强大的 GUI 组件，而且这些组件都是 Java 语言编写而成的，因此，Swing 组件不依赖于本地平台，可以真正做到跨平台运行。通常来讲，把依赖于本地平台的 AWT 组件称为重量级组件，而把不依赖本地平台的 Swing 组件称为轻量级组件。

学习 Swing 组件的过程和学习 AWT 差不多，大部分的 Swing 组件都是 JComponent 类的直接或者间接子类，而 JComponent 类是 AWT 中 java.awt.Container 的子类，说明 Swing 组件和 AWT 组件在继承树上形成了一定的关系。接下来通过一张继承关系图来描述一下 AWT 和 Swing 大部分组件的关联关系，如图 9.14 所示。

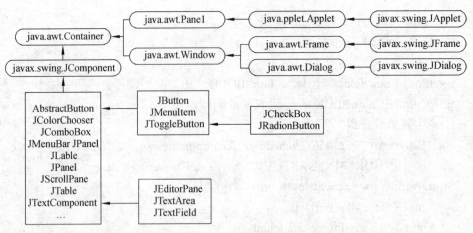

图 9.14　Swing 组件继承关系图

图 9.14 展示了一些常用的 Swing 组件，不难发现，这些组件的类名和对应的 AWT 组件类名基本一致，大部分都是在 AWT 组件类名的前面添加了 "J"，但也有一些例外，比如 Swing 的 JComboBox 组件对应的是 AWT 中的 Choice 组件（下拉框）。

另外还可以看出，Swing 中有三个组件是继承了 AWT 的 Window 类，而不是继承自 JComponent 类，它们分别是 JWindow、JFrame 和 JDialog，这三个组件是 Swing 中的顶级容器，它们都需要依赖本地平台，因此被称为重量级组件。其中，JWindow 和 AWT 中的 Window 一样很少被使用，一般都是用 JFrame 和 JDialog。

1. JFrame

在 Swing 组件中，最常见的一个就是 JFrame，它和 Frame 一样是一个独立存在的顶级窗口，不能放置在其他容器之中，JFrame 支持通用窗口所有的基本功能，例如窗口最小化、设定窗口大小等。

【例 9.15】下面通过案例来演示一下 JFrame 的效果，如文件 9-15 所示。

文件 9–15　Example15.java

```
packagecn.cswu.chapter09.example15;
importJava.awt.FlowLayout;
importJavax.swing.*;
/**
 * 日期：2020 年 03 月
 * 功能：JFrame 的使用
 * 作者：软件技术教研室
 */
public class Example15 extendsJFrame {
public Example15（）{
    this.setTitle（"JFrameTest"）;
    this.setSize（250，300）;
    // 定义一个按钮组件
    JButtonbt = newJButton（"按钮"）;
```

```
        // 设置流式布局管理器
        this.setLayout（new FlowLayout（ ））;
        // 添加按钮组件
        this.add（bt）;
        // 设置单击关闭按钮时的默认操作
        this.setDefaultCloseOperation（JFrame.EXIT_ON_CLOSE）;
        this.setVisible（true）;
    }
    public static void main（String[] args）{
        new Example15（ ）;
    }
    }
```

执行结果

图 9.15 【例 9.15】执行结果

2. JDialog

JDialog 是 Swing 的另外一个顶级窗口，它和 Dialog 一样都表示对话框。JDialog 对话框可分为两种：模态对话框和非模态对话框。所谓模态对话框是指用户需要等到处理完对话框后，才能继续与其他窗口交互的对话框；而非模态对话框是允许用户在处理对话框的同时与其他窗口交互的对话框。

对话框是模态或者非模态，可以在创建 JDialog 对象时为构造方法传入参数来设置，也可以在创建 JDialog 对象后调用它的 setModal（）方法来进行设置。JDialog 类的常用构造方法如表 9-6 所示。

表 9-6　JDialog 类的常用构造方法

方法声明	功能描述
JDialog（Frame owner）	构造方法，用来创建一个非模态的对话框，owner 为对话框所有者（顶级窗口 JFrame）
JDialog（Frame owner，String title）	构造方法，创建一个具有指定标题的非模态对话框
JDialog（Frame owner，boolean modal）	创建一个有指定模式的无标题对话框

表 9-6 列举了 JDialog 三种常用的构造方法，这三种构造方法都需要接收一个 Frame 类型的对象，表示对话框所有者，如果该对话框没有所有者，参数 owner 可以传入 null。在第三种构造方法中，参数 modal 用来指定 JDialog 窗口是模态还是非模态，如果 modal 值设置为 true，对话框就是模态对话框；反之则是非模态对话框。如果不设置 modal 的值，其默认值为 false，

也就是非模态对话框。

【例 9.16】下面通过一个案例来学习如何使用 JDialog 对话框，如文件 9-16 所示。

文件 9-16   Example16.java

```java
packagecn.cswu.chapter09.example16;

importJava.awt.*;
importJava.awt.event.*;
importJavax.swing.*;
/**
 * 日期：2020 年 03 月
 * 功能：JDialog 对话框的使用
 * 作者：软件技术教研室
 */
public class Example16 {
public static void main（String[] args）{
    // 建立两个按钮
    JButton btn1 = newJButton（"模态对话框"）;
    JButton btn2 = newJButton（"非模态对话框"）;
    JFrame f = newJFrame（"DialogDemo"）;
    f.setSize（300，250）;
    f.setLocation（300，200）;
    f.setLayout（new FlowLayout（））; // 为内容面板设置布局管理器
    // 在 Container 对象上添加按钮
    f.add（btn1）;
    f.add（btn2）;
    // 设置单击关闭按钮默认关闭窗口
    f.setDefaultCloseOperation（JFrame.EXIT_ON_CLOSE）;
    f.setVisible（true）;
    finalJLabel label = newJLabel（）;
    finalJDialog dialog = newJDialog（f, "Dialog"）; // 定义一个 JDialog 对话框
    dialog.setSize（220，150）; // 设置对话框大小
    dialog.setLocation（350，250）; // 设置对话框位置
    dialog.setLayout（new FlowLayout（））; // 设置布局管理器
    finalJButton btn3 = newJButton（"确定"）; // 创建按钮对象
    dialog.add（btn3）; // 在对话框的内容面板添加按钮
    // 为"模态对话框"按钮添加单击事件
    btn1.addActionListener（new ActionListener（）{
        public void actionPerformed（ActionEvent e）{
            // 设置对话框为模态
```

```
                    dialog.setModal（true）;
                    // 如果 JDialog 窗口中没有添加了 JLabel 标签，就把 JLabel 标签加上
                    if（dialog.getComponents（）.length == 1）{
                        dialog.add（label）;
                    }
                    // 否则修改标签的内容
                    label.setText（"模式对话框，单击确定按钮关闭"）;
                    // 显示对话框
                    dialog.setVisible（true）;
                }
            }）;
            // 为"非模态对话框"按钮添加单击事件
            btn2.addActionListener（new ActionListener（）{
                public void actionPerformed（ActionEvent e）{
                    // 设置对话框为非模态
                    dialog.setModal（false）;
                    // 如果 JDialog 窗口中没有添加了 JLabel 标签，就把 JLabel 标签加上
                    if（dialog.getComponents（）.length == 1）{
                        dialog.add（label）;
                    }
                    // 否则修改标签的内容
                    label.setText（"非模式对话框，单击确定按钮关闭"）;
                    // 显示对话框
                    dialog.setVisible（true）;
                }
            }）;
            // 为对话框中的按钮添加单击事件
            btn3.addActionListener（new ActionListener（）{
                public void actionPerformed（ActionEvent e）{
                    dialog.dispose（）;
                }
            }）;
        }
    }
```

执行结果

图 9.16 【例 9.16】执行结果

3. 中间容器

Swing 组件中不仅具有 JFrame 和 JDialog 这样的顶级窗口，还提供了一些中间容器，这些容器不能单独存在，只能放置在顶级窗口中。其中，最常见的中间容器有两种：JPanel 和 JScrollPane，具体介绍如下。

（1）JPanel：JPanel 和 AWT 中的 Panel 组件使用方法基本一致，它是一个无边框，不能被移动、放大、缩小或者关闭的面板，它的默认布局管理器是 FlowLayout。当然也可以使用 JPanel 带参数的构造函数 JPanel（LayoutManager layout）或者它的 setLayout（）方法为其制定布局管理器。

（2）JScrollPane：与 JPanel 不同的是，JScrollPane 是一个带有滚动条的面板容器，而且这个面板只能添加一个组件，如果想在 JScrollPane 面板中添加多个组件，应该先将组件添加到 JPanel 中，然后将 JPanel 添加到 JScrollPane 中。

9.6.2 面板组件

1. 面板组件（JPanel）

（1）介绍。

在图形用户界面编程中，如果只是普通的组件布局，那么用前面讲的三种布局管理器就可以解决，但当布局要求比较复杂时，就需要使用布局管理器的组合使用。

（2）使用。

JPanel：面板组件，非顶层容器，一个界面只可以有一个 JFrame 窗体组件，但可以有多个 JPanel 面板组件，而 JPanel 上也可以使用 FlowLayout、BorderLayout、GirdLayout 等各种布局管理器，这样可以组合使用达到较为复杂的布局效果。

JScrollPane 类的常用构造方法如表 9-7 所示。

表 9-7 JScrollPane 类的常用构造方法

方法声明	功能描述
JScrollPane（）	创建一个空的 JScrollPane 面板
JScrollPane（Component view）	创建一个显示指定组件的 JScrollPane 面板，只要组件的内容超过视图大小就会显示水平和垂直滚动条
JScrollPane（Component view, int vsbPolicy, int hsbPolicy）	创建一个显示指定容器并具有指定滚动条策略的 JScrollPane。参数 vsbPolicy 和 hsbPolicy 分别表示垂直滚动条策略和水平滚动条策略，应指定为 ScrollPaneConstants 的静态常量，如下所示： · HORIZONTAL_SCROLLBAR_AS_NEEDED：表示水平滚动条只在需要时显示，是默认策略 · HORIZONTAL_SCROLLBAR_NEVER：表示水平滚动条永远不显示 · HORIZONTAL_SCROLLBAR_ALWAYS：表示水平滚动条一直显示

表 9-7 中列出了 JScrollPane 的三种构造方法，其中，第一种构造方法用于创建一个空的 JScrollPane 面板；第二种构造方法用于创建显示指定组件的 JScrollPane 面板，这两种方法都比较简单；第三种构造方法是在第二种构造方法的基础上指定滚动条策略。如果在构造方法

中没用指定显示组件和滚动条策略，也可以使用 JScrollPane 提供的方法进行设置，如表 9-8 所示。

表 9-8　没用指定显示组件和滚动条策略时可使用的构造方法

方法声明	功能描述
void setHorizontalBarPolicy（int policy）	指定水平滚动条策略，即水平滚动条何时显示在滚动面板上
void setVerticalBarPolicy（int policy）	指定垂直滚动条策略，即水平滚动条何时显示在滚动面板上
void setViewportView（Component view）	设置在滚动面板显示的组件

表 9-9　JScrollPane 滚动策略常量值

常量属性	功能描述
VERTICAL_SCROLLBAR_AS_NEEDED HORIZONTAL_SCROLLBAR_AS_NEEDED	当填充的组件视图超过客户端窗口大小时，自动显示水平和竖直放行滚动条（JscrollPane 组件的默认值）
VERTICAL_SCROLLBAR_ALWAYS HORIZONTAL_SCROLLBAR_ALWAYS	无论填充的组件视图大小，始终显示水平和竖直放行滚动条
VERTICAL_SCROLLBAR_NEVER HORIZONTAL_SCROLLBAR_NEVER	无论填充的组件视图大小，始终不显示水平和竖直放行滚动条

【例 9.17】下面通过案例来演示一下如何向中间容器添加按钮，如文件 9-17 所示。

文件 9-17　Example17.java

```
packagecn.cswu.chapter09.example17;
importJava.awt.*;
importJavax.swing.*;
/**
 * 日期：2020 年 03 月
 * 功能：向中间容器添加按钮
 * 作者：软件技术教研室
 */
public class Example17 extendsJFrame {
public Example17（）{
    this.setTitle（"PanelDemo"）;
    // 创建滚动面板
    JScrollPanescrollPane = newJScrollPane（）;
    // 设置水平滚动条策略--滚动条一直显示
    scrollPane.setHorizontalScrollBarPolicy
（ScrollPaneConstants.HORIZONTAL_SCROLLBAR_AS_NEEDED）;
```

```
            // 设置垂直滚动条策略--滚动条需要时显示
            scrollPane.setVerticalScrollBarPolicy
( ScrollPaneConstants.VERTICAL_SCROLLBAR_ALWAYS );
        // 定义一个 JPanel 面板
        JPanel panel = newJPanel ( );
        // 在 JPanel 面板中添加四个按钮
        panel.add ( newJButton ( "按钮 1" ));
        panel.add ( newJButton ( "按钮 2" ));
        panel.add ( newJButton ( "按钮 3" ));
        panel.add ( newJButton ( "按钮 4" ));
        // 设置 JPanel 面板在滚动面板中显示
        scrollPane.setViewportView ( panel );
        // 将滚动面板添加到内容面板的 CENTER 区域
        this.add ( scrollPane，BorderLayout.CENTER );
        // 将一个按钮添加到内容面板的 SOUTH 区域
        this.setDefaultCloseOperation ( JFrame.EXIT_ON_CLOSE );
        this.setSize ( 400，250 );
        this.setVisible ( true );
    }
    public static void main ( String[] args ) {
        new Example17 ( );
    }
    }
```

执行结果

图 9.17   【例 9.17】执行结果

2. 文本组件

文本组件用于接收用户输入的信息或向用户展示信息，其中包括文本框（JTextField）、文本域（JTextArea）等，它们都有一个共同父类 JTextComponent。JTextComponent 是一个抽象类，它提供了文本组件常用的方法，如表 9-10 所示。

表 9-10 列出了几种对文本组件进行操作的方法，其中包括选中文本内容、设置文本内容以及获取文本内容等。由于 JTextField 和 JTextArea 这两个文本组件都继承了 JTextComponent 类，因此它们都可使用表 9-8 中的方法，但它们在使用上还有一定的区别。接下来就对这两个文本组件进行详细讲解。

表 9-10　文本组件常用的方法

方法描述	功能说明
String getText（）	返回文本组件中所有的文本内容
String getSelectedText（）	返回文本组件中选定的文本内容
void selectAll（）	在文本组件中选中所有内容
void setEditable（）	设置文本组件为可编辑或者不可编辑状态
void setText（String text）	设置文本组件的内容
void replaceSelection（String content）	用给定的内容替换当前选定的内容

（1）文本框（JTextField）。

JTextField 称为文本框，它只能接收单行文本的输入。JTextField 类的常用构造方法如表 9-11 所示。

表 9-11　JTextField 类的常用构造方法

方法描述	功能说明
JTextField（）	创建一个空的文本框，初始字符串为 null
JTextField（int columns）	创建一个具有指定列数的文本框，初始字符串为 null
JTextField（String text）	创建一个显示指定初始字符串的文本框
JTextField（String text，int column）	创建一个具有指定列数并显示指定初始字符串的文本框

（2）文本域（JTextArea）。

JTextArea 称为文本域，它能接收多行文本的输入，使用 JTextArea 构造方法创建对象时可以设定区域的行数、列数。JTextArea 类常用构造方法如表 9-12 所示。

表 9-12　JTextArea 类常用构造方法

方法描述	功能说明
JTextArea（）	创建一个空的文本域
JTextArea（String text）	创建显示指定初始字符串的文本域
JTextArea（int rows，int columns）	创建具有指定行和列的空的文本域
JTextArea（String text，int rows，int columns）	创建显示指定初始文本并指定了行列的文本域

表 9-12 中列出了四种 JTextArea 的构造方法，在创建文本域时，通常会使用最后两种构造方法，指定文本域的行数和列数。

3. 几个常用组件

在图形用户界面编程中，我们常常会提供用户登录界面，比如登录到会员管理系统，登录到工资管理系统、仓库管理系统等，这时候就会用到以下几个常见组件。

① 文本框（JTextField）。

② 密码框（JPasswordField）。

③ 标签（JLable）。

【例 9.18】下面编写一个聊天窗口，演示文本组件 JTextField 和 JTextArea 的使用，如文件 9-18 所示。

文件 9-18　Example18.java

```
packagecn.cswu.chapter09.example18;

importJava.awt.*;
importJava.awt.event.*;
importJavax.swing.*;
/**
 * 日期：2020 年 03 月
 * 功能：文本组件 JTextField 和 JTextArea 的使用
 * 作者：软件技术教研室
 */
public class Example18 extendsJFrame {
JButtonsendBt;
JTextFieldinputField;
JTextAreachatContent;
public Example18（）{
    this.setLayout（new BorderLayout（））;
    chatContent = newJTextArea（12，34）; // 创建一个文本域
    // 创建一个滚动面板，将文本域作为其显示组件
    JScrollPaneshowPanel = newJScrollPane（chatContent）;
    chatContent.setEditable（false）; // 设置文本域不可编辑
    JPanelinputPanel = newJPanel（）; // 创建一个 JPanel 面板
    inputField = newJTextField（20）; // 创建一个文本框
    sendBt = newJButton（"发送"）; // 创建一个发送按钮
    // 为按钮添加事件
    sendBt.addActionListener（new ActionListener（）{ // 为按钮添加一个监听事件
      public void actionPerformed（ActionEvent e）{// 重写 actionPerformed 方法
          String content = inputField.getText（）; // 获取输入的文本信息
          // 判断输入的信息是否为空
          if（content != null && !content.trim（）.equals（""））{
              // 如果不为空，将输入的文本追加到聊天窗口
              chatContent.append（"本人："+ content + "\n"）;
          } else {
              // 如果为空，提示聊天信息不能为空
              chatContent.append（"聊天信息不能为空" + "\n"）;
          }
```

```
                inputField.setText（ "" ）; // 将输入的文本域内容置为空
            }
        } );
        Label label = new Label（ "聊天信息" ）; // 创建一个标签
        inputPanel.add（ label ）; // 将标签添加到 JPanel 面板
        inputPanel.add（ inputField ）; // 将文本框添加到 JPanel 面板
        inputPanel.add（ sendBt ）; // 将按钮添加到 JPanel 面板
        // 将滚动面板和 JPanel 面板添加到 JFrame 窗口
        this.add（ showPanel，BorderLayout.CENTER ）;
        this.add（ inputPanel，BorderLayout.SOUTH ）;
        this.setTitle（ "聊天窗口" ）;
        this.setSize（ 400，300 ）;
        this.setDefaultCloseOperation（ JFrame.EXIT_ON_CLOSE ）;
        this.setVisible（ true ）;
    }

    public static void main（ String[] args ） {
        new Example18（ ）;
    }
}
```

执行结果

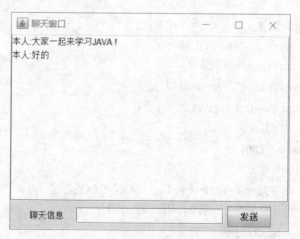

图 9.18　【例 9.18】执行结果

　　Swing 中提供了用于仅供展示的标签组件。标签组件主要用到的是 JLabel 组件。JLabel 组件可以显示文本、图像，还可以设置标签内容的垂直和水平对齐方式。常用的构造方法如表 9-13 所示。

表 9–13　JLabel 组件的构造方法：

方法声明	功能描述
JLabel()	创建无图像并且其标题为空字符串的 JLabel
JLabel(Icon image)	创建具有指定图像的 JLabel 实例
JLabel(Icon image, int horizontalAlignment)	创建具有指定图像和水平对齐方式的 JLabel 实例
JLabel(String text)	创建具有指定文本的 JLabel 实例
JLabel(String text, Icon icon, int horizontalAlignment)	创建具有指定文本、图像和水平对齐方式的 JLabel 实例
JLabel(String text, int horizontalAlignment)	创建具有指定文本和水平对齐方式的 JLabel 实例

【例 9.19】下面通过一个案例来演示创建一个 JLabel 标签组件，用来展示图片，请查看文件 9-19。

文件 9–19　example19.java

```
package cn.cswu.chapter09.example19;
importJava.awt.*;
importJavax.swing.*;
/**
 * 日期：2020 年 03 月
 * 功能：用 JLabel 标签组件来展示图片
 * 作者：软件技术教研室
 */
public class Example12 {
private static void createAndShowGUI() {
    // 1. 创建一个 JFrame 容器窗口
    JFrame f = newJFrame("JFrame 窗口");
    f.setLayout(new BorderLayout());
    f.setSize(300, 200);
    f.setLocation(300, 200);
    f.setVisible(true);
    f.setDefaultCloseOperation(JFrame.EXIT_ON_CLOSE);
    // 2. 创建一个 JLabel 标签组件，用来展示图片
    JLabel label1 = newJLabel();
    // 2.1. 创建一个 ImageIcon 图标组件，并加入 JLabel 中
    ImageIcon icon = new    ImageIcon("FruitStore.jpg");
    Image img = icon.getImage();
    // 2.2. 用于设置图片大小尺寸
    img = img.getScaledInstance(300, 150, Image.SCALE_DEFAULT);
```

```
            icon.setImage(img);
            label1.setIcon(icon);
            // 3. 创建一个页尾 JPanel 面板，并加入 JLabel 标签组件
            JPanel panel = newJPanel();
            JLabel label2 = newJLabel("欢迎进入水果超市",JLabel.CENTER);
            panel.add(label2);
            // 4. 向 JFrame 聊天窗口容器的顶部和尾部分别加入 JLabel 和 JPanel 组件
            f.add(label1, BorderLayout.PAGE_START);
            f.add(panel, BorderLayout.PAGE_END);
    }
    public static void main(String[] args) {
            // 使用 SwingUtilities 工具类调用 createAndShowGUI()方法并显示 GUI 程序
            SwingUtilities.invokeLater(Example19::createAndShowGUI);
    }
}
```

执行结果

4. 按钮组件

在 Swing 中，常见的按钮组件有 JButton、JCheckBox、JRadioButton 等，它们都是抽象类 AbstractButton 类的直接或间接子类。在 AbstractButton 类中提供了按钮组件通用的一些方法，如表 9-14 所示。

表 9-14　按钮组件的通用方法

方法描述	功能说明
Icon getIcon（ ）和 void setIcon（Icon icon）	设置或者获取按钮的图标
String getText（ ）和 void setText（String text）	设置或者获取按钮的文本
void setEnable（boolean b）	启用（当 b 为 true）或禁用（当 b 为 false）按钮
setSelected（boolean b）	设置按钮的状态，当 b 为 true 时，按钮是选中状态，反之为未选中状态
booleanisSelected（ ）	返回按钮的状态（true 为选中，反之为未选中）

（1）JCheckBox 组件。

JCheckBox 组件被称为复选框，它有选中（是）/未选中（非）两种状态，如果用户想接收的输入只有"是"和"非"，则可以通过复选框来切换状态。如果复选框有多个，则用户可以选中其中一个或者多个。

表 9-15 列举了创建 JCheckBox 对象时常用的构造方法。

表 9-15 JCheckBox 类的常用构造方法

方法描述	功能说明
JCheckBox（）	创建一个没有文本信息，初始状态未被选中的复选框
JCheckBox（String text）	创建一个带有文本信息，初始状态未被选中的复选框
JCheckBox （String text，boolean selected）	创建一个带有文本信息，并指定初始状态（选中/未选中）的复选框

表 9-15 列出了用于创建 JCheckBox 对象的三种构造方法。其中，第一种构造方法没有指定复选框的文本信息以及状态，如果想设置文本信息，可以通过调用 JCheckBox 从父类继承的方法来进行设置。例如调用 setText（String text）来设置复选框文本信息，调用 setSelected（boolean b）方法来设置复选框状态（是否被选中），也可以调用 isSelected（）方法来判断复选框是否被选中。第二种和第三种构造方法都指定了复选框的文本信息，而且第三种构造方法还指定了复选框初始化状态是否被选中。

（2）复选框与单选框组件。

在图形用户界面编程中，常常会提供用户注册界面，这时候就会用到几个常用组件：

① 复选框组件（JCheckBox）；

② 单选框组件（JRadioBuutton）。

特别说明：

同一组单选按钮必须先创建 ButtonGroup，然后把单选框组件放入 ButtonGroup 中。

【例 9.20】下面通过一个案例来演示 JCheckBox 组件的用法，如文件 9-20 所示。

文件 9-20　Example20.java

```
package cn.cswu.chapter09.example20;
importjava.awt.*;
importjava.awt.event.*;
importjavax.swing.*;
/**
 * 日期：2020 年 03 月
 * 功能：JCheckBox 组件的使用
 * 作者：软件技术教研室
 */
publicclassExample20 extendsJFrame {
privateJCheckBoxitalic;
privateJCheckBoxbold;
privateJLabellabel;

public Example20() {
    // 创建一个 JLabel 标签，标签文本居中对齐
    label = newJLabel("重庆城市管理职业学院欢迎你!",JLabel.CENTER);
    // 设置标签文本的字体
    label.setFont(new Font("宋体", Font.PLAIN, 20));
```

```
        this.add(label); // 在 CENTER 域添加标签
        JPanelpanel = newJPanel(); // 创建一个 JPanel 面板
        // 创建两个 JCheckBox 复选框
        italic = newJCheckBox("ITALIC");
        bold = newJCheckBox("BOLD");
        // 为复选框定义 ActionListener 监听器
        ActionListener listener = new ActionListener() {
            publicvoidactionPerformed(ActionEvente) {
                intmode = 0;
                if (bold.isSelected())
                    mode += Font.BOLD;
                if (italic.isSelected())
                    mode += Font.ITALIC;
                label.setFont(new Font("宋体", mode, 20));
            }
        };
        // 为两个复选框添加监听器
        italic.addActionListener(listener);
        bold.addActionListener(listener);
        // 在 JPanel 面板添加复选框
        panel.add(italic);
        panel.add(bold);
        // 在 SOUTH 域添加 JPanel 面板
        this.add(panel, BorderLayout.SOUTH);
        this.setDefaultCloseOperation(JFrame.EXIT_ON_CLOSE);
        this.setSize(300, 300);
        this.setVisible(true);
    }

    publicstaticvoid main(String[] args) {
        new Example20();
    }
}
}
```

执行结果

图 9.19 【例 9.20】执行结果

（3）JRadionButton 组件。

JRadioButton 组件被称为单选按钮，与 JCheckBox 复选框不同的是，单选按钮只能选中一个。就像随身听上的播放和快进按钮，当按下一个按钮时，先前按下的按钮就会自动弹起。对于 JRadioButton 按钮来说，当一个按钮被选中时，先前被选中的按钮就会自动取消选中。

由于 JRadioButton 组件本身并不具备这种功能，因此，若想实现 JRadioButton 按钮之间的互斥，需要使用 javax.swing.ButtonGroup 类。它是一个不可见的组件，不需要将其增加到容器中显示，只是在逻辑上表示一个单选按钮组。将多个 JRadioButton 按钮添加到同一个单选按钮组对象中，就能实现按钮的单选功能。表 9-14 列举了创建 JRadioButton 对象常见的构造方法。

表 9-14　JRadioButton 类的常用构造方法

方法描述	功能说明
JRadioButton（）	创建一个没有文本信息、初始状态未被选中的单选框
JRadioButton（String text）	创建一个带有文本信息、初始状态未被选定的单选框
JRadioButton（String text，boolean selected）	创建一个具有文本信息，并指定初始状态（选中/未选中）的单选框

【例 9.21】下面通过一个案例来演示 JRadioButton 组件的用法，如文件 9-21 所示。

文件 9-21　Example21.java

```
packagecn.cswu.chapter09.example21;
importJava.awt.*;
importJavax.swing.*;
importJava.awt.event.*;
/**
 * 日期：2019 年 12 月
 * 功能：JCheckBox 组件的使用
 * 作者：软件技术教研室
 */
public class Example21 extendsJFrame {
private ButtonGroup group; // 单选按钮组对象
privateJPanel panel; //JPanel 面板放置三个 JRadioButton 按钮
privateJPanel pallet; //JPanel 面板作为调色板

public Example21（）{
    pallet = newJPanel（）;
    this.add（pallet，BorderLayout.CENTER）; // 将调色板面板放置了 CENTER 区域
    panel = newJPanel（）;
    group = new ButtonGroup（）;
    // 调用 addJRadioButton（）方法
```

```java
        addJRadioButton（"灰"）;
        addJRadioButton（"粉"）;
        addJRadioButton（"黄"）;
        this.add（panel，BorderLayout.SOUTH）;
        this.setSize（300，300）;
        this.setDefaultCloseOperation（JFrame.EXIT_ON_CLOSE）;
        this.setVisible（true）;
    }


    /**
     *JRadioButton 按钮的文本信息用于创建一个带有文本信息的 JRadioButton 按钮
     * 将按钮添加到 panel 面板和 ButtonGroup 按钮组中并添加监听器
     */
    private void addJRadioButton（final String text）{
        JRadioButtonradioButton = newJRadioButton（text）;
        group.add（radioButton）;
        panel.add（radioButton）;
        radioButton.addActionListener（new ActionListener（）{
            public void actionPerformed（ActionEvent e）{
                Color color = null;
                if（"灰".equals（text））{
                    color = Color.GRAY;
                } else if（"粉".equals（text））{
                    color = Color.PINK;
                } else if（"黄".equals（text））{
                    color = Color.YELLOW;
                } else {
                    color = Color.WHITE;
                }
                pallet.setBackground（color）;
            }
        }）;
    }


    public static void main（String[] args）{
        new Example21（）;
    }
}
```

执行结果

图 9.20 【例 9.21】执行结果

5. JComboBox 组件

JComboBox 组件被称为组合框或者下拉列表框，它将所有选项折叠收藏在一起，默认显示的是第一个添加的选项。当用户单击组合框时，会出现下拉式的选择列表，用户可以从中选择其中一项并显示。

JComboBox 组合框组件分为可编辑和不可编辑两种形式。对于不可编辑的组合框，用户只能在现有的选项列表中进行选择；对于可编辑的组合框，用户既可以在现有的选项中选择，也可以自己输入新的内容。需要注意的是，自己输入的内容只能作为当前项显示，并不会添加到组合框的选项列表中。表 9-15 列举 JComboBox 类的常用构造方法。

表 9-15　JComboBox 类的常用构造方法

方法描述	功能说明
JComboBox（）	创建一个没有可选项的组合框
JComboBox（Object[] items）	创建一个组合框，将 Object 数组中的元素作为组合框的下拉列表选项
JComboBox（Vector items）	创建一个组合框，将 Vector 集合中的元素作为组合框的下拉列表选项

在使用 JComboBox 时，需要用到它的一些常用方法，如表 9-16 所示。

表 9-16　JComboBox 的常用方法

方法描述	功能说明
void addItem（Object anObject）	为组合框添加选项
void insertItemAt（Object anObject，int index）	在指定的索引处插入选项
Object getItemAt（int index）	返回指定索引处选项，第一个选项的索引为 0
int getItemCount（）	返回组合框中选项的数目
Object getSelectedItem（）	返回当前所选项
void removeAllItems（）	删除组合框中所有的选项
void removeItem（Object object）	从组合框中删除指定选项
void removeItemAt（int index）	移除指定索引处的选项
void setEditable（booleanaFlag）	设置何况的选项是否可编辑，aFlag 为 true 则可编辑，反之则不可编辑

在图形用户界面编程中，常常会提供用户调查界面，这个时候会用到：

① 下拉框组件（JComboBox）；

② 列表框组件（JList）；

③ 滚动窗格组件（JScrollPane）。

特别说明：

一般来说，列表框组件+滚动窗格组件是结合使用的，目的是让列表框中的选项可以有滚动条支持。

【例 9.22】下面通过一个案例来演示 JComboBox 组件的具体用法，如文件 9-22 所示。

文件 9-22　Example22.java

```java
Package    cn.cswu.chapter09.example22;
importJava.awt.*;
importJava.awt.event.*;
importJavax.swing.*;
/**
 * 日期：2020 年 03 月
 * 功能：JComboBox 组件的用法
 * 作者：软件技术教研室
 */
public class Example22 extendsJFrame {
privateJComboBoxcomboBox；// 定义一个 JComboBox 组合框
privateJTextField field；// 定义一个 JTextField 文本框

public Example21（）{
    JPanel panel = newJPanel（）；// 创建 JPanel 面板
    comboBox = newJComboBox（）；
    // 为组合框添加选项
    comboBox.addItem（"请选择城市"）；
    comboBox.addItem（"北京"）；
    comboBox.addItem（"天津"）；
    comboBox.addItem（"南京"）；
    comboBox.addItem（"上海"）；
    comboBox.addItem（"重庆"）；
    // 为组合框添加事件监听器
    comboBox.addActionListener（ new ActionListener（）{
        public void actionPerformed（ActionEvent e）{
            String item =（String）comboBox.getSelectedItem（）；
            if（"请选择城市".equals（item））{
                field.setText（""）；
            } else {
                field.setText（"您选择的城市是："+ item）；
            }
```

```
            }
        } );
        field = newJTextField（20）;
        panel.add（comboBox）; // 在面板中添加组合框
        panel.add（field）; // 在面板中添加文本框
        // 在内容面板中添加 JPanel 面板
        this.add（panel，BorderLayout.NORTH）;
        this.setSize（350，100）;
        this.setDefaultCloseOperation（JFrame.EXIT_ON_CLOSE）;
        this.setVisible（true）;
    }

    public static void main（String[] args）{
        new Example22（ ）;
    }
}
```

执行结果

图 9.21 【例 9.22】执行结果

9.7 菜单组件

在 GUI 程序中，菜单是很常见的组件，利用 Swing 提供的菜单组件可以创建出多种样式的菜单。接下来重点对下拉式菜单和弹出式菜单进行介绍。

1. 下拉式菜单

下拉式菜单是很常用的，比如计算机中很多文件的菜单都是下拉式的。在 GUI 程序中，创建下拉式菜单需要使用三个组件：JMenuBar（菜单栏）、JMenu（菜单）和 JMenuItem（菜单项），以记事本为例，这三个组件在菜单中对应的位置如图 9.22 所示。

图 9.22 中分别指出了菜单的三个组件，接下来针对这三个组件进行详细讲解。

（1）JMenuBar。

JMenuBar 表示一个水平的菜单栏，它用来管理菜单，不参与同用户的交互式操作。菜单栏可以放在容器的任何位置，但通常情况下会使用顶级窗口（如 JFrame、JDialog）的 setJMenuBar（JMenuBarmenuBar）方法将它放置在顶级窗口的顶部。JMenuBar 有一个无参构造函数，当创建菜单栏时，只需要使用 new 关键字创建 JMenuBar 对象即可。创建完菜单栏对象后，可以调用它的 add（JMenu c）方法为其添加 JMenu 菜单。

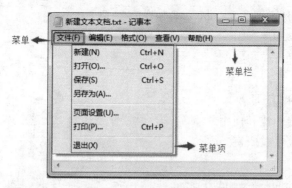

图 9.22　三个组件在记事本的菜单中对应的位置

（2）JMenu。

JMenu 表示一个菜单，它用来整合管理菜单项。菜单可以是单一层次的结构，也可以是多层次的结构。在大多数情况下，会使用构造函数 JMenu（String text）创建 JMenu 菜单，其中参数 text 表示菜单上的文本。

JMenu 中还有一些常用的方法，如表 9-17 所示。

表 9-17　JMenu 类的常用方法

方法声明	功能描述
voidJMenuItem add（JMenuItemmenuItem）	将菜单项添加到菜单末尾，返回此菜单项
void addSeparator（）	将分隔符添加到菜单的末尾
JMenuItemgetItem（int pos）	返回指定索引处的菜单项，第一个菜单项的索引为 0
int getItemCount（）	返回菜单上的项数，菜单项和分隔符都计算在内
voidJMenuItem insert（JMenuItemmenuItem，int pos）	在指定索引处插入菜单项
void insertSeparator（int pos）	在指定索引处插入分隔符
void remove（int pos）	从菜单中移除指定索引处的菜单项
void remove（JMenuItemmenuItem）	从菜单中移除指定的菜单项
void removeAll（）	从菜单中移除所有的菜单项

（3）JMenuItem。

JMenuItem 表示一个菜单项，它是菜单系统中最基本的组件。和 JMenu 菜单一样，在创建 JMenuItem 菜单项时，通常会使用构造方法 JMenuItem（String text）为菜单项指定文本内容。

由于 JMenuItem 类是继承自 AbstractButton 类的，因此可以把它看作一个按钮。如果使用无参的构造方法创建了一个菜单项，则可以调用从 AbstractButton 类中继承的 setText（String text）方法和 setIcon（）方法为其设置文本和图标。

【例 9.23】下面通过一个案例来学习菜单的创建和使用，如文件 9-23 所示。

```
packagecn.cswu.chapter09.example23；
importJava.awt.event.*；
importJavax.swing.*；
/**
 * 日期：2020 年 03 月
 * 功能：菜单的创建和使用
 * 作者：软件技术教研室
 */
public class Example23 extendsJFrame {
public Example22（ ）{
    JMenuBarmenuBar = newJMenuBar（ ）；// 创建菜单栏
    this.setJMenuBar（menuBar）；// 将菜单栏添加到 JFrame 窗口中
    JMenu menu = newJMenu（"操作"）；// 创建菜单
    menuBar.add（menu）；// 将菜单添加到菜单栏上
    // 创建两个菜单项
    JMenuItem item1 = newJMenuItem（"弹出窗口"）；
    JMenuItem item2 = newJMenuItem（"关闭"）；
    // 为菜单项添加事件监听器
    item1.addActionListener（new ActionListener（ ）{
        public void actionPerformed（ActionEvent e）{
            // 创建一个 JDialog 窗口
            JDialog dialog = newJDialog（Example22.this，true）；
            dialog.setTitle（"弹出窗口"）；
            dialog.setSize（200，200）；
            dialog.setLocation（50，50）；
            dialog.setVisible（true）；
        }
    }）；
    item2.addActionListener（new ActionListener（ ）{
        public void actionPerformed（ActionEvent e）{
            System.exit（0）；
        }
    }）；
    menu.add（item1）；// 将菜单项添加到菜单中
    menu.addSeparator（ ）；// 添加一个分隔符
    menu.add（item2）；
    this.setDefaultCloseOperation（JFrame.EXIT_ON_CLOSE）；
    this.setSize（300，300）；
```

```
            this.setVisible（true）;
    }

    public static void main（String[] args）{
        new Example23（）;
    }
}
```

执行结果

图 9.23　【例 9.23】执行结果

2. 弹出式菜单

弹出式菜单同样也是很常见的，例如在 Windows 桌面单击鼠标右键会出现一个菜单，那就是弹出式菜单。在 Java 的 Swing 组件中，弹出式菜单用 JPopupMenu 表示。

JPopupMenu 弹出式菜单和下拉式菜单一样，都通过调用 add（）方法添加 JMenuItem 菜单项，但它默认是不可见的。如果想要显示出来，则必须调用它的 show（Component invoker，int x，int y）方法，该方法中参数 invoker 表示 JPopupMenu 菜单显示位置的参考组件，x 和 y 表示 invoker 组件坐标空间中的一个坐标，显示的是 JPopupMenu 菜单的左上角坐标。

【例 9.24】下面通过案例来演示 JPopup 组件的用法，如文件 9-24 所示。

文件 9-24　Example24.java

```
packagecn.cswu.chapter09.example24;
importJava.awt.event.*;
importJavax.swing.*;
/**
 * 日期：2020 年 03 月
 * 功能：右键单击弹出式菜单用 JPopupMenu 的使用
 * 作者：软件技术教研室
 */
public class Example24 extendsJFrame {
privateJPopupMenupopupMenu;

public Example24（）{
    // 创建一个 JPopupMenu 菜单
    popupMenu = newJPopupMenu（）;
    // 创建三个 JMenuItem 菜单项
    JMenuItemrefreshItem = newJMenuItem（"refresh"）;
    JMenuItemcreateItem = newJMenuItem（"create"）;
```

```java
        JMenuItemexitItem = newJMenuItem（"exit"）;
        // 为 exitItem 菜单项添加事件监听器
        exitItem.addActionListener（new ActionListener（）{
            public void actionPerformed（ActionEvent e）{
                System.exit（0）;
            }
        }）;
        // 往 JPopupMenu 菜单添加菜单项
        popupMenu.add（refreshItem）;
        popupMenu.add（createItem）;
        popupMenu.addSeparator（）;
        popupMenu.add（exitItem）;
        // 为 JFrame 窗口添加 clicked 鼠标事件监听器
        this.addMouseListener（new MouseAdapter（）{
            public void mouseClicked（MouseEvent e）{
                // 如果单击的是鼠标的右键，显示 JPopupMenu 菜单
                if（e.getButton（）== e.BUTTON3）{
                    popupMenu.show（e.getComponent（），e.getX（），e.getY（））;
                }
            }
        }）;
        this.setSize（300，300）;
        this.setDefaultCloseOperation（JFrame.EXIT_ON_CLOSE）;
        this.setVisible（true）;
    }

    public static void main（String[] args）{
        new Example24（）;
    }
}
```

执行结果

图 9.24 【例 9.24】执行结果

3. JTable

表格也是 GUI 程序中常用的组件，表格是一个由多行、多列组成的二维显示区。Swing 的 JTable 以及相关类提供了对这种表格的支持。使用了 JTable 以及相关类，程序既可以使用简单代码创建表格来显示二维数据，也可以开发出功能丰富的表格，还可以为表格定制各种显示外观、编辑特性。

使用 JTable 来创建表格是非常容易的事情，它可以把一个二维数据包装成一个表格，这个二维数据既可以是一个二维数组，也可以是集合元素 Vector 对象（Vector 里面包含 Vector 形成二维数据）。除此之外，为了给该表格的每一列指定列标题，还需要传入一个一维数据作为列标题，这个一维数据既可以是一维数组，也可以是 Vector 对象。

JTable 的构造函数如表 9-18 所示。

表 9-18　JTable 的构造函数

方法描述	功能说明
JTable（）	建立一个新的 JTable，并使用系统默认的 Model
JTable（int numRows, int numColumns）	建立一个具有 numRows 行，numColumns 列的空表格，使用的是 DefaultTableModel
JTable（Object[][] rowData, Object[][] columnNames）	建立一个显示二维数组数据的表格，且可以显示列的名称
JTable（TableModel dm）	建立一个 JTable，有默认的字段模式以及选择模式，并设置数据模式
JTable（TableModel dm, TableColumnModel cm）	建立一个 JTable，设置数据模式与字段模式，并有默认的选择模式
JTable（TableModel dm, TableColumnModel cm, ListSelectionModelsm）	建立一个 JTable，设置数据模式、字段模式、与选择模式
JTable（Vector rowData, Vector columnNames）	建立一个以 Vector 为输入来源的数据表格，可显示行的名称

在表 9-18 中，TableModel 是用来存储列表数据的，数据包括表头的标题数据与表体的实体数据。TableModel 为功能接口，通常使用其具体的实现类 DefaultTableModel，其构造方法如下：

```
public DefaultTableModel（Objext[][]    tbody，Object[]    thead）
```

在上述代码中，tbody 表示表体，为一个二维数组；thead 表示表头，为一个一维数组。其具体描述如下。

表体：是一个 Object 类型的二维数组，由于多态的自动类型提升，可以直接使用 String[][] 来存储数据。

表头：是一个 Object 类型的一维数组，同样可以直接使用 String[]来存储所有的标题字符串。

【例 9.25】下面通过案例来学习如何使用 JTable 来创建一个简单表格，如文件 9-25 所示。

```java
package cn.cswu.chapter08.example25;
importJavax.swing.*;
/**
 * 日期：2020 年 03 月
 * 功能：JTable 简单表格的使用
 * 作者：软件技术教研室
 */
public class Example25 {
//创建 JFrame 窗口
JFramejf = newJFrame("简单表格");
//声明 JTable 类型的变量 table
JTable table;
// 1.定义一维数组作为列标题
Object[] columnTitle = { "姓名", "年龄", "性别" };
// 2.定义二维数组作为表格行对象数据
Object[][] tableDate = {
        new Object[] { "李咏霞", 29, "女" },
        new Object[] { "朱儒明", 56, "男" },
        new Object[] { "唐世毅", 35, "男" },
        new Object[] { "吴科宏", 28, "男" },
        new Object[] { "单光庆", 42, "男" }
    };
        // 3.使用 JTable 对象创建表格
public void init() {
        // 以二维数组和一维数组来创建一个 JTable 对象
        table = newJTable(tableDate, columnTitle);
        // 将 JTable 对象放在 JScrollPane 中，并将该 JScrollPane 放在窗口中显示出来
        jf.add(newJScrollPane(table));
        //设置自适应 JFrame 窗体大小
        jf.pack();
        //设置单击关闭按钮时默认为退出
        jf.setDefaultCloseOperation(JFrame.EXIT_ON_CLOSE);
        //设置窗体可见
        jf.setVisible(true);
    }
public static void main(String[] args) {
        new Example25().init();
    }
}
```

姓名	年龄	性别
李咏霞	29	女
朱儒明	56	男
唐世毅	35	男
吴科宏	28	男
单光庆	42	男

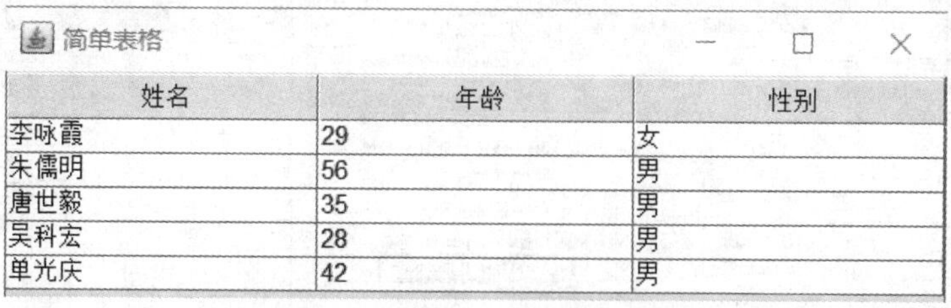

图 9.25 【例 9.25】执行结果

9.8 JavaFX 图形用户界面工具

JavaFX 同 Swing 一样，都用于处理图形用户界面。JavaFX 是一个强大的图形和多媒体处理工具包集合。允许开发者来设计、创建、测试、调试和部署富客户端程序（Rich Client Applications）。JavaFX 和 Java 一样具有跨平台特性。

9.8.1 JavaFX 概述——核心版本发展

JavaFX 1.0：使用 JavaFX Script 的静态、声明式的编程语言来开发 JavaFX 应用程序。

JavaFX 2.0：之后的版本摒弃了 JavaFX Script 语言，而是作为一个 JavaAPI 来使用。同时该版本包含非常丰富的 UI 控件、图形和多媒体特性用于简化可视化应用的开发。

JavaFX 8：从 JDK 7u6 开始，JavaFX 就与 JDK 捆绑使用，并结合 JDK 8 的新增特性，直接将其新版本定为 JavaFX 8。JavaFX 8 版本进一步增加了多种功能，如动画、3D 效果等。

JavaFX 8 主要特性有：支持 JavaAPI 直接调用；可以使用 FXML 和 Scene Builder 设计图形用户界面；提供 WebView 组件；实现 Web 页面嵌入；支持与 Swing 互操作；内嵌 UI 控件和 CSS 样式；支持 3D 图形处理能力。

9.8.2 JavaFX 开发环境配置

从 JDK 7u6 才开始包含 JavaFX 类库，并且最新比较稳定的 JavaFX 完全结合了 JDK 8 的特性。要运行 JavaFX 应用程序，建议在系统中安装 JDK 8 或更高版本，否则，使用低版本的 JDK 还需要额外导入 jfxrt.jar 等包。IDE（如 Eclipse、NetBeans、IntelliJ IDEA）也为 JavaFX 提供了支持，在使用这些 IDE 工具进行 JavaFX 开发时，需要进行相应配置。在使用 Eclipse 进行 JavaFX 开发时，除了所依赖的 JDK 8，还需要用到一个名为 e(fx)clipse 的插件，该插件是 JavaFX 开发所需的工具库。

1. JavaFX 开发环境配置——Eclipse 中安装配置 e(fx)clipse 插件

（1）打开 Eclipse 工具，选中并打开 "Help" 菜单栏下拉列表中的 "Install New Software…" 选项，如图 9.26 所示。

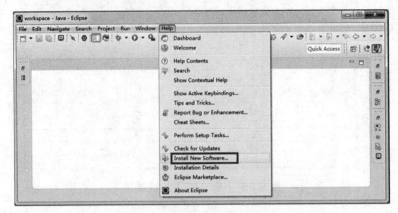

图 9.26　Eclipse 中安装配置 e(fx)clipse 插件向导

（2）在打开的弹窗中单击【Add...】按钮，在新出现的"Add Repository"窗口中，分别输入需要安装的插件名称和地址，然后单击【OK】按钮，如图 9.27 所示。

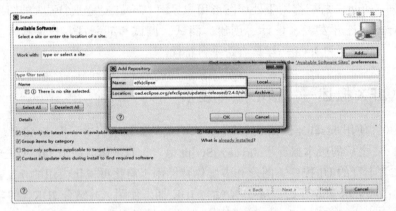

图 9.27　"Add Repository" 窗口

【注意】图 9.27 中在 Eclipse 4.6 版本上安装 e(fx)clipse 插件，e(fx)clipse 插件链接地址版本为 2.4.0，必须与 Eclipse 版本匹配，否则安装过程中可能会出现所需版本软件不存在的错误。

（3）添加完 e(fx)clipse 插件的配置信息后，在"Install"窗口中选中出现的两个复选框选项，如图 9.28 所示。

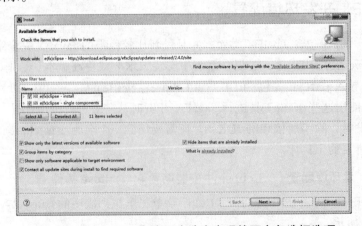

图 9.28　在"Install"窗口中选中出现的两个复选框选项

接着依次单击【Next】按钮，直到弹出"Review Licenses"窗口界面，在该界面中选中"I accept the terms of the license agreement"选项，单击【Finish】按钮即可进入插件安装状态，安装完成后根据提示重启 Eclipse 即可。

（4）重启 Eclipse 后，依次选择"File"→"New"→"Others..."会出现"Select a wizard"弹窗，展示 JavaFX 插件信息，说明 e(fx)clipse 插件安装成功，如图 9.29 所示。

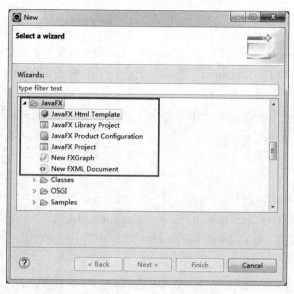

图 9.29　e(fx)clipse 插件安装成功状态

9.8.3　JavaFX 基础入门

（1）创建 JavaFX 项目。打开 Eclipse，并在 Eclipse 中依次选择"File"→"New"→"Others…"→"JavaFX Project"选项，创建一个名称为"javaFX"的项目，项目创建成功后，如图 9.30 所示。

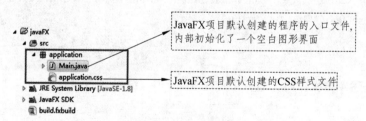

图 9.30　成功创建"javaFX"的项目

（2）编辑 Main.java 文件。

```
public class Main extends Application {
        public void start(Stage stage) throws Exception {
                Parent                                    root                          =
FXMLLoader.load(getClass().getResource("fxml_example.fxml"));
                Scene scene = new Scene(root, 300, 275);
        stage.setTitle("FXML Welcome");
```

```
stage.setScene(scene);
stage.show();        // 将图形界面窗口设置为可见
    }
            public static void main(String[] args) {
                launch(args);        // 通过 Application 抽象类的 launch()方法启动程序
        }
        }
```

（3）创建 fxml_example.fxml 文件。在 Main.java 文件同级目录下依次选择"File"→"New"→
"Others…"→"New FXML Document"选项，创建一个名称为"fxml_example"的 fxml 格式
文件。

```
<?xml version="1.0" encoding="UTF-8"?>
<!-- 引入 JavaFX 工具相关类-->
<?importJava.net.*?>
...
<!-- 创建一个 GridPane 网格式面板组件-->
<GridPanefx:controller="application.FXMLExampleController"
xmlns:fx="http://javafx.com/fxml" alignment="center"    hgap="10" vgap="10">
...
</GridPane>
```

（4）创建并编辑 FXMLExampleController.java 文件。在 Main.java 文件同级目录下创建一
个名为 FXMLExampleController 的事件处理类，并编写事件处理方法。

```
public class FXMLExampleController {
        // 与 fxml_example.fxml 文件中的登录提示框 fx:id 一致
        @FXML private Text actiontarget;
        // 为 fxml_example.fxml 文件中的登录按钮编写事件处理
        @FXML protected void handleSubmitButtonAction(ActionEvent event) {
actiontarget.setText("单击了登录按钮");
        }
    }
```

（4）完成上述 4 步操作后，运行主程序 Main 类，结果如图 9.31 所示。

图 9.31　运行主程序 Main 类结果

（5）为 fxml_example.fxml 图形布局文件引入外联的 CSS 样式文件。

（6）编辑 application.css 样式文件。打开 application.css 样式文件，为图 9.32 所示的 JavaFX 图形用户接口项目编写 CSS 样式。

（7）当编写完并引入 application.css 样式文件成功后，再次启动主程序入口 Main 类中的 main()方法，结果如图 9.32 所示。

图 9.32　Main 类中的 main()方法运行结果

JavaFX Scene Builder 是一种可视布局管理工具，允许用户快速设计 JavaFX 应用程序用户界面，而无须编码。用户可以将 UI 组件拖放到工作区，修改其属性、应用样式表。创建的布局会在后台自动生成一个结果为 FXML 格式的文件。想在 Eclipse 中使用 JavaFX Scene Builder 工具，就必须先进行配置，在配置之前要先保证 Eclipse 安装了 e(fx)clipse 插件。

9.8.4　JavaFX 可视化管理工具——JavaFX Scene Builder 工具的下载与安装

（1）下载 JavaFX Scene Builder。

进入 http://www.oracle.com/technetwork/java/javase/downloads/javafxscenebuilder-1x- archive-2199384.html 下载页面，选择对应平台的版本进行下载，这里以 JavaFX Scene Builder2 版本为例，如图 9.33 所示。

Product / File Description	File Size	Download
Windows 32/64 bit (msi)	56.1 MB	⬇ javafx_scenebuilder-2_0-windows.msi
Mac OS X (dmg)	68.6 MB	⬇ javafx_scenebuilder-2_0-macosx-universal.dmg
Linux 32-bit (deb)	61.5 MB	⬇ javafx_scenebuilder-2_0-linux-i586.deb
Linux 32-bit (tar.gz)	61.8 MB	⬇ javafx_scenebuilder-2_0-linux-i586.tar.gz
Linux 64-bit (tar.gz)	60.7 MB	⬇ javafx_scenebuilder-2_0-linux-x64.tar.gz
Linux 64-bit (deb)	60.5 MB	⬇ javafx_scenebuilder-2_0-linux-x64.deb
JavaFX Scene Builder 2.0 Samples	0.3 MB	⬇ javafx_scenebuilder_samples-2_0.zip
JavaFX Scene Builder 2.0 Kit API Documentation	1.2 MB	⬇ javafx_scenebuilder_kit_javadoc-2_0.zip
JavaFX Scene Builder 2.0 Kit Samples	68 KB	⬇ javafx_scenebuilder_kit_samples-2_0.zip
Back to top		

JavaFX Scene Builder 2.0 Related Downloads

You must accept the Oracle BSD to download this software.

◉ Accept License Agreement　○ Decline License Agreement

图 9.33　JavaFX Scene Builder 下载页面

（2）安装 JavaFX Scene Builder。下载完成后，会得到一个 javafx_scenebuilder-2_0-windows. msi 安装文件，直接双击文件进行安装，安装过程中可以通过【更改(C)... 】按钮来更改安装目录，如图 9.34 所示。

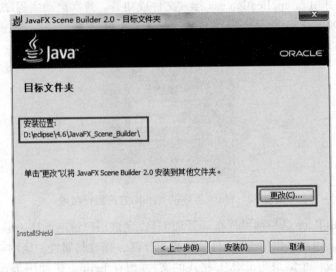

图 9.34　安装 JavaFX Scene Builder

（3）在 Eclipse 中配置 JavaFX Scene Builder。在 Eclipse 中，打开 Window 菜单下的 "Preferences" 选项窗口，找到 JavaFX 的配置位置，在右侧窗口中通过【Browse... 】按钮配置安装的 JavaFX Scene Builder 工具位置，最后单击【OK】按钮即可，如图 9.35 所示。

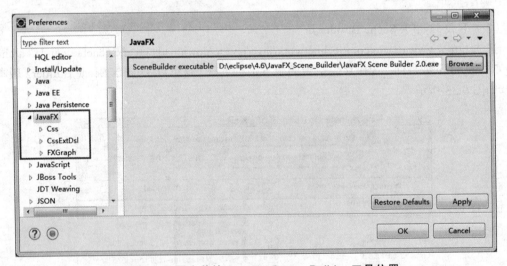

图 9.35　配置安装的 JavaFX Scene Builder 工具位置

（4）JavaFX Scene Builder 工具的基本使用。

① 创建 test.fxml 文件。在 JavaFX 项目的 application 目录下创建一个名为 test.fxml 的 fxml 格式文件，鼠标右键选中并使用 "Open with SceneBuilder" 选项打开，结果如图 9.36 所示。

② 用鼠标选中中间区域的 AnchorPane 面板组件（打开 fxml 文件时默认的面板组件），将该组件拉伸至合适大小，接着在左上角区域选择 Lable 组件拖拽至 AnchorPane 面板组件内，

并在右边组件属性设置区域对该 Lable 组件进行简单设置，结果如图 9.37 所示。

图 9.36　使用"Open with SceneBuilder"选项打开

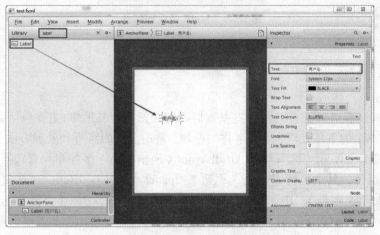

图 9.37　对 Lable 组件进行简单设置

③ 参考上述方式再次添加其他组件，如输入框、密码、登录按钮等，结果如图 9.38 所示。

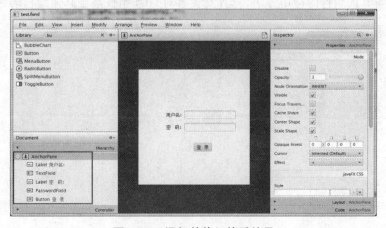

图 9.38　添加其他组件后结果

完成需求组件的设计后，可以直接保存并关闭该窗口，此时通过可视化工具设计的布局文件代码会在自动生成到 test.fxml 文件中。

④ 为了验证 JavaFX Scene Builder 工具的设计效果，可以对文件 Main.java 文件中第 8~9 行代码进行修改，引入 test.fxml 布局文件。

Parent root = FXMLLoader.load(getClass().getResource("test.fxml"));

⑤ 再次启动主程序入口 Main 类，结果如图 9.39 所示。

图 9.39　Main 类运行结果

9.9　本章小结

本章主要向读者讲解了 GUI 的一些基本原理和开发技巧及思想，主要包括 AWT 创建 GUI 的基本方法，AWT 的事件处理机制、事件的原理、常用事件的监听和处理方法，BorderLayout（边界布局）、FlowLayout（流布局）、GridLayout（网格布局）多种布局管理器；介绍了一些常用的 Swing 组件，其中包括 JFrame（框架）、Jpanel（面板）、JButton（按钮）、JLable（标签）、JTextField（文本框）、JPasswordField（密码框）、JCheckBox（复选框）、JRadioButton（单选框）、JComboBox（下拉框）、JScrollPane（滚动窗格）、JList（列表框）等。

GUI 是本教材中相对独立的一章内容，Swing 中的某些组件使用上与 AWT 的组件还有些不同，所以读者如果想进一步了解 GUI，建议查阅 JDK 文档中的一些 Demo 程序，或者下载相关资料来了解其他组件的使用方法，这才是读者对 GUI 组件甚至其他编程语言的学习之道。

第10章　JDBC

在软件开发过程中，经常要使用数据库来存储和管理数据。为了在 Java 语言中提供对数据库访问的支持，Sun 公司于 1996 年提供了一套访问数据库的标准 Java 类库，即 JDBC。本章将围绕 JDBC 常用 API、JDBC 基本操作等知识进行详细讲解。

10.1　JDBC

JDBC 的全称是 Java 数据库连接（Java DataBase Connectivity），它是一套用于执行 SQL 语句的 JavaAPI。应用程序可通过这套 API 连接到关系型数据库，并使用 SQL 语句来完成对数据库中数据的查询、新增、更新和删除等操作。不同的数据库（如 MySQL、Oracle 等）在其内部处理数据的方式是不同的，因此，每一个数据库厂商都提供了自己数据库的访问接口。直接使用数据库厂商提供的访问接口操作数据库，程序的可移植性变得很差。而 JDBC 要求各个数据库厂商按照统一的规范来提供数据库驱动，由 JDBC 和具体的数据库驱动联系，这样应用程序就不必直接与底层的数据库交互，从而使得代码的通用性更强。

应用程序使用 JDBC 访问特定的数据库时，需要与不同的数据库驱动进行连接。由于不同数据库厂商提供的数据库驱动不同。因此，为了使应用程序与数据库真正建立连接，JDBC 不仅需要提供访问数据库的 API，还需要封装与各种数据库服务器通信的细节，如图 10.1 所示。

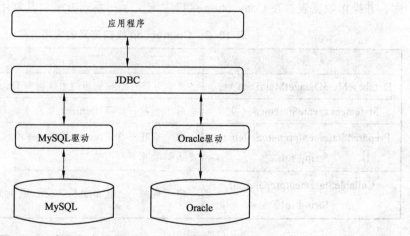

图 10.1　应用程序使用 JDBC 访问数据库的方式

从图 10.1 可知，JDBC 在应用程序与数据库之间起到了一个桥梁作用，当应用程序使用 JDBC 访问特定的数据库时，只需要通过不同的数据库驱动与其对应的数据库进行连接，连接后即可对该数据库进行相应的操作。

10.2　JDBC 常用 API

1. Driver 接口

Driver 接口是所有 JDBC 驱动程序必须实现的接口，该接口专门提供给数据库厂商使用。需要注意的是，在编写 JDBC 程序时，必须要把所使用的数据库驱动程序或类库加载到项目的 classpath 中（这里指 MySQL 驱动 JAR 包）。

2. DriverManager 类

DriverManager 类用于加载 JDBC 驱动并且创建与数据库的连接。在 DriverManager 类中，定义了两种比较重要的静态方法，如表 10-1 所示。

表 10-1　DriverManager 类中的两种静态方法

方法名称	功能描述
static void registerDriver（Driver driver）	用于向 DriverManager 中注册给定的 JDBC 驱动程序
static Connection getConnection（String url, String user, String pwd）	用于建立和数据库的连接，并返回表示连接的 Connection 对象

注意：在实际开发中，通常不使用 registerDriver (Driver driver)注册驱动。因为 JDBC 驱动类 Driver 中有一段静态代码块，是向 DriverManager 注册一个 Driver 实例，当再次执行 registerDriver (new Driver())，相当于实例化了两个 Driver 对象。因此，在加载数据库驱动时通常使用 Class 类的静态方法 forName()来实现。

3. Connection 接口

Connection 接口代表 Java 程序和数据库的连接，只有获得该连接对象后，才能访问数据库，并操作数据表。在 Connection 接口中定义了一系列方法，其常用方法如表 10-2 所示。

表 10-2　Connection 接口定义的常用方法

方法名称	功能描述
DatabaseMetaDatagetMetaData（）	用于返回表示数据库的元数据的 DatabaseMetaData 对象
Statement createStatement（）	用于创建一个 Statement 对象来讲 SQL 语句发送到数据库
PreparedStatementprepareStatement（String sql）	用于创建一个 PreparedStatement 对象来讲参数化的 SQL 语句发送到数据库
CallableStatementprepareCall（String sql）	用于创建一个 CallableStatement 对象来调用数据库存储过程

4. Statement 接口

Statement 接口用于执行静态的 SQL 语句，并返回一个结果对象。Statement 接口对象可以通过 Connection 实例的 createStatement（）方法获得，该对象会把静态的 SQL 语句发送到数据库中编译执行，然后返回数据库的处理结果。

在 Statement 接口中提供了 3 个常用的执行 SQL 语句的方法，具体如表 10-3 所示。

表 10-3　Statement 接口执行 SQL 语句的常用方法

方法名称	功能描述
boolean execute（String sql）	用于执行各种 SQL 语句，该方法返回一个 boolean 类型的值，如果为 true，表示所执行的 SQL 语句有查询结果，可通过 Statement 的 getResultSet（）方法获得查询结果
int executeUpdate（String sql）	用于执行 SQL 中的 insert、update 和 delete 语句。该方法返回一个 int 类型的值，表示数据库中受该 SQL 语句影响的记录条数
ResultSetexecuteQuery（String sql）	用于执行 SQL 中的 select 语句，该方法返回一个表示查询结果的 ResultSet 对象

5. PreparedStatement 接口

PreparedStatement 是 Statement 的子接口，用于执行预编译的 SQL 语句。该接口扩展了带有参数 SQL 语句的执行操作，应用该接口中的 SQL 语句可以使用占位符 "?" 来代替其参数，然后通过 setXxx（）方法为 SQL 语句的参数赋值。在 PreparedStatement 接口中提供了一些常用方法，具体如表 10-4 所示。

表 10-4　PreparedStatement 接口的常用方法

方法名称	功能描述
int executeUpdate（）	在此 PreparedStatement 对象中执行 SQL 语句，该语句必须是一个 DML 语句或者是无返回内容的 SQL 语句，如 DDL 语句
ResultSetexecuteQuery（）	在此 PreparedStatement 对象中执行 SQL 查询，该方法返回的是 ResultSet 对象
void setInt（int parameterIndex, int x）	将指定参数设置为给定的 int 值
void setFloat（int parameterIndex，float x）	将指定参数设置为给定的 float 值
void setString（int parameterIndex，String x）	将指定参数设置为给定的 String 值
void setDate（int parameterIndex，Date x）	将指定参数设置为给定的 Date 值
void addBatch（）	将一组参数添加到此 PreparedStatement 对象的批处理命令中
void setCharacterStream（int parameterIndex, java.io.Reader reader, int length）	将指定的输入流写入数据库的文本字段
void setBinaryStream（int parameterIndex, java.io. InputStream x, int length）	将二进制的输入流数据写入二进制字段中

需要注意的是，表中的 setDate（）方法可以设置日期内容，但参数 Date 的类型是

java.sql.Date，而不是 java.util.Date。

在通过 setXxx（）方法为 SQL 语句中的参数赋值时，可以通过输入参数的已定义 SQL 类型兼容的方法。例如，如果参数具有 SQL 类型为 Integer，那么应该使用 setInt（）方法，也可以通过 setObject（）方法设置多种类型的输入参数。具体如下所示：

```
String sql = "INSERT INTO users（id，name，email） VALUES（?，?，?）";
PreparedStatementpreStmt = conn. preparedStatement（sql）;
preStmt.setInt（1，1）; //使用参数的已定义 SQL 类型
preStmt.setString（2，"zhangsan"）; //使用参数的已定义 SQL 类型
preStmt.setObject（3，"zs@sina.com"）; //使用 setObject（）方法设置参数
preStmt.executeUpdate（）;
```

6. ResultSet 接口

ResultSet 接口用于保存 JDBC 执行查询时返回的结果集，该结果集封装在一个逻辑表格中。在 ResultSet 接口内部有一个指向表格数据行的游标（或指针），ResultSet 对象初始化时，游标在表格的第一行之前，调用 next（）方法可将游标移动到下一行。如果下一行没有数据，则返回 false。在应用程序中经常使用 next（）方法作为 while 循环的条件来迭代 ResultSet 结果集。ResultSet 接口中的常用方法如表 10-5 所示。

表 10-5　ResultSet 接口的常用方法

方法名称	功能描述
String getString（int columnIndex）	用于获取指定字段的 String 类型的值，参数 columnIndex 代表字段的索引
String getString（String columnName）	用于获取指定字段的 String 类型的值，参数 columnName 代表字段的名称
int getInt（int columnIndex）	用于获取指定字段的 int 类型的值，参数 columnIndex 代表字段的索引
int getInt（String columnName）	用于获取指定字段的 int 类型的值，参数 columnName 代表字段的名称
Date getDate（int columnIndex）	用于获取指定字段的 Date 类型的值，参数 columnIndex 代表字段的索引
Date getDate（String columnName）	用于获取指定字段的 Date 类型的值，参数 columnName 代表字段的名称
boolean next（）	将游标从当前位置向下移一行
boolean absolute（int row）	将游标移动到此 ResultSet 对象的指定行
void afterLast（）	将游标移动到此 ResultSet 对象的末尾，即最后一行之后
void beforeFirst（）	将游标移动到此 ResultSet 对象的开头，即第一行之前
boolean previous（）	将游标移动到此 ResultSet 对象的上一行
boolean last（）	将游标移动到此 ResultSet 对象的最后一行

ResultSet 接口中定义了大量的 getXxx（）方法，而采用哪种 getXxx（）方法取决于字段的数据类型。程序既可以通过字段的名称来获取指定数据，也可以通过字段的索引来获取指定的数据，字段的索引是从 1 开始编号的。例如，数据表的第一列字段名为 id，字段类型为 int，那么既可以使用 getInt（1）获取该列的值，也可以使用 getInt（"id"）获取该列的值。

10.3　实现第一个 JDBC 程序

10.3.1　JDBC 的使用步骤

1. 加载数据库驱动

语法：

Class.forName("DriverName"); //DriverName 就是数据库驱动类所对应的字符串

示例

（1）加载 MySQL 数据库驱动

Class.forName("com.mysql.jdbc.Driver");

（2）加载 Oracle 数据库的驱动

Class.forName("oracle.jdbc.driver.OracleDriver");

2. 通过 DriverManager 获取数据库连接

语法：

Connection conn = DriverManager.getConnection (String url, String user, String pwd);

url：连接数据库的 URL。

user 和 pwd：登录数据库的用户名和密码。

url 语法（以 MySQL 数据库为例）：

jdbc:mysql：//hostname: port/databasename。

jdbc:mysql：固定的写法，mysql 指的是 MySQL 数据库。

hostname：主机的名称。

port：连接数据库的端口号（MySQL 端口号默认为 3306）。

databasename：MySQL 中相应数据库的名称。

3. 通过 Connection 对象获取 Statement 对象

创建方式：

（1）createStatement()：创建基本的 Statement 对象。

（2）prepareStatement(String sql)：根据传递的 SQL 语句创建 PreparedStatement 对象。

（3）prepareCall(String sql)：根据传入的 SQL 语句创建 CallableStatement 对象。

示例（以创建基本的 Statement 对象为例）：

Statement stmt = conn.createStatement();

4. 使用 Statement 执行 SQL 语句

执行 SQL 方式：

（1）execute(String sql)：用于执行任意的 SQL 语句。

（2）executeQuery(String sql)：用于执行查询语句，返回 ResultSet 结果集对象。

（3）executeUpdate(String sql)：主要用于执行 DML（数据操作语言）和 DDL（数据定义语言）语句。执行 DML 语句（INSERT、UPDATE 或 DELETE）时，会返回受 SQL 语句影响的行数，执行 DDL（CREATE、ALTER）语句返回 0。

示例（以 executeQuery()方法为例）：

ResultSetrs = stmt.executeQuery(sql); // 执行 SQL 语句，获取结果集 ResultSet

5. 操作 ResultSet 结果集

如果执行的 SQL 语句是查询语句，执行结果将返回一个 ResultSet 对象，该对象里保存了 SQL 语句查询的结果。程序可以通过操作该 ResultSet 对象来取出查询结果。

6. 关闭连接，释放资源

每次操作数据库结束后都要关闭数据库连接，释放资源，以重复利用资源。通常资源的关闭顺序与打开顺序相反，顺序是 ResultSet、Statement（或 PreparedStatement）和 Connection。为了保证在异常情况下也能关闭资源，需要在 try...catch 的 finally 代码块中统一关闭资源。

【例 10.1】下面通过一个案例来演示 JDBC 的具体使用。该程序从 users 表中读取数据，并将结果打印在控制台，如文件 10-1 所示。

文件 10-1　Example01.java

```java
package cn.cswu.chapter10.example01;
importJava.sql.*;
public class Example01 {
public static void main（String[] args）{
    Statement stmt = null;
    ResultSetrs = null;
    Connection conn = null;
    try {
        // 1. 注册数据库的驱动
        Class.forName（"com.mysql.jdbc.Driver"）;
        //2.通过 DriverManager 获取数据库连接
        String url = "jdbc：mysql：//localhost：3306/jdbc";
        String username = "root";
        String password = "itcast";
        conn = DriverManager.getConnection（url，username，password）;
        //3.通过 Connection 对象获取 Statement 对象
        stmt = conn.createStatement（）;
        //4.使用 Statement 执行 SQL 语句。
        String sql = "select * from users";
        rs = stmt.executeQuery（sql）;
```

```java
        // 5. 操作 ResultSet 结果集
        System.out.println ("id | name     | password | email    | birthday");
        while (rs.next ()) {
            int id = rs.getInt ("id");  // 通过列名获取指定字段的值
            String name = rs.getString ("name");
            String psw = rs.getString ("password");
            String email = rs.getString ("email");
            Date birthday = rs.getDate ("birthday");
            System.out.println (id + " | " + name + " | " + psw + " | "
                    + email + " | " + birthday);
        }
    } catch (Exception e) {
        e.printStackTrace ();
    } finally {
        // 6.回收数据库资源
        if (rs != null) {
            try {
                rs.close ();
            } catch (SQLException e) {
                e.printStackTrace ();
            }
            rs = null;
        }
        if (stmt != null) {
            try {
                stmt.close ();
            } catch (SQLException e) {
                e.printStackTrace ();
            }
            stmt = null;
        }
        if (conn != null) {
            try {
                conn.close ();
            } catch (SQLException e) {
                e.printStackTrace ();
            }
            conn = null;
        }
```

```
            }
    }
}
```

10.3.2　PreparedStatement 对象

PreparedStatement 对象可以对 SQL 语句进行预编译，预编译的信息会存储在该对象中。当相同的 SQL 语句再次执行时，程序会使用 PreparedStatement 对象中的数据，而不需要对 SQL 语句再次编译去查询数据库，这样就大大提高了数据的访问效率。

【例 10.2】下面通过一个案例来演示 PreparedStatement 对象的使用。如文件 10-2 所示。

文件 10-2　Example02.java

```java
package cn.cswu.chapter10.example02;
importJava.sql.*;

public class Example02 {
public static void main（String[] args）throws SQLException {
    Connection conn = null;
    PreparedStatementpreStmt = null;
    try {
            // 加载数据库驱动
        Class.forName（"com.mysql.jdbc.Driver"）;
        String url = "jdbc：mysql：//localhost：3306/jdbc";
        String username = "root";
        String password = "itcast";
            // 创建应用程序与数据库连接的 Connection 对象
        conn = DriverManager.getConnection（url，username，password）;
        // 执行的 SQL 语句
        String sql = "INSERT INTO users（name，password，email，birthday）"
                + "VALUES（?，?，?，?）";
            // 1.创建执行 SQL 语句的 PreparedStatement 对象
        preStmt = conn.prepareStatement（sql）;
            // 2.为 SQL 语句中的参数赋值
        preStmt.setString（1，"zl"）;
        preStmt.setString（2，"123456"）;
        preStmt.setString（3，"zl@sina.com"）;
        preStmt.setString（4，"1789-12-23"）;
            // 3.执行 SQL
        preStmt.executeUpdate（）;
    } catch（ClassNotFoundException e）{
```

```
            e.printStackTrace ( );
        } finally {      // 释放资源
            if ( preStmt != null ) {
                try {
                    preStmt.close ( );
                } catch ( SQLException e ) {
                    e.printStackTrace ( );
                }
                preStmt = null;
            }
            if ( conn != null ) {
                try {
                    conn.close ( );
                } catch ( SQLException e ) {
                    e.printStackTrace ( );
                }
                conn = null;
            }
        }
    }
}
```

10.3.3 ResultSet 对象

ResultSet 主要用于存储结果集，可以通过 next ( ) 方法由前向后逐个获取结果集中的数据。如果想获取结果集中任意位置的数据，则需要在创建 Statement 对象时设置两个 ResultSet 定义的常量，具体设置方式如下：

```
Statement st = conn.createStatement (
ResultSet.TYPE_SCROLL_INSENITIVE,
ResultSet.CONCUR_READ_ONLY
);
ResultSetrs = st.excuteQuery ( sql );
```

在上述方式中，常量 "Result.TYPE_SCROLL_INSENITIVE" 表示结果集可滚动，常量 "ResultSet.CONCUR_READ_ONLY" 表示以只读形式打开结果集。

【例 10.3】下面通过一个案例来演示如何使用 ResultSet 对象滚动读取结果集中的数据；如文件 10-3 所示。

文件 10-3 Example03.java

```
package cn.cswu.chapter10.example03;
```

```
importJava.sql.*;
public class Example03 {
public static void main（String[] args）{
    Connection conn = null;
    Statement stmt = null;
    try {
    Class.forName（"com.mysql.jdbc.Driver"）;
        String url = "jdbc：mysql：//localhost：3306/jdbc";
        String username = "root";
        String password = "itcast";
                //1.获取 Connection 对象
        conn = DriverManager.getConnection（url，username，password）;
        String sql = "select * from users";
                //2.创建 Statement 对象并设置常量
                Statement st =conn.createStatement（
                    ResultSet.TYPE_SCROLL_INSENSITIVE,
                    ResultSet.CONCUR_READ_ONLY）;
                //3.执行 SQL 并将获取的数据信息存放在 ResultSet 中
        ResultSetrs = st.executeQuery（sql）;
                //4.取出 ResultSet 中指定数据的信息
        System.out.print（"第 2 条数据的 name 值为："）;
        rs.absolute（2）;          //将指针定位到结果集中第 2 行数据
        System.out.println（rs.getString（"name"））;
        System.out.print（"第 1 条数据的 name 值为："）;
        rs.beforeFirst（）;        //将指针定位到结果集中第 1 行数据之前
        rs.next（）;               //将指针向后滚动
        System.out.println（rs.getString（"name"））;
        System.out.print（"第 4 条数据的 name 值为："）;
        rs.afterLast（）;          //将指针定位到结果集中最后一条数据之后
        rs.previous（）;           //将指针向前滚动
        System.out.println（rs.getString（"name"））;
    } catch（Exception e）{
        e.printStackTrace（）;
    } finally {// 释放资源
        if（stmt != null）{
            try {
                stmt.close（）;
            } catch（SQLException e）{
                e.printStackTrace（）;
            }
```

```
                stmt = null;
            }
        if ( conn != null ) {
            try {
                conn.close ( );
            } catch ( SQLException e ) {
                e.printStackTrace ( );
            }
            conn = null;
        }
    }
  }
}
```

10.4 本章小结

    本章主要讲解了 JDBC 的基本知识，包括什么是 JDBC、JDBC 的常用 API，如何使用 JDBC进行编程，以及如何在项目中使用 JDBC 实现对数据的增删改查等知识。通过本章的学习，读者不仅可以了解到什么是 JDBC，熟悉 JDBC 的常用 API，还能掌握 JDBC 操作数据库的步骤，以及学会如何将 GUI 项目与 JDBC 相结合进行程序开发。

第 11 章   多线程

11.1   线程概述

在日常生活中,很多事情都是可以同时进行的。例如,一个人可以一边听音乐,一边打扫房间,可以一边吃饭,一边看电视。在使用计算机时,很多任务也是可以同时进行的。例如,可以一边浏览网页,一边打印文档,还可以一边聊天,一边复制文件等。计算机这种能够同时完成多项任务的技术,就是多线程技术。Java 是支持多线程的语言之一,它内置了对多线程技术的支持,可以使程序同时执行多个执行片段。本章将针对 Java 多线程的相关知识进行详细地讲解。

线程是一个单独程序流程。多线程是指一个程序可以同时运行多个任务,每个任务由一个单独的线程来完成。也就是说,多个线程可以同时在一个程序中运行,并且每一个线程完成不同的任务。程序可以通过控制线程来控制程序的运行,例如线程的等待、休眠、唤起线程等。本章将向读者介绍线程的机制、如何操作和使用线程以及多线程编程。

11.1.1   进程与线程

在学习线程之前,需要先了解一下什么是进程。在一个操作系统中,每个独立执行的程序都可称为一个进程,也就是"正在运行的程序"。目前大部分计算机上安装的都是多任务操作系统,即能够同时执行多个应用程序,最常见的有 Windows、Linux、Unix 等。在本教材使用的 Windows 操作系统下,鼠标右键单击任务栏,选择【启动任务管理器】选项可以打开任务管理器面板,在窗口的【进程】选项卡中可以看到当前正在运行的程序,也就是系统所有的进程,如 chrome.exe、QQ.exe 等。任务管理器的窗口如图 11.1 所示。

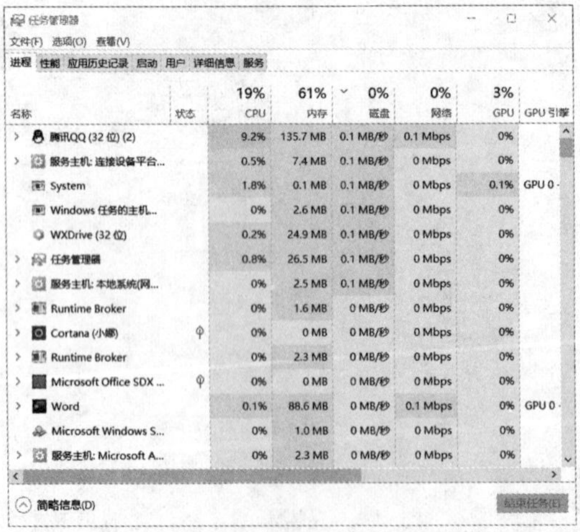

图 11.1   任务管理器窗口

在多任务操作系统中，表面上看是支持进程并发执行的，例如可以一边听音乐一边聊天。但实际上这些进程并不是同时运行的。在计算机中，所有的应用程序都是由 CPU 执行的，对于一个 CPU 而言，在某个时间点只能运行一个程序，也就是说只能执行一个进程。操作系统会为每一个进程分配一段有限的 CPU 使用时间，CPU 在这段时间中执行某个进程，然后会在下一段时间切换到另一个进程中去执行。由于 CPU 运行速度很快，能在极短的时间内在不同的进程之间进行切换，所以给人以同时执行多个程序的感觉。

通过前面的学习可以知道，每个运行的程序都是一个进程，在一个进程中还可以有多个执行单元同时运行，这些执行单元可以看作程序执行的一条条线索，被称为线程。操作系统中的每一个进程中都至少存在一个线程。例如，当一个 Java 程序启动时，就会产生一个进程，该进程中会默认创建一个线程，在这个线程上会运行 main（）方法中的代码。

在前面章节所接触过的程序中，代码都是按照调用顺序依次往下执行，没有出现两段程序代码交替运行的效果，这样的程序称作单线程程序。如果希望程序中实现多段程序代码交替运行的效果，则需要创建多个线程，即多线程程序。所谓的多线程是指一个进程在执行过程中可以产生多个单线程，这些单线程程序在运行时是相互独立的，它们可以并发执行。

多线程程序的执行过程如图 11.2 所示。

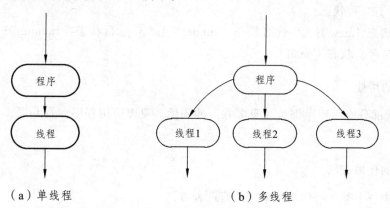

（a）单线程　　　　　　　　　（b）多线程

图 11.2　多线程程序的执行过程

说明：

· 单线程都是按照调用顺序依次往下执行，没有出现多段程序代码交替运行的效果，而多线程程序在运行时，每个线程之间都是独立的，它们可以并发执行。

· 多线程可以充分利用 CUP 资源，进一步提升程序执行效率。

· 多线程看似是同时并发执行的，其实不然，它们和进程一样，也是由 CPU 控制并轮流执行的，只不过 CPU 运行速度非常快，故而给人同时执行的感觉。

1. 进程的概念

要解释线程，就必须明白什么是进程。

进程是指运行中的应用程序，每个进程都有自己独立的地址空间（内存空间），比如用户单击桌面的 IE 浏览器，就启动了一个进程，操作系统就会为该进程分配独立的地址空间。当用户再次单击左面的 IE 浏览器，又启动了一个进程，操作系统将为新的进程分配新的独立的地址空间。目前操作系统都支持多进程。

要点：用户每启动一个进程，操作系统就会为该进程分配一个独立的内存空间。

2. 线程的概念

在明白进程后，就比较容易理解线程的概念。

线程是进程中的一个实体，是被系统独立调度和分派的基本单位，线程自己不拥有系统资源，只拥有一点在运行中必不可少的资源，但它可与同属一个进程的其他线程共享进程所拥有的全部资源。一个线程可以创建和撤销另一个线程，同一进程中的多个线程之间可以并发执行。线程有就绪、阻塞和运行三种基本状态。

11.1.2   线程介绍

1. 线程的几点注意事项

（1）线程是轻量级的进程。

（2）线程没有独立的地址空间（内存空间）。

（3）线程是由进程创建的（寄生在进程）。

（4）一个进程可以拥有多个线程，这就是我们常说的多线程编程。

（5）线程有几种状态：

① 新建状态（new）；② 就绪状态（runnable）；③ 运行状态（running）；④ 阻塞状态（blocked）；⑤ 死亡状态（dead）。

2. 线程的用处

目前绝大部分应用程序都会涉及多并发的问题。只要应用程序涉及并发，就离不开多线程编程。

3. 线程的使用方法

在 Java 中一个类要当作线程来使用有两种方法：

① 继承 Thread 类，并重写 run 函数；

② 实现 Runnable 接口，并重写 run 函数。

因为 Java 是单继承的，在某些情况下一个类可能已经继承了某个父类，这时在用继承 Thread 类方法来创建线程显然不可能。Java 设计者们提供了另外一个方式创建线程，就是通过实现 Runnable 接口来创建线程。

11.2   线程的创建

上一小节介绍了什么是多线程，接下来为读者讲解在 Java 程序中如何实现多线程。在 Java 中提供了三种多线程实现方式：一种是继承 java.lang 包下的 Thread 类，覆写 Thread 类的 run（）方法，在 run（）方法中实现运行在线程上的代码；另一种是实现 java.lang.Runnable 接口，同样是在 run（）方法中实现运行在线程上的代码；第三种是实现 Callable 接口，重写 call（）方法，并使用 Futrue 来获取 call()方法的返回结果。

接下来就对创建多线程的三种方式分别进行讲解，并比较它们的优缺点。

11.2.1 继承 Thread 类创建多线程

Thread 类是 java.lang 包下的一个线程类，用来实现 Java 多线程。其实现步骤：首先创建一个 Thread 线程类的子类（子线程），同时重写 Thread 类的 run()方法；然后创建该子类的实例对象，并通过调用 start()方法启动线程。

【例 11.1】在学习多线程之前，先来看看我们所熟悉的单线程程序，如文件 11-1 所示。

文件 11-1　Example01.java

```java
package cn.cswu.chapter11.example01;
/**
 * 日期：2020 年 03 月
 * 功能：单线程程序
 * 作者：软件技术教研室
 */
public class Example01 {
public static void main（String[] args）{
    MyThread myThread = new MyThread（）; // 创建 MyThread 实例对象
    myThread.run（）; // 调用 MyThread 类的 run（）方法
    while（true）{ // 该循环是一个死循环，打印输出语句
        System.out.println（"Main 方法在运行"）;
    }
}
}
class MyThread {
public void run（）{
    while（true）{ // 该循环是一个死循环，打印输出语句
        System.out.println（"MyThread 类的 run（）方法在运行"）;
    }
}
}
```

执行结果

```
MyThread 类的 run()方法在运行
MyThread 类的 run()方法在运行
MyThread 类的 run()方法在运行
```

【例 11.2】下面通过修改文件 11-1 中的案例来演示如何通过继承 Thread 类的方式来实现多线程，如文件 11-2 所示。

文件 11-2　Eexample02.java

```java
package cn.cswu.chapter11.example02;
/**
```

```
 * 日期：2020 年 03 月
 * 功能：通过继承 Thread 类的方式来实现多线程
 * 作者：软件技术教研室
 */
public class Example02 {
public static void main（String[] args）{
    MyThread myThread = new MyThread（）; // 创建线程 MyThread 的线程对象
    myThread.start（）; // 开启线程
    while（true）{// 通过死循环语句打印输出
        System.out.println（"main（）方法在运行"）;
    }
}
}
class MyThread extends Thread {
public void run（）{
    while（true）{// 通过死循环语句打印输出
        System.out.println（"MyThread 类的 run（）方法在运行"）;
    }
}
}
```

执行结果

```
MyThread 类的 run()方法在运行
MyThread 类的 run()方法在运行
MyThread 类的 run()方法在运行
MyTh
```

通过图 11.3 分析一下单线程和多线程的运行流程。

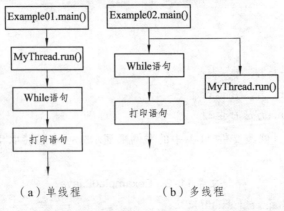

（a）单线程　　　　　　（b）多线程

图 11.3　单线程和多线程的运行流程

从图 11.3 可以看出，单线程的程序在运行时，会按照代码的调用顺序执行，而在多线程中，main（）方法和 MyThread 类的 run（）方法却可以同时运行，互不影响，这正是单线程和多线程的区别。

11.2.2　实现 Runnable 接口创建多线程

在文件 11-2 中通过继承 Thread 类实现了多线程，但是这种方式有一定的局限性。因为 Java 中只支持单继承，一个类一旦继承了某个父类就无法再继承 Thread 类，比如学生类 Student 继承了 Person 类，就无法通过继承 Thread 类创建线程。

为了克服这种弊端，Thread 类提供了另外一个构造方法 Thread（Runnable target），其中 Runnable 是一个接口，它只有一个 run（）方法。当通过 Thread（Runnable target））构造方法创建线程对象时，只需为该方法传递一个实现了 Runnable 接口的实例对象，这样创建的线程将调用实现了 Runnable 接口的类中的 run（）方法作为运行代码，而不需要调用 Thread 类中的 run（）方法。

【例 11.3】下面通过一个案例来演示如何通过实现 Runnable 接口的方式来创建多线程，如文件 11-3 所示。

文件 11-3　Example03.java

```
package cn.cswu.chapter11.example03;
/**
 * 日期：2020 年 03 月
 * 功能：通过实现 Runnable 接口的方式来创建多线程
 * 作者：软件技术教研室
 */
public class Example03 {
public static void main（String[] args）{
    MyThread myThread = new MyThread（）; // 创建 MyThread 的实例对象
    Thread thread = new Thread（myThread）; // 创建线程对象
    thread.start（）; // 开启线程，执行线程中的 run（）方法
    while（true）{
        System.out.println（"main（）方法在运行"）;
    }
}
}
class MyThread implements Runnable {
public void run（）{ // 线程的代码段，当调用 start（）方法时，线程从此处开始执行
    while（true）{
        System.out.println（"MyThread 类的 run（）方法在运行"）;
    }
```

```
        }
    }
```

```
main()方法在运行
main()方法在运行
main()方法在运行
```

既然直接继承 Thread 类和实现 Runnable 接口都能实现多线程，那么这两种实现多线程的方式在实际应用中又有什么区别呢？接下来通过一种应用场景来分析。

假设售票厅有四个窗口可发售某日某次列车的 100 张车票。这时，100 张车票可以看作共享资源，四个售票窗口需要创建四个线程。为了更直观地显示窗口的售票情况，可以通过 Thread 的 currentThread（）方法得到当前的线程的实例对象，然后调用 getName（）方法可以获取到线程的名称。

【例 11.4】通过继承 Thread 类的方式来实现多线程的创建，如文件 11-4 所示。

文件 11-4　Example04.java

```java
package cn.cswu.chapter11.example04;
/**
 * 日期：2020 年 04 月
 * 功能：售票程序，通过继承 Thread 类的方式来实现多线程的创建
 * 作者：软件技术教研室
 */
public class Example04 {
public static void main（String[] args）{
    new TicketWindow（）.start（）; // 创建第一个线程对象 TicketWindow 并开启
    new TicketWindow（）.start（）; // 创建第二个线程对象 TicketWindow 并开启
    new TicketWindow（）.start（）; // 创建第三个线程对象 TicketWindow 并开启
    new TicketWindow（）.start（）; // 创建第四个线程对象 TicketWindow 并开启
}
}
class TicketWindow extends Thread {
private int tickets = 100;
public void run（）{
    while（true）{// 通过死循环语句打印语句
        if（tickets > 0）{
            Thread th = Thread.currentThread（）; // 获取当前线程
            String th_name = th.getName（）; // 获取当前线程的名字
            System.out.println（th_name + " 正在发售第 " + tickets-- + " 张票 "）;
        }
    }
```

```
        }
    }
```

```
Thread-2 正在发售第 19 张票
Thread-2 正在发售第 18 张票
Thread-1 正在发售第 3 张票
Thread-2 正在发售第 17 张票
Thread-1 正在发售第 2 张票
```

【例 11.5】实现 Runnable 接口的方式来实现多线程的创建，如文件 11-5 所示。

文件 11-5   Example05.java

```java
package cn.cswu.chapter11.example05；
/**
 * 日期：2020 年 03 月
 * 功能：售票程序，通过实现 Runnable 接口的方式来创建多线程
 * 作者：软件技术教研室
 */
public class Example05 {
public static void main（String[] args）{
    TicketWindow task = new TicketWindow（ ）; //创建线程的任务类对象
    new Thread（task，"窗口 1"）.start（ ）; //创建线程并起名为窗口 1，开启线程
    new Thread（task，"窗口 2"）.start（ ）; //创建线程并起名为窗口 2，开启线程
    new Thread（task，"窗口 3"）.start（ ）; //创建线程并起名为窗口 3，开启线程
    new Thread（task，"窗口 4"）.start（ ）; //创建线程并起名为窗口 4，开启线程
}
}


//线程的任务类
class TicketWindow implements Runnable {
private int tickets = 100；
@Override
public void run（ ）{
    while（true）{
        if（tickets > 0）{
            Thread th = Thread.currentThread（ ）; //获取当前运行 run 方法的线程
            String th_name = th.getName（ ）; //得到线程的名称
            System.out.println（th_name + "正在发售第" + tickets-- + "张票"）;
        }
```

```
            }
    }
}
```

執行結果

窗口 4 正在发售第 6 张票
窗口 2 正在发售第 1 张票
窗口 3 正在发售第 2 张票
窗口 1 正在发售第 3 张票

11.2.3　Callable 接口实现多线程

通过 Thread 类和 Runnable 接口实现多线程时，需要重写 run()方法，但是由于该方法没有返回值，因此无法从多个线程中获取返回结果。为了解决这个问题，从 JDK 5 开始，Java 提供了一个新的 Callable 接口，来满足这种既能创建多线程又可以有返回值的需求。

Callable 接口实现多线程是通过 Thread 类的有参构造方法传入 Runnable 接口类型的参数来实现多线程，不同的是，这里传入的是 Runnable 接口的子类 FutureTask 对象作为参数，而 FutureTask 对象中则封装带有返回值的 Callable 接口实现类。

步骤：

（1）创建一个 Callable 接口的实现类，同时重写 Callable 接口的 call()方法；

（2）创建 Callable 接口的实现类对象；

（3）通过 FutureTask 线程结果处理类的有参构造方法来封装 Callable 接口实现类对象；

（4）使用参数为 FutureTask 类对象的 Thread 有参构造方法创建 Thread 线程实例；

（5）调用线程实例的 start()方法启动线程。

FutureTask 继承关系如图 11.4 所示。

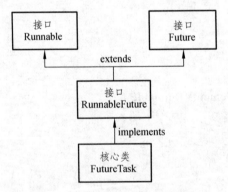

图 11.4　FutureTask 继承关系

Callable 接口方式实现的多线程是通过 FutureTask 类来封装和管理返回结果的，该类的直接父接口是 RunnableFuture。

FutureTask 本质是 Runnable 接口和 Future 接口的实现类，而 Future 则是 JDK 5 提供的用来管理线程执行返回结果的。

Future 接口方法如表 11-1 所示。

表 11-1　Future 接口方法

方法声明	功能描述
boolean cancel(boolean mayInterruptIfRunning)	用于取消任务，参数 mayInterruptIfRunning 表示是否允许取消正在执行却没有执行完毕的任务，如果设置 true，则表示可以取消正在执行的任务
boolean isCancelled()	判断任务是否被取消成功，如果在任务正常完成前被取消成功，则返回 true
boolean isDone()	判断任务是否已经完成，若任务完成，则返回 true
V get()	用于获取执行结果，这个方法会发生阻塞，一直等到任务执行完毕才返回执行结果
V get (long timeout, TimeUnit unit)	用于在指定时间内获取执行结果，如果在指定时间内，还没获取到结果，就直接返回 null

11.2.4　三种实现多线程方式的对比分析

通过上面的多个文件可以看出，实现 Runnable 接口相对于继承 Thread 类来说，有如下显著的好处：

（1）适合多个相同程序代码的线程去处理同一个资源的情况，把线程同程序代码、数据有效的分离，很好地体现了面向对象的设计思想。

（2）可以避免由于 Java 的单继承带来的局限性。在开发中经常碰到这样一种情况，就是使用一个已经继承了某一个类的子类创建线程，由于一个类不能同时有两个父类，所以不能用继承 Thread 类的方式，那么就只能采用实现 Runnable 接口的方式。

事实上，实际开发中大部分的多线程应用都会采用 Runnable 接口或者 Callable 接口的方式实现多线程。

11.2.5　后台线程

对 Java 程序来说，只要还有一个前台线程在运行，这个进程就不会结束，如果一个进程中只有后台线程运行，这个进程就会结束。这里提到的前台线程和后台线程是一种相对的概念，新创建的线程默认都是前台线程。如果某个线程对象在启动之前调用了 setDaemon(true)语句，这个线程就变成一个后台线程。

11.3　线程的生命周期及状态转换

在 Java 中，任何对象都有生命周期，线程也不例外，它也有自己的生命周期。当 Thread 对象创建完成时，线程的生命周期便开始了。当 run（）方法中代码正常执行完毕或者线程抛出一个未捕获的异常（exception）或者错误（error）时，线程的生命周期便会结束。线程整个生命周期可以分为六个阶段，分别是新建状态（new）、就绪状态（runnable）、运行状态（running）、阻塞状态（blocked）、等待状态（waiting）和终止状态（terminated），线程的不同状态表明了线程当前正在进行的活动。在程序中，通过一些操作可以使线程在不同状态之间转换，如图11.5所示。

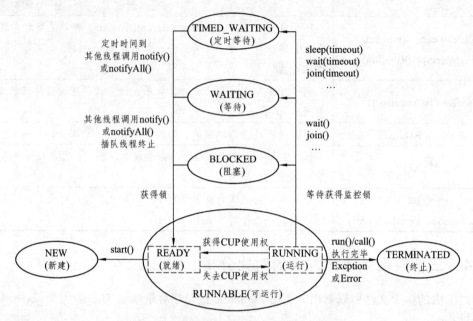

图 11.5　线程在不同状态之间转化的操作

图 11.5 中展示了线程各种状态的转换关系，箭头表示可转换的方向，其中，单箭头表示状态只能单向转换，例如线程只能从新建状态转换到就绪状态，反之则不能；双箭头表示两种状态可以互相转换，例如就绪状态和运行状态可以互相转换。通过一张图还不能完全描述清楚线程各状态之间的区别，接下来针对线程生命周期中的六种状态分别进行详细讲解。具体如下：

1. 新建状态（new）

创建一个线程对象后，该线程对象就处于新建状态，此时它不能运行，和其他 Java 对象一样，仅仅由 Java 虚拟机为其分配了内存，没有表现出任何线程的动态特征。

2. 就绪状态（runnable）

新建状态的线程调用 start()方法，就会进入可运行状态。在 RUNNABLE 状态内部又可细分成两种状态：READY（就绪状态）和 RUNNING（运行状态），并且线程可以在这两个状态之间相互转换。

RUNNABLE 内部状态转换：就绪状态：线程对象调用 start()方法之后，等待 JVM 的调度，此时线程并没有运行；运行状态：线程对象获得 JVM 调度，如果存在多个 CPU，那么允许多个线程并行运行。如果处于就绪状态的线程获得了 CPU 的使用权，并开始执行 run()方法中的线程执行体，则该线程处于运行状态。一个线程启动后，它可能不会一直处于运行状态，当运行状态的线程使用完系统分配的时间后，系统就会剥夺该线程占用的 CPU 资源，让其他线程获得执行的机会。需要注意的是，只有处于就绪状态的线程才可能转换到运行状态。

3. 阻塞状态(Blocked)

运行状态的线程因为某些原因失去 CPU 的执行权，会进入阻塞状态。阻塞状态的线程只能先进入就绪状态，不能直接进入运行状态。线程进入阻塞状态的两种情况：当线程 A 运行过程中，试图获取同步锁时，却被线程 B 获取；当线程运行过程中，发出 IO 请求时。一个正在执行的线程在某些特殊情况下，如被人为挂起或执行耗时的输入/输出操作时，会让出 CPU 的使用权并暂时中止自己的执行，进入阻塞状态。线程进入阻塞状态后，就不能进入排队队列。只有当引起阻塞的原因被消除后，线程才可以转入就绪状态。

下面就列举一下线程由运行状态转换成阻塞状态的原因，以及如何从阻塞状态转换成就绪状态。

（1）当线程试图获取某个对象的同步锁时，如果该锁被其他线程所持有，则当前线程会进入阻塞状态，如果想从阻塞状态进入就绪状态就必须得获取到其他线程所持有的锁。

（2）当线程调用了一个阻塞式的 IO 方法时，该线程就会进入阻塞状态，如果想进入就绪状态就必须要等到这个阻塞的 IO 方法返回。

（3）当线程调用了某个对象的 wait()方法时，也会使线程进入阻塞状态，如果想进入就绪状态就需要使用 notify()方法唤醒该线程。

（4）当线程调用了 Thread 的 sleep(long millis)方法时，也会使线程进入阻塞状态，在这种情况下，只需等到线程睡眠的时间到了以后，线程就会自动进入就绪状态。

（5）当在一个线程中调用了另一个线程的 join()方法时，会使当前线程进入阻塞状态，在这种情况下，需要等到新加入的线程运行结束后才会结束阻塞状态，进入就绪状态。

需要注意的是，线程从阻塞状态只能进入就绪状态，而不能直接进入运行状态，也就是说结束阻塞的线程需要重新进入可运行池中，等待系统的调度。

4. WAITING（等待状态）

运行状态的线程调用了无时间参数限制的方法后，如 wait()、join()等方法，就会转换为等待状态。等待状态中的线程不能立即争夺 CPU 使用权，必须等待其他线程执行特定的操作后，才有机会争夺 CPU 使用权。

例如，调用 wait()方法而处于等待状态中的线程，必须等待其他线程调用 notify()或者 notifyAll()方法唤醒当前等待中的线程；调用 join()方法而处于等待状态中的线程，必须等待其他加入的线程终止。

5. TIMED_WAITING（定时等待状态）

运行状态中的线程调用了有时间参数限制的方法，如 sleep(long millis)、wait(long timeout)、join(long millis)等方法，就会转换为定时等待状态。

定时等待状态中的线程不能立即争夺 CPU 使用权，必须等待其他相关线程执行完特定的操作或者限时时间结束后，才有机会再次争夺 CPU 使用权。

例如，调用了 wait(long timeout) 方法而处于等待状态中的线程，需要通过其他线程调用 notify()或者 notifyAll()方法唤醒当前等待中的线程，或者等待限时时间结束后也可以进行状态转换。

6. 终止状态(Terminated)

当线程调用 stop()方法或 run()方法正常执行完毕后，或者线程抛出一个未捕获的异常

(Exception)、错误(Error)，线程就进入终止状态。一旦进入终止状态，线程将不再拥有运行的资格，也不能再转换到其他状态。

11.4 线程的调度

在前面的小节介绍过，程序中的多个线程是并发执行的，某个线程若想被执行，必须要得到 CPU 的使用权。Java 虚拟机会按照特定的机制为程序中的每个线程分配 CPU 的使用权，这种机制被称作线程的调度。

在计算机中，线程调度有两种模型，分别是分时调度模型和抢占式调度模型。所谓分时调度模型是指让所有的线程轮流获得 CPU 的使用权，并且平均分配每个线程占用的 CPU 的时间片。抢占式调度模型是指让可运行池中优先级高的线程优先占用 CPU，而对于优先级相同的线程，随机选择一个线程使其占用 CPU，当它失去了 CPU 的使用权后，再随机选择其他线程获取 CPU 使用权。Java 虚拟机默认采用抢占式调度模型，通常情况下程序员不需要去关心它，但在某些特定的需求下需要改变这种模式，由程序自己来控制 CPU 的调度。本节将围绕线程调度的相关知识进行详细讲解。

11.4.1 线程的优先级

在应用程序中，如果要对线程进行调度，最直接的方式就是设置线程的优先级。优先级越高的线程获得 CPU 执行的机会越大，而优先级越低的线程获得 CPU 执行的机会越小。线程的优先级用 1~10 之间的整数来表示，数字越大优先级越高。除了可以直接使用数字表示线程的优先级，还可以使用 Thread 类中提供的三个静态常量表示线程的优先级，如表 11-1 所示。

表 11-1　Thread 类的静态变量

Thread 类的静态变量	功能描述
static int MAX_PRIORITY	表示线程的最高优先级，值为 10
static int MIN_PRIORITY	表示线程的最低优先级，值为 1
static int NORM_PRIORITY	表示线程的普通优先级，值为 5

程序在运行期间，处于就绪状态的每个线程都有自己的优先级，例如 main 线程具有普通优先级。然而线程优先级不是固定不变的，可以通过 Thread 类的 setPriority（int newPriority）方法对其进行设置，该方法中的参数 newPriority 接收的是 1~10 之间的整数或者 Thread 类的三个静态常量。

【例 11.6】下面通过一个案例来演示不同优先级的两个线程在程序中的运行情况，如文件 11-6 所示。

文件 11-6　Example06.java

```
package cn.cswu.chapter11.example06;
/**
 * 日期：2020 年 03 月
 * 功能：不同优先级的两个线程在程序中运行情况
```

```
 * 作者：软件技术教研室
 */
public class Example06 {
public static void main（String[] args）{
    //创建两个线程
    Thread minPriority = new Thread（new Task（），"优先级较低的线程 "）;
    Thread maxPriority = new Thread（new Task（），"优先级较高的线程 "）;
    minPriority.setPriority（Thread.MIN_PRIORITY）; //设置线程的优先级为 1
    maxPriority.setPriority（Thread.MAX_PRIORITY）; //设置线程的优先级为 10
    //开启两个线程
    minPriority.start（）;
    maxPriority.start（）;
}
}


//定义一个线程的任务类
class Task implements Runnable {
@Override
public void run（）{
    for（int i = 0；i < 10；i++）{
        System.out.println（Thread.currentThread（）.getName（）+ "正在输出" + i）;
    }
}
}
```

执行结果

```
优先级较低的线程正在输出 7
优先级较低的线程正在输出 8
优先级较低的线程正在输出 9
```

11.4.2　线程休眠

在前面已经讲过线程的优先级，优先级高的程序会先执行，而优先级低的程序会后执行。如果希望人为地控制线程，使正在执行的线程暂停，将 CPU 让给别的线程，这时可以使用静态方法 sleep（long millis），该方法可以让当前正在执行的线程暂停一段时间，进入休眠等待状态。当前线程调用 sleep（long millis）方法后，在指定时间（参数 millis）内该线程是不会执行的，这样其他的线程就可以得到执行的机会了。

sleep（long millis）方法声明会抛出 InterruptedException 异常，因此在调用该方法时应该捕获异常，或者声明抛出该异常。

【例 11.7】下面通过一个案例来演示 sleep（long millis）方法在程序中的使用，如文件 11-7 所示。

文件 11-7　Example07.java

```java
package cn.cswu.chapter11.example07;
/**
 * 日期：2020 年 03 月
 * 功能：sleep(long millis) 方法在程序中的使用
 * 作者：软件技术教研室
 */
public class Example07 {
public static void main（String[] args）throws Exception {
    //创建一个线程
    new Thread（new Task（））.start（）;
    for（int i = 1；i <= 10；i++）{
        if（i == 5）{
            Thread.sleep（2000）; //当前 main 主线程休眠 2 秒
        } else {
            Thread.sleep（500）;
        }
        System.out.println（"main 主线程正在输出：" + i);
    }
}
}
//定义线程的任务类
class Task implements Runnable {
@Override
public void run（）{
    for（int i = 1；i <= 10；i++）{
        try{
            if（i == 3）{
                Thread.sleep（2000）; //当前线程休眠 2 秒
            } else {
                Thread.sleep（500）;
            }
            System.out.println（"线程一正在输出：" + i);
        } catch（Exception e）{
            e.printStackTrace（）;
        }
    }
```

```
        }
    }
```

```
main 主线程正在输出：9
线程一正在输出：9
main 主线程正在输出：10
线程一正在输出：10
```

11.4.3　线程让步

在篮球比赛中，经常会看到两队选手互相抢篮球，当某个选手抢到篮球后，过一段时间他会把篮球让出来，其他选手重新开始抢篮球，这个过程就相当于 Java 程序中的线程让步。所谓的线程让步是指正在执行的线程，在某些情况下将 CPU 资源让给其他线程执行。

线程让步可以通过 yield（）方法来实现，该方法和 sleep（）方法有点相似，都可以让当前正在运行的线程暂停，区别在于 yield（）方法不会阻塞该线程，它只是将线程转换成就绪状态，让系统的调度器重新调度一次。当某个线程调用 yield（）方法之后，只有与当前线程优先级相同或者更高的线程才能获得执行的机会。

【例 11.8】下面通过案例来演示一下 yield（）方法的使用，如文件 11-8 所示。

文件 11-8　Example08.java

```java
package cn.cswu.chapter11.example08;
/**
 * 日期：2020 年 03 月
 * 功能：线程让步，yield()方法的使用
 * 作者：软件技术教研室
 */
// 定义 YieldThread 类继承 Thread 类
class YieldThread extends Thread {
    // 定义一个有参的构造方法
public YieldThread（String name）{
    super（name）; // 调用父类的构造方法
}
public void run（）{
    for（int i = 0; i < 6; i++）{
        System.out.println（Thread.currentThread（）.getName（）+ "---" + i）;
        if（i == 3）{
            System.out.print（"线程让步："）;
            Thread.yield（）; // 线程运行到此，做出让步

        }
```

```
        }
    }
}
public class Example08 {
public static void main（String[] args）{
        // 创建两个线程
    Thread t1 = new YieldThread（"线程 A"）;
    Thread t2 = new YieldThread（"线程 B"）;
        // 开启两个线程
    t1.start（）;
    t2.start（）;
    }
}
```

执行结果

```
线程 B---2
线程 B---3
线程让步:线程 A---4
线程 A---5
线程 B---4
线程 B---5
```

11.4.4 线程插队

现实生活中经常能碰到"插队"的情况，同样，在 Thread 类中也提供了一个 join（）方法来实现这个"功能"。当在某个线程中调用其他线程的 join（）方法时，调用的线程将被阻塞，直到被 join（）方法加入的线程执行完成后，它才会继续运行。

【例 11.9】下面通过案例来演示 join（）方法的使用，如文件 11-9 所示。

文件 11-9 Example09.java

```
package cn.cswu.chapter11.example09;
/**
 * 日期：2020 年 03 月
 * 功能：线程插队，join()方法的使用
 * 作者：软件技术教研室
 */
public class Example09{
public static void main（String[] args）throws Exception {
    // 创建线程
    Thread t = new Thread（new EmergencyThread（）, "线程一"）;
```

```
        t.start（ ）; // 开启线程
        for（int i = 1; i < 6; i++）{
            System.out.println（Thread.currentThread（ ）.getName（ ）+"输出："+i）;
            if（i == 2）{
                t.join（ ）; // 调用 join（ ）方法
            }
            Thread.sleep（500）; // 线程休眠 500 毫秒
        }
    }
}
class EmergencyThread implements Runnable {
public void run（ ）{
    for（int i = 1; i < 6; i++）{
        System.out.println（Thread.currentThread（ ）.getName（ ）+"输出："+i）;
        try {
            Thread.sleep（500）; // 线程休眠 500 毫秒
        } catch（InterruptedException e）{
            e.printStackTrace（ ）;
        }
    }
}
}
```

执行结果

```
main 输出：3
main 输出：4
main 输出：5
```

11.5　多线程同步

　　前面小节讲解过多线程的并发执行可以提高程序的效率，但是当多个线程去访问同一个资源时，也会引发一些安全问题。例如，当统计一个班级的学生数目时，如果有同学进进出出，则很难统计正确。为了解决这样的问题，需要实现多线程的同步，即限制某个资源在同一时刻只能被一个线程访问。接下来将详细讲解多线程中出现的问题以及如何使用同步来解决。

1. 提出问题

　　多线程的并发，给编程带来很多好处，完成更多、更有效率的程序，但是也给我们带来线程安全问题。

2. 解决问题

解决问题的关键就是要保证容易出问题的代码的原子性。所谓原子性就是指：当 a 线程在执行某段代码的时候，其他线程必须等到 a 线程执行完后，它才能执行这段代码。也就是排队一个一个地解决。

3. 对同步机制的解释

Java 任意类型的对象都有一个标志位，该标志位具有 0、1 两种状态。其开始状态为 1，当某个线程执行了 synchronized（Object）语句后，object 对象的标志位变为 0 的状态，直到执行完整个 synchronized 语句中的代码块后，该对象的标志位又回到 1 状态。

当一个线程执行到 synchronized（Object）语句的时候，先检查 Object 对象的标志位，如果为 0 状态，表明已经有另外的线程正在执行 synchronized 包括的代码，那么这个线程将暂时阻塞，让出 CPU 资源，直到另外的线程执行完相关的同步代码，并将 Object 对象的标志位变为状态，这个线程的阻塞就被取消，线程能继续运行，该线程又将 Object 的标志位变为 0 状态，防止其他的线程再进入相关的同步代码块中。

如果有多个线程因等待同一个对象的标志位面而处于阻塞状态时，当该对象的标志位恢复到 1 状态时，只会有一个线程能够进入同步代码执行，其他的线程仍处于阻塞的状态。

Java 处理线程两步的方法非常简单，只需要在需要同步的代码段用 synchronized（Object）{所要同步的代码}即可。

11.5.1 线程安全

文件 11-5 中的售票案例极有可能碰到"意外"，如一张票被打印多次，或者打印出的票号为 0 甚至负数。这些"意外"都是由多线程操作共享资源 ticket 所导致的线程安全问题。为了解决这一问题，通过例 11.10 的源代码实现。

【例 11.10】下面针对文件 11-5 进行修改，模拟四个窗口出售 10 张票，并在售票的代码中使用 sleep（）方法，令每次售票时线程休眠 10 毫秒，如文件 11-10 所示。

文件 11-10　Example10.java

```java
package cn.cswu.chapter11.example10;
/**
 * 日期：2020 年 03 月
 * 功能：售票程序，通过实现 Runnable 接口的方式来创建多线程
 * 作者：软件技术教研室
 */
public class Example10 {
public static void main（String[] args）{
    TicketWindow task = new TicketWindow（）; // 创建线程的任务类对象
    new Thread（task，"窗口 1"）.start（）; // 创建线程并起名为窗口 1，开启线程
    new Thread（task，"窗口 2"）.start（）; // 创建线程并起名为窗口 2，开启线程
    new Thread（task，"窗口 3"）.start（）; // 创建线程并起名为窗口 3，开启线程
    new Thread（task，"窗口 4"）.start（）; // 创建线程并起名为窗口 4，开启线程
```

```
    }
}
// 线程的任务类
class TicketWindow implements Runnable {
private int tickets = 10; // 10 张票
@Override
public void run（）{
    while（tickets > 0）{
        try {
            Thread.sleep（10）; // 线程休眠 10 毫秒
        } catch（InterruptedException e）{
            e.printStackTrace（）;
        }
        System.out.println（Thread.currentThread（）.getName（）+ "---卖出的票"
                + tickets-- );
    }
}
}
```

执行结果

```
窗口 1---卖出的票 1
窗口 4---卖出的票 0
窗口 3---卖出的票-1
窗口 2---卖出的票-2
```

11.5.2 同步代码块

通过 11.5.1 小节的学习，了解到线程安全问题其实就是由多个线程同时处理共享资源所导致的。要想解决文件 11-10 中的线程安全问题，必须得保证下面用于处理共享资源的代码在任何时刻只能有一个线程访问。

```
while（tickets >0）{
try {
    Thread.sleep（10）;        //经过此处的线程休眠 10 毫秒
} catch（InterruptedException e）{
    e.printStackTrace（）;
}
    System.out.println（Thread.currentThread（）.getName（）+ "---卖出的票"+ tickets-- );
}
```

为了实现这种限制，Java 中提供了同步机制。当多个线程使用同一个共享资源时，可以将处理共享资源的代码放在一个使用 synchronized 关键字来修饰的代码块中，这个代码块被称作同步代码块，其语法格式如下：

```
synchronized（lock）{
操作共享资源代码块
}
```

在上面的代码中，lock 是一个锁对象，它是同步代码块的关键。当某一个线程执行同步代码块时，其他线程将无法执行当前同步代码块而发生阻塞，等当前线程执行完同步代码块后，所有的线程开始抢夺线程的执行权，抢到执行权的线程将进入同步代码块，执行其中的代码。循环往复，直到共享资源被处理完为止。这个过程就好比一个公用电话亭，只有前一个人打完电话出来后，后面的人才可以打。Synchronized 关键字后大括号{}内包含的就是需要同步操作的共享资源代码块。lock 锁对象可以是任意类型的对象，但多个线程共享的锁对象必须是相同的。锁对象的创建代码不能放到 run()方法中，否则每个线程运行到 run()方法都会创建一个新对象，这样每个线程都会有一个不同的锁。

原理：

（1）当线程执行同步代码块时，首先会检查 lock 锁对象的标志位。

（2）默认情况下标志位为 1，此时线程会执行 Synchronized 同步代码块，同时将锁对象的标志位置为 0。

（3）当一个新的线程执行到这段同步代码块时，由于锁对象的标志位为 0，新线程会发生阻塞，等待当前线程执行完同步代码块后。

（4）锁对象的标志位被置为 1，新线程才能进入同步代码块执行其中的代码，这样循环往复，直到共享资源被处理完为止。

注意：

同步方法也有锁，它的锁就是当前调用该方法的对象，就是 this 指向的对象。Java 中静态方法的锁是该方法所在类的 class 对象，该对象可以直接类名.class 的方式获取。同步代码块和同步方法解决多线程问题有好处也有弊端。同步解决了多个线程同时访问共享数据时的线程安全问题，只要加上同一个锁，在同一时间内只能有一条线程执行，但是线程在执行同步代码时每次都会判断锁的状态，非常消耗资源，效率较低。

【例 11.11】下面将文件 11-10 中售票的代码放到 synchronized 区域中，如文件 11-11 所示。

文件 11-11   Example11.java

```
package cn.cswu.chapter11.example11;

/**
 * 同步代码块
 */
public class Example11 {
public static void main（String[] args）{
    TicketWindow task = new TicketWindow（）; // 创建线程的任务类对象
    new Thread（task，"窗口 1"）.start（）; // 创建线程并起名为窗口 1，开启线程
    new Thread（task，"窗口 2"）.start（）; // 创建线程并起名为窗口 2，开启线程
```

```
        new Thread（task，"窗口 3"）.start（）; // 创建线程并起名为窗口 3，开启线程
        new Thread（task，"窗口 4"）.start（）; // 创建线程并起名为窗口 4，开启线程
    }
}


// 线程的任务类
class TicketWindow implements Runnable {
private int tickets = 10; // 10 张票
Object lock = new Object（）; // 定义任意一个对象，用作同步代码块的锁

@Override
public void run（） {
    while（true） {
        synchronized（lock） { // 定义同步代码块
            try {
                Thread.sleep（10）; // 线程休眠 10 毫秒
            } catch（InterruptedException e） {
                e.printStackTrace（）;
            }
            if（tickets > 0） {
                System.out.println（Thread.currentThread（）.getName（）
                        + "---卖出的票" + tickets--）;
            } else {
                break;
            }
        }
    }
}
}
```

执行结果

```
窗口 1---卖出的票 3
窗口 1---卖出的票 2
窗口 1---卖出的票 1
```

通过 11.5.2 小节的学习，了解到同步代码块可以有效解决线程的安全问题，当把共享资源的操作放在 synchronized 定义的区域内时，便为这些操作加了同步锁。在方法前面同样可以使用 synchronized 关键字来修饰，被修饰的方法为同步方法，它能实现和同步代码块同样的功能，具体语法格式如下：

synchronized 返回值类型方法名（[参数 1，…]）{}

被 synchronized 修饰的方法在某一时刻只允许一个线程访问，访问该方法的其他线程都会发生阻塞，直到当前线程访问完毕后，其他线程才有机会执行该方法。

【例 11.12】下面使用同步方法对文件 11-11 进行修改，如文件 11-12 所示。

文件 11-12　Example12.java

```java
package cn.cswu.chapter11.example12;
/**
 * 日期: 2020 年 03 月
 * 功能: 同步方法
 * 作者: 软件技术教研室
 */
public class Example12 {
public static void main（String[] args）{
    TicketWindow task = new TicketWindow（）; // 创建线程的任务类对象
    new Thread（task, "窗口 1"）.start（）; // 创建线程并起名为窗口 1, 开启线程
    new Thread（task, "窗口 2"）.start（）; // 创建线程并起名为窗口 2, 开启线程
    new Thread（task, "窗口 3"）.start（）; // 创建线程并起名为窗口 3, 开启线程
    new Thread（task, "窗口 4"）.start（）; // 创建线程并起名为窗口 4, 开启线程
}
}
// 线程的任务类
class TicketWindow implements Runnable {
private int tickets = 10; // 10 张票

@Override
public void run（）{
    while（true）{
        sendTicket（）;
    }
}
}
// 定义售票的方法
public synchronized void sendTicket（）{
    try {
        Thread.sleep（10）; // 线程休眠 10 毫秒
    } catch（InterruptedException e）{
        e.printStackTrace（）;
    }
    if（tickets > 0）{
        System.out.println（Thread.currentThread（）.getName（）+ "---卖出的票"
                + tickets--）;
```

```
        } else {
            System.exit ( 0 );
        }
    }
}
```

執行結果

窗口 2---卖出的票 3
窗口 2---卖出的票 2
窗口 2---卖出的票 1

11.5.3　同步锁

synchronized 同步代码块和同步方法使用一种封闭式的锁机制，使用起来非常简单，也能够解决线程同步过程中出现的线程安全问题，但也有一些限制，例如它无法中断一个正在等候获得锁的线程，也无法通过轮询得到锁，如果不想等下去，也就没法得到锁。

从 JDK 5 开始，Java 增加了一个功能更强大的 Lock 锁。Lock 锁与 synchronized 隐式锁在功能上基本相同，其最大的优势在于 Lock 锁可以让某个线程在持续获取同步锁失败后返回，不再继续等待，另外 Lock 锁在使用时也更加灵活。

ReentrantLock 类是 Lock 锁接口的实现类，也是常用的同步锁，在该同步锁中除了 lock() 方法和 unlock() 方法外，还提供了一些其他同步锁操作的方法，例如 tryLock() 方法可以判断某个线程锁是否可用。在使用 Lock 同步锁时，可以根据需要在不同代码位置灵活地上锁和解锁。为了保证所有情况下都能正常解锁以确保其他线程可以执行，通常情况下会在 finally{}代码块中调用 unlock()方法来解锁。

11.5.4　死锁问题

有这样一个场景：一个中国人和一个美国人在一起吃饭，美国人拿了中国人的筷子，中国人拿了美国人的刀叉，两个人开始争执不休：
中国人："你先给我筷子，我再给你刀叉！"
美国人："你先给我刀叉，我再给你筷子！"
……
结果可想而知，两个人都吃不到饭。这个例子中的中国人和美国人相当于不同的线程，筷子和刀叉就相当于锁。两个线程在运行时都在等待对方的锁，这样便造成了程序的停滞，这种现象称为死锁。前面已经讲过，为了保证数据安全使用 synchronized 同步机制，当线程进入堵塞状态（不可运行状态和等待状态）时，其他线程无法访问那个加锁对象（除非同步锁被解除），所以一个线程会一直处于等待另一个对象的状态，而另一个对象又会处于等待下一个对象的状态，依此类推，这个线程"等待"状态链会发生很糟糕的情形，即封闭环状态

（也就是说最后那个对象在等待第一个对象的锁）。此时，所有的线程都陷入毫无止境的等待状态中，无法继续运行，这种情况就称为"死锁"。虽然这种情况发生的概率很小，一旦出现，程序的调试会变得困难，而且查错也是一件很麻烦的事情。

避免死锁方式：

（1）加锁顺序（线程按照一定的顺序加锁）。

（2）加锁时限（线程尝试获取锁的时候加上一定的时限，超过时限则放弃对该锁的请求，并释放自己占有的锁）。

（3）死锁检测。

【例 11.13】下面通过中国人和美国人吃饭的案例来模拟死锁问题，如文件 11-13 所示。

文件 11-13　Eexample13.java

```java
package cn.cswu.chapter11.example13;
/**
 * 日期：2020 年 03 月
 * 功能：死锁
 * 作者：软件技术教研室
 */
class DeadLockThread implements Runnable {
static Object chopsticks = new Object（）;      // 定义 Object 类型的 chopsticks 锁对象
static Object knifeAndFork = new Object（）; // 定义 Object 类型的 knifeAndFork 锁对象
private boolean flag; // 定义 boolean 类型的变量 flag
DeadLockThread（boolean flag）{ // 定义有参的构造方法
    this.flag = flag;
}
public void run（）{
    if（flag）{
        while（true）{
            synchronized（chopsticks）{ // chopsticks 锁对象上的同步代码块
                System.out.println（Thread.currentThread（）.getName（）
                    + "---if---chopsticks"）;
                synchronized（knifeAndFork）{ // knifeAndFork 锁对象上的同步代码块
                System.out.println（Thread.currentThread（）.getName（）
                    + "---if---knifeAndFork"）;
                }
            }
        }
    } else {
        while（true）{
            synchronized（knifeAndFork）{ // knifeAndFork 锁对象上的同步代码块
                System.out.println（Thread.currentThread（）.getName（）
```

```
                            + "---else---knifeAndFork" );
            synchronized（chopsticks）{ // chopsticks 锁对象上的同步代码块
                    System.out.println（Thread.currentThread（）.getName（）
                            + "---else---chopsticks" );
                }
            }
        }
    }
}
}
public class Example13 {
public static void main（String[] args）{
        // 创建两个 DeadLockThread 对象
    DeadLockThread d1 = new DeadLockThread（true）;
    DeadLockThread d2 = new DeadLockThread（false）;
        // 创建并开启两个线程
    new Thread（d1，"Chinese"）.start（）; // 创建开启线程 Chinese
    new Thread（d2，"American"）.start（）; // 创建开启线程 American
}
}
```

执行结果

```
American---else---knifeAndFork
Chinese---if---chopsticks
```

11.6 多线程通信

现代社会崇尚合作精神，分工合作在日常生活和工作中无处不在。举个简单的例子，例如一条生产线的上下两个工序，它们必须以规定的速率完成各自的工作，才能保证产品在流水线中顺利流转。如果下工序过慢，会造成产品在两道工序之间的积压；如果上工序过慢，会造成下工序长时间无事可做。在多线程的程序中，上下工序可以看作两个线程，这两个线程之间需要协同完成工作，就需要线程之间进行通信。

如果想解决上述线程执行不一致的问题，就需要控制多个线程按照一定的顺序轮流执行，此时就需要让线程间进行通信，保证线程任务的协调进行。为此，Java 在 Object 类中提供了wait()、notify()、notifyAll()等方法用于解决线程间的通信问题，因为 Java 中所有类都是 Object类的子类或间接子类，因此，任何类的实例对象都可以直接使用这些方法。线程通信的常用方法如表 11-2 所示。

表 11-2　线程通信的常用方法

方法声明	功能描述
void wait()	使当前线程放弃同步锁并进入等待，直到其他线程进入此同步锁，并调用 notify()或 notifyAll()方法唤醒该线程为止
void notify()	唤醒此同步锁上等待的第一个调用 wait()方法的线程
void notifyAll()	唤醒此同步锁上调用 wait()方法的所有线程

其中 wait()方法用于使当前线程进入等待状态，notify()和 notifyAll()方法用于唤醒当前处于等待状态的线程。wait()、notify()和 notifyAll()方法的调用者都应该是同步锁对象，如果这三个方法的调用者不是同步锁对象，Java 虚拟机就会抛出 IllegalMonitorState Exception 异常。

11.7　线程池

在前面几个小节中讲解了基础的多线程实现，对于基本的任务来说是足够的，但是对于更复杂的任务来说这种频繁手动式的创建、管理线程显然是不可取的。因为线程对象使用了大量的内存，在大规模应用程序中，创建、分配和释放多线程对象会产生大量内存管理开销。为此，可以考虑使用 Java 提供的线程池来创建多线程，进一步优化线程管理。

11.7.1　Executor 接口实现线程池管理

步骤：

（1）创建一个实现 Runnable 接口或者 Callable 接口的实现类，同时重写 run()或者 call()方法。

（2）创建 Runnable 接口或者 Callable 接口的实现类对象。

（3）使用 Executors 线程执行器类创建线程池。

（4）使用 ExecutorService 执行器服务类的 submit()方法将 Runnable 接口或者 Callable 接口的实现类对象提交到线程池进行管理。

（5）线程任务执行完成后，可以使用 shutdown()方法关闭线程池。

创建线程池的方法如表 11-3 所示。

表 11-3　Executors 创建线程池的方法

方法声明	功能描述
ExecutorService newCachedThreadPool()	创建一个可扩展线程池的执行器。这个线程池执行器适用于启动许多短期任务的应用程序
ExecutorService newFixedThreadPool (int nThreads)	创建一个固定线程数量线程池的执行器。这种线程池执行器可以很好地控制多线程任务，也不会导致由于响应过多导致的程序崩溃
ExecutorServicenewSingleThreadExecutor()	在特殊需求下创建一个只执行一个任务的单个线程
ScheduledExecutorService newScheduledThreadPool (int corePoolSize)	创建一个定长线程池，支持定时及周期性任务执行

11.7.2 CompletableFuture 类实现线程池管理

在使用Callable接口实现多线程时,会用到FutureTask类对线程执行结果进行管理和获取,由于该类在获取结果时是通过阻塞或者轮询的方式,违背多线程编程的初衷且耗费过多资源。

JDK 8 中新增了一个强大的函数式异步编程辅助类 CompletableFuture,该类同时实现了 Future 接口和 CompletionStage 接口(Java8 中新增的一个线程任务完成结果接口),并对 Future 进行了强大的扩展,简化异步编程的复杂性。CompletableFuture 对象创建的四个静态方法如表 11-4 所示。

表 11-4　CompletableFuture 对象创建的四个静态方法

方法声明	功能描述
static CompletableFuture<Void> runAsync(Runnable runnable)	以 Runnable 函数式接口类型为参数,并使用 ForkJoinPool.commonPool() 作为它的线程池执行异步代码获取 CompletableFuture 计算结果为空的对象
static CompletableFuture<Void> runAsync(Runnable runnable, Executor executor)	以 Runnable 函数式接口类型为参数,并传入指定的线程池执行器 executor 来获取 Completable Future 计算结果为空的对象
static <U> CompletableFuture<U> supplyAsync(Supplier<U> supplier)	以 Supplier 函数式接口类型为参数,并使用 ForkJoinPool.commonPool() 作为它的线程池执行异步代码获取 CompletableFuture 计算结果非空的对象
static <U> CompletableFuture<U> supplyAsync(Supplier<U> supplier, Executor executor)	以 Supplier 函数式接口类型为参数,并传入指定的线程池执行器 executor 来获取 Completable Future 计算结果非空的对象

11.8　本章小结

本章主要讲解了线程的创建、线程的生命周期和状态转换、线程的调度、线程同步、线程通信以及线程池等方面的知识。通过本章的学习,读者可以对多线程技术有较为深入的了解,并对多线程的创建、调度以及同步做到熟练掌握。Java 应用程序通过多线程技术共享系统资源,线程之间的通信与协同通过简单的方法调用完成。可以说,Java 语言对多线程的支持增强了 Java 作为网络程序设计语言的优势,为实现分布式应用系统中多用户并发访问、提高服务器效率奠定了基础。多线程编程是编写大型软件必备的技术,读者应该作为重点和难点学习。这里讲解的几乎每一个知识点都是多线程的重点内容,需要认真学习和体会。

第12章 网络编程

12.1 网络通信协议

　　虽然通过计算机网络可以使多台计算机实现连接，但是位于同一个网络中的计算机在进行连接和通信时必须要遵守一定的规则，这就好比在道路中行驶的汽车一定要遵守交通规则一样。在计算机网络中，这些连接和通信的规则被称为网络通信协议，它对数据的传输格式、传输速率、传输步骤等做了统一规定，通信双方必须同时遵守才能完成数据交互。目前应用最广泛的有 TCP/IP 协议（Transmission Control Protocol/Internet Protocol，传输控制协议/因特网互联协议）、UDP 协议（User Datagram Protocol，用户数据报协议）和其他一些协议的协议组。为了减少网络编程设计的复杂性，绝大多数网络采用分层设计方法。所谓分层设计，就是按照信息的流动过程将网络的整体功能分解为一个个的功能层，不同机器上的同等功能层之间采用相同的协议，同一机器上的相邻功能层之间通过接口进行信息传递。

　　TCP/IP 协议（又称为 TCP/IP 协议簇）是一组用于实现网络互联的通信协议，其名称来源于该协议簇中的两个重要协议 TCP 协议和 IP 协议，基于 TCP/IP 协议参考模型的网络层次结构比较简单，共分为四层，如图 12.1 所示。

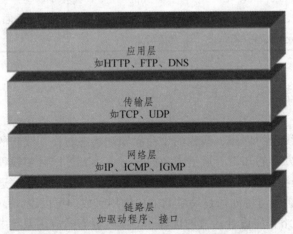

图 12.1　TCP/IP 协议的四层结构

　　TCP/IP 协议中的四层分别是链路层、网络层、传输层和应用层如图 12.1 所示。每层分别负责不同的通信功能。接下来针对这四层进行详细讲解。

　　链路层：也称为网络接口层，该层负责监视数据在主机和网络之间的交换。事实上，TCP/IP本身并未定义该层的协议，而由参与互连的各网络使用自己的物理层和数据链路层协议与TCP/IP 的网络互联层进行连接。

　　网络层：也称为网络互联层，是整个 TCP/IP 协议的核心，它主要用于将传输的数据进行分组，将分组数据发送到目标计算机或者网络。

传输层：主要使网络程序进行通信，在进行网络通信时，可以采用 TCP 协议，也可以采用 UDP 协议。

应用层：主要负责应用程序的协议，例如 HTTP 协议、FTP 协议等。

本章所需的网络编程，主要涉及的是传输层的 TCP、UDP 协议和网络层的 IP 协议，后面的小节将会具体介绍这些协议。

12.1.1　IP 地址和端口号

要想使网络中的计算机能够进行通信，必须为每台计算机指定一个标识号，通过这个标识号来指定接收数据的计算机或者发送数据的计算机。在 TCP/IP 协议中，这个标识号就是 IP 地址，它可以唯一标识一台计算机。目前，IP 地址广泛使用的版本是 IPv4，它由 4 个字节大小的二进制数来表示，如：0000 1010 0000 0000 0000 0000 0000 0001。由于二进制形式表示的 IP 地址非常不便于记忆和处理，因此通常会将 IP 地址写成十进制的形式，每个字节用一个十进制数字（0~255）表示，数字间用符号"."分开，如"10.0.0.1"。

随着计算机网络规模的不断扩大，对 IP 地址的需求也越来越多，IPv4 这种用 4 个字节表示的 IP 地址将面临使用枯竭的局面。为解决此问题，IPv6 便应运而生。IPv6 使用 16 个字节表示 IP 地址，它所拥有的地址容量约是 IPv4 的 8×10^{28} 倍，达到 2^{128} 个（算上全零的），这样就解决了网络地址资源数量不足的问题。

IP 地址由两部分组成，即"网络.主机"的形式，其中网络部分表示其属于互联网的哪一个网络，是网络的地址编码，主机部分表示其属于该网络中的哪一台主机，是网络中一个主机的地址编码，二者是主从关系。IP 地址总共分为 5 类，常用的有 3 类，介绍如下。

A 类地址：由第一段的网络地址和其余三段的主机地址组成，范围是 1.0.0.0 到 127.255.255.255。

B 类地址：由前两段的网络地址和其余两段的主机地址组成，范围是 128.0.0.0 到 191.255.255.255。

C 类地址：由前三段的网络地址和最后一段的主机地址组成，范围是 192.0.0.0 到 223.255.255.255。

D 类地址：用于多点广播（Multicast），是一个专门保留的地址，并不指向特定的网络。

E 类地址：以"11110"开始，为将来使用保留。

另外，还有一个回送地址 127.0.0.1，指本机地址，该地址一般用来测试使用，例如：ping 127.0.0.1 可来测试本机 TCP/IP 是否正常。

通过 IP 地址可以连接到指定计算机，但如果想访问目标计算机中的某个应用程序，还需要指定端口号。在计算机中，不同的应用程序是通过端口号区分的。端口号是用两个字节（16 位的二进制数）表示的，它的取值范围是 0~65535，其中，0~1023 之间的端口号由操作系统的网络服务所占用，用户的普通应用程序需要使用 1024 以上的端口号，从而避免端口号被另外一个应用或服务所占用。

接下来通过一个图例来描述 IP 地址和端口号的作用，如图 12.2 所示。

从图 12.2 中可以清楚地看到，位于网络中的一台计算机可以通过 IP 地址去访问另一台计算机，并通过端口号访问目标计算机中的某个应用程序。

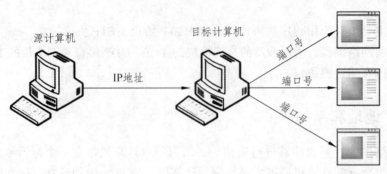

图 12.2　IP 地址和端口号的关系

12.1.2　InetAddress

在 JDK 中，提供了一个与 IP 地址相关的 InetAddress 类，该类用于封装一个 IP 地址，并提供了一系列与 IP 地址相关的方法。表 12-2 列举了 InetAddress 的五种常用方法。其中，前两种方法用于获得该类的实例对象，第一种方法用于获得表示指定主机的 InetAddress 对象，第二种方法用于获得表示本地的 InetAddress 对象。通过 InetAddress 对象便可获取指定主机名、IP 地址等。

表 12-1　InetAddress 类的常用方法

方法声明	功能描述
InetAddress getByName（String host）	参数 host 表示指定的主机，该方法用于在给定主机名的情况下确定主机的 IP 地址
InetAddress getLocalHost（）	创建一个表示本地主机的 InetAddress 对象
String getHostName（）	得到 IP 地址的主机名，如果是本机则是计算机名，不是本机则是主机名，如果没有域名则是 IP 地址
boolean isReachable（int timeout）	判断指定的时间内地址是否可以到达
String getHostAddress（）	得到字符串格式的原始 IP 地址

【例 12.1】下面通过一个案例来演示 InetAddress 常用方法的使用。如文件 12-1 所示。

文件 12-1　Example01.java

```
package cn.cswu.chapter12.example01;
importJava.net.InetAddress;
/**
 * 日期：2020 年 03 月
 * 功能：InetAddress 的常用方法
 * 作者：软件技术教研室
 */
public class Example01 {
```

```
public static void main(String[] args) throws Exception {
    InetAddress localAddress = InetAddress.getLocalHost();
    InetAddress remoteAddress = InetAddress.getByName("www.cswu.cn");
    System.out.println("本机的 IP 地址： " + localAddress.getHostAddress());
    System.out.println("cswu 的 IP 地址： " + remoteAddress.getHostAddress());
    System.out.println("3 秒是否可达： " + remoteAddress.isReachable(3000));
    System.out.println("cswu 的主机名为： " + remoteAddress.getHostName());
}
}
```

执行结果

本机的 IP 地址：192.168.0.106
cswu 的 IP 地址：113.204.166.30
3 秒是否可达：false
cswu 的主机名为：www.cswu.cn

从运行结果可以看出 InetAddress 类每个方法的作用。需要注意的是，getHostName（）
方法用于得到某个主机的域名，如果创建的 InetAddress 对象是用主机名创建的，则将该主
机名返回，否则将根据 IP 地址反向查找对应的主机名，如果找到将其返回，否则返回 IP
地址。

12.1.3　UDP 与 TCP 协议

在介绍 TCP/IP 结构时，不得不提到传输层的两个重要的高级协议，分别是 UDP 和 TCP。
其中 UDP 是 User Datagram Protocol 的简称，称为用户数据报协议；TCP 是 Transmission Control
Protocol 的简称，称为传输控制协议。

UDP 是无连接通信协议，即在数据传输时，数据的发送端和接收端不建立逻辑连接。简
单来说，当一台计算机向另外一台计算机发送数据时，发送端不会确认接收端是否存在，就
会发出数据，同样接收端在收到数据时，也不会向发送端反馈是否收到数据。由于使用 UDP
协议消耗资源小，通信效率高，所以通常都会用于音频、视频和普通数据的传输。例如视频
会议使用 UDP 协议，因为这种情况即使偶尔丢失一两个数据包，也不会对接收结果产生太大
影响。但是在使用 UDP 协议传送数据时，由于 UDP 的面向无连接性，不能保证数据的完整
性，因此在传输重要数据时不建议使用 UDP 协议。UDP 的交换过程如图 12.3 所示。

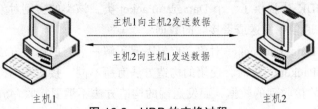

图 12.3　UDP 的交换过程

TCP 协议是面向连接的通信协议，即在传输数据前先在发送端和接收端建立逻辑连接，然后再传输数据，它提供了两台计算机之间可靠无差错的数据传输。在 TCP 连接中必须要明确客户端与服务器端，由客户端向服务器端发出连接请求，每次连接的创建都需要经过"三次握手"。第一次握手，客户端向服务器端发出连接请求，等待服务器确认；第二次握手，服务器端向客户端回送一个响应，通知客户端收到了连接请求；第三次握手，客户端再次向服务器端发送确认信息，确认连接。TCP 连接的整个交互过程如图 12.4 所示。

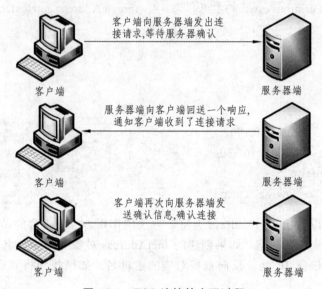

图 12.4　TCP 连接的交互过程

由于 TCP 协议的面向连接特性，它可以保证传输数据的安全性，所以是一个被广泛采用的协议，例如在下载文件时，如果数据接收不完整，将会导致文件数据丢失而不能被打开，因此，下载文件时必须采用 TCP 协议。

12.2　UDP 通信

12.2.1　DatagramPacket

前面介绍了 UDP 是一种面向无连接的协议，因此，在通信时发送端和接收端不用建立连接。UDP 通信的过程就像是货运公司在两个码头间发送货物一样，在码头发送和接收货物时都需要使用集装箱来装载货物。UDP 通信也是一样，发送和接收的数据也需要使用"集装箱"进行打包，为此，JDK 中提供了一个 DatagramPacket 类，该类的实例对象就相当于一个集装箱，用于封装 UDP 通信中发送或者接收的数据。

想要创建一个 DatagramPacket 对象，首先需要了解一下它的构造方法。在创建发送端和接收端的 DatagramPacket 对象时，使用的构造方法有所不同，接收端的构造方法只需要接收一个字节数组来存放接收到的数据，而发送端的构造方法不但要接收存放了发送数据的字节数组，还需要指定发送端 IP 地址和端口号。接下来根据 API 文档的内容，对 DatagramPacket

的构造方法进行详细讲解。

（1）构造方法一：DatagramPacket（byte[] buf，int length）。

使用该构造方法在创建 DatagramPacket 对象时，指定了封装数据的字节数组和数据的大小，没有指定 IP 地址和端口号。很明显，这样的对象只能用于接收端，不能用于发送端。因为发送端一定要明确指出数据的目的地（IP 地址和端口号），而接收端不需要明确知道数据的来源，只需要接收到数据即可。

（2）构造方法二：DatagramPacket（byte[] buf，int length，InetAddress addr，int port）。

使用该构造方法在创建 DatagramPacket 对象时，不仅指定了封装数据的字节数组和数据的大小，还指定了数据包的目标 IP 地址（addr）和端口号（port）。该对象通常用于发送端，因为在发送数据时必须指定接收端的 IP 地址和端口号，就好像发送货物的集装箱上面必须标明接收人的地址一样。

（3）构造方法三：DatagramPacket（byte[] buf，int offset，int length）。

该构造方法与第一种构造方法类似，同样用于接收端，只不过在第一种构造方法的基础上，增加了一个 offset 参数，该参数用于指定接收到的数据，在放入 buf 缓冲数组时是从 offset 处开始的。

（4）构造方法四：DatagramPacket（byte[] buf，int offset，int length，InetAddress addr，int port）。

该构造方法与第二种构造方法类似，同样用于发送端，只不过在第二种构造方法的基础上，增加了一个 offset 参数，该参数用于指定一个数组中发送数据的偏移量为 offset，即从 offset 位置开始发送数据。

接下来对 DatagramPacket 类中的常用方法进行详细讲解。表 12-2 列举了 DatagramPacket 类的四种常用方法及其功能，通过这四种方法，可以得到发送或者接收到的 DatagramPacket 数据包中的信息。

表 12-2　DatagramPacket 类的常用方法

方法声明	功能描述
InetAddress getAddress（）	用于返回发动端或者接收端的 IP 地址，如果是发送端的 DatagramPacket 对象，就返回接收端的 IP 地址，反之，就返回发送端的 IP 地址
int getPort（）	用于返回发动端或者接收端的端口号，如果是发送端的 DatagramPacket 对象，就返回接收端的端口号，反之，就返回发送端的端口号
byte[] getData（）	用于返回将要接收或者将要发送的数据，如果是发送端的 DatagramPacket 对象，就返回将要发送的数据，反之，就返回接收到的数据
int getLength（）	用于返回接收或者将要发送的数据的长度，如果是发送端的 DatagramPacket 对象，就返回将要发送的数据长度，反之，就返回接收到数据的长度

12.2.2　DatagramSocket

上一小节讲到 DatagramPacket 数据包的作用就如同是"集装箱"，可以将发送端或者接收端的数据封装起来，然而运输货物只有"集装箱"是不够的，还需要有"码头"。同理，在程序中，要实现通信只有 DatagramPacket 数据包也是不行的，它还需要一个"码头"。为此，JDK 提供了一个 DatagramSocket 类，该类的作用就类似于"码头"，使用这个类的实例对象就可以发送和接收 DatagramPacket 数据包。发送数据的过程如图 12.5 所示。

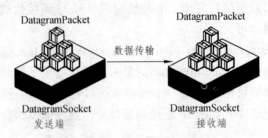

图 12.5　发送数据的过程

在创建发送端和接收端的 DatagramSocket 对象时，使用的构造方法也有所不同。下面对 DatagramSocket 类中常用的构造方法进行讲解。

（1）构造方法一：DatagramSocket（ ）。

该构造方法用于创建发送端的 DatagramSocket 对象，在创建 DatagramSocket 对象时，并没有指定端口号，此时系统会分配一个没有被其他网络程序所使用的端口号。

（2）构造方法二：DatagramSocket（int port）。

该构造方法既可用于创建接收端的 DatagramSocket 对象，又可以创建发送端的 DatagramSocket 对象，在创建接收端的 DatagramSocket 对象时，必须要指定一个端口号，这样就可以监听指定的端口。

（3）构造方法三：DatagramSocket（int port，InetAddress addr）。

使用该构造方法在创建 DatagramSocket 对象时，不仅指定了端口号，还指定了相关的 IP 地址。该对象的使用适用于计算机上有多块网卡的情况，在使用时可以明确规定数据通过哪块网卡向外发送和接收哪块网卡的数据。由于计算机中针对不同的网卡会分配不同的 IP，因此在创建 DatagramSocket 对象时，需要通过指定 IP 地址来确定使用哪块网卡进行通信。

接下来对 DatagramSocket 类中的常用方法进行详细讲解，如表 12-3 所示。

表 12-3　DatagramSocket 类的常用方法

方法声明	功能描述
void receive（DatagramPacket p）	用于将接收到的数据填充到 DatagramSocket 数据包中，在接收到数据之前会一直处于阻塞状态，只有当接收到数据包时，该方法才会返回
void send（DatagramPacket p）	用于发送 DatagramSocket 数据包，发送的数据包中包含将要发送的数据、数据的长度、远程主机的 IP 地址和端口号
void close（ ）	关闭当前的 Socket，通知驱动程序释放为这个 Socket 保留的资源

表 12-3 中，针对 DatagramSocket 类中的常用方法及其功能进行了介绍。其中前两种方法可以完成数据的发送或者接收的功能。

12.2.3 UDP 网络程序

【例 12.2】通过一个案例来学习一下 DatagramPacket 和 DatagramSocket 在程序中接收端的具体用法，如文件 12-2 所示。

文件 12-2　Example02.java

```java
package cn.cswu.chapter12.example02;
importJava.net.*;
/**
 * 日期：2020 年 03 月
 * 功能：接收端
 * 作者：软件技术教研室
 */
public class Receiver {
public static void main（String[] args）throws Exception {
    byte[] buf = new byte[1024]; // 创建一个长度为 1024 的字节数组，用于接收数据
    // 定义一个 DatagramSocket 对象，监听的端口号为 8954
    DatagramSocket ds = new DatagramSocket（8954）;
    // 定义一个 DatagramPacket 对象，用于接收数据
    DatagramPacket dp = new DatagramPacket（buf, buf.length）;
    System.out.println（"等待接收数据"）;
    ds.receive（dp）; // 等待接收数据，如果没有数据则会阻塞
    // 调用 DatagramPacket 的方法获得接收到的信息，包括数据的内容、长度、发送的
IP 地址和端口号
    String str = new String（dp.getData（）, 0, dp.getLength（））+ " from "
            + dp.getAddress（）.getHostAddress（）+ ": " + dp.getPort（）;
    System.out.println（str）; // 打印接收到的信息
    ds.close（）; // 释放资源
    }
    }
```

【例 12.3】通过一个案例来学习一下 DatagramPacket 和 DatagramSocket 在程序中发送端的具体用法，如文件 12-3 所示。

文件 12-3　Example03.java

```java
package cn.cswu.chapter12.example03;
importJava.net.*;
/**
 * 日期：2020 年 03 月
 * 功能：发送端
 * 作者：软件技术教研室
```

```
    */
    public class Sender {
    public static void main ( String[] args ) throws Exception {
        // 创建一个 DatagramSocket 对象
        DatagramSocket ds = new DatagramSocket ( 3000 );
        String str = "hello world"; // 要发送的数据
        byte[] arr = str.getBytes (  );          // 将定义的字符串转为字节数组
        /*
         * 创建一个要发送的数据包，数据包包括发送的数据，数据的长度，接收端的 IP
地址以及端口号
         */
        DatagramPacket dp = new DatagramPacket ( arr,  arr.length,
                InetAddress.getByName ( "localhost" ),  8954 );
        System.out.println ( "发送信息" );
        ds.send ( dp ); // 发送数据
        ds.close (  ); // 释放资源
    }
    }
```

执行结果

需要注意的是，运行文件 Receiver.java 有时会出现一种异常，如下所示：

```
Exception in thread "main" Java.net.BindExcption：Address already in use：Cannot bind
    atJava.net.DualStackPlainDatagramSocketImpl.socketBind ( Native Method )
    atJava.net.DualStackPlainDatagramSocketImpl.bind0
( DualStackPlainDatagramSocketImpl.java：95 )
    atJava.net.AbstractPlainDatagramSocketImpl.bind
( AbstractPlainDatagramSocketImpl.java：95 )
    atJava.net.DatagramSocket.bind ( DatagramSocket.java：376 )
    atJava.net.DatagramSocket.<init> ( DatagramSocket.java：231 )
    atJava.net.DatagramSocket.<init> ( DatagramSocket.java：284 )
    atJava.net.DatagramSocket.<init> ( DatagramSocket.java：256 )
    at cn.itcast.charpter10.udp.Receiver.main ( Receiver.java：12 )
```

出现如上所示的情况，是因为在一台计算机中，一个端口号上只能运行一个程序，而编写的 UDP 程序所使用的端口号已经被其他的程序占用。遇到这种情况时，可以在命令行窗口输入"netstat -anb"命令来查看当前计算机端口占用情况，运行结果如图 12.5 所示。

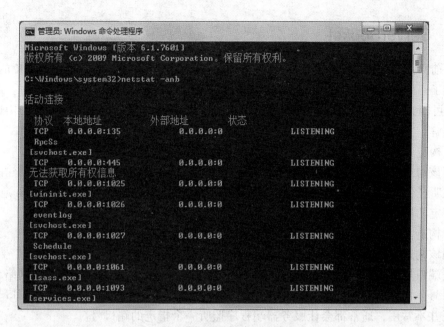

图 12.5　计算机端口占用情况

　　上面显示了所有正在运行的应用程序及它们所占用的端口号。想要解决端口号占用的问题，只需关掉占用端口号的应用程序或者使用一个未被占用的端口号重新运行即可。

12.3　TCP 通信

　　上一节讲解了如何实现 UDP 通信，本节将学习在程序中如何实现 TCP 通信。

　　TCP 通信同 UDP 通信一样，也能实现两台计算机之间的通信，但 TCP 通信的两端需要创建 socket 对象。UDP 通信与 TCP 通信的区别在于：UDP 中只有发送端和接收端，不区分客户端与服务器端，计算机之间可以任意地发送数据；而 TCP 通信是严格区分客户端与服务器端的，在通信时，必须先由客户端去连接服务器端才能实现通信，服务器端不可以主动连接客户端，并且服务器端程序需要事先启动，等待客户端的连接。

　　在 JDK 中提供了两个用于实现 TCP 程序的类：一个是 ServerSocket 类，用于表示服务器端；另一个是 Socket 类，用于表示客户端。通信时，首先要创建代表服务器端的 ServerSocket 对象，创建该对象相当于开启一个服务，此服务会等待客户端的连接；然后创建代表客户端的 Socket 对象，使用该对象向服务器端发出连接请求，服务器端响应请求后，两者才建立连接，开始通信。整个通信过程如图 12.6 所示。

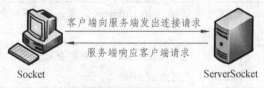

客户端向服务端发出连接请求

服务端响应客户端请求

Socket　　　　　　　　　　　　　ServerSocket

图 12.6　通信过程

下面将针对 ServerSocket 和 Socket 进行详细讲解。

12.3.1　ServerSocket

通过前面的学习可知，在开发 TCP 程序时，首先需要创建服务器端程序。JDK 的 java.net 包中提供了一个 ServerSocket 类，该类的实例对象可以实现一个服务器端的程序。通过查阅 API 文档可知，ServerSocket 类提供了多种构造方法。接下来就对 ServerSocket 的构造方法进行逐一讲解。

（1）构造方法一：ServerSocket（ ）。

使用该构造方法在创建 ServerSocket 对象时并没有绑定端口号,这样的对象创建的服务器端没有监听任何端口，不能直接使用，需要继续调用 bind（SocketAddress endpoint）方法将其绑定到指定的端口号上，才可以正常使用。

（2）构造方法二：ServerSocket（int port）。

使用该构造方法在创建 ServerSocket 对象时，可以将其绑定到一个指定的端口号上（参数 port 就是端口号）。端口号可以指定为 0，此时系统就会分配一个还没有被其他网络程序所使用的端口号。由于客户端需要根据指定的端口号来访问服务器端程序，因此，端口号随机分配的情况并不常用，通常都会让服务器端程序监听一个指定的端口号。

（3）构造方法三：ServerSocket（int port，int backlog）。

该构造方法就是在第二个构造方法的基础上，增加了一个 backlog 参数。该参数用于指定在服务器忙时，可以与之保持连接请求的等待客户数量，如果没有指定这个参数，默认为 50。

（4）构造方法四：ServerSocket（int port，int backlog，InetAddress bindAddr）。

该构造方法就是在第三个构造方法的基础上，增加了一个 bindAddr 参数，该参数用于指定相关的 IP 地址。该构造方法的使用适用于计算机上有多块网卡和多个 IP 的情况，使用时可以明确规定 ServerSocket 在哪块网卡或 IP 地址上等待客户的连接请求。显然，对于一般只有一块网卡的情况，就不用专门的指定了。

在以上介绍的构造方法中,第二种构造方法是最常使用的。接下来学习 ServerSocket 的常用方法，如表 12-4 所示。

ServerSocket 对象负责监听某台计算机的某个端口号，在创建 ServerSocket 对象后，需要继续调用该对象的 accept（ ）方法，接收来自客户端的请求。当执行了 accept（ ）方法之后，服务器端程序会发生阻塞，直到客户端发出连接请求时，accept（ ）方法才会返回一个 Socket 对象用于和客户端实现通信，程序才能继续向下执行。

表 12-4　ServerSocket 的常用方法

方法声明	功能描述
Socket accept（ ）	用于等待客户端的连接，在客户端连接之前会一直处于阻塞状态，如果有客户端连接，就会返回一个与之对应的 Socket 对象
InetAddress getInetAddress（ ）	用于返回一个 InetAddress 对象，该对象中封装了 ServerSocket 绑定的 IP 地址
boolean isClosed	用于判断 ServerSocket 对象是否为关闭状态，如果是关闭状态则返回 true，反之则返回 false
void bind（SocketAddress endpoint）	用于将 ServerSocket 对象绑定到指定的 IP 地址和端口号，其中参数 endpoint 封装了 IP 地址和端口号

12.3.2　Socket

上一小节讲解了 ServerSocket 对象，它可以实现服务端程序，但只实现服务器端程序还不能完成通信，此时还需要一个客户端程序与之交互，为此 JDK 提供了一个 Socket 类，用于实现 TCP 客户端程序。通过查阅 API 文档可知，Socket 类同样提供了多种构造方法。接下来就对 Socket 的常用构造方法进行详细讲解。

（1）构造方法一：Socket（）。

使用该构造方法在创建 Socket 对象时，并没有指定 IP 地址和端口号，也就意味着只创建了客户端对象，并没有去连接任何服务器。通过该构造方法创建对象后还需调用 connect（SocketAddress endpoint）方法，才能完成与指定服务器端的连接，其中参数 endpoint 用于封装 IP 地址和端口号。

（2）构造方法二：Socket（String host，int port）。

使用该构造方法在创建 Socket 对象时，会根据参数去连接在指定地址和端口上运行的服务器程序，其中参数 host 接收的是一个字符串类型的 IP 地址。

（3）构造方法三：Socket（InetAddress address，int port）。

该构造方法在使用上与第二种构造方法类似，参数 address 用于接收一个 InetAddress 类型的对象，该对象用于封装一个 IP 地址。

在以上 Socket 的构造方法中，最常用的是第一种构造方法。接下来学习 Socket 的常用方法，如表 12-5 所示。

表 12-5　Socket 的常用方法

方法声明	功能描述
int getPort（）	返回一个 int 类型的对象，该对象是 Socket 对象与服务器端连接的端口号
InetAddress getLocalAddress（）	用于获取 Socket 对象绑定的本地 IP 地址，并将 IP 地址封装成 InetAddress 类型的对象返回
void close（）	用于关闭 Socket 连接，结束本次通信。在关闭 Socket 之前，应将与 Socket 相关的所有的输入输出流全部关闭，这是因为一个良好的程序应该在执行完毕时释放所有的资源
InputStream getInputStream（）	返回一个 InputStream 类型的输入流对象，如果该对象是由服务器端的 Socket 返回，就用于读取客户端发送的数据，反之，用于读取服务器端发送的数据
OutputStream getOutputStream（）	返回一个 OutputStream 类型的输出流对象，如果该对象是由服务器端的 Socket 返回，就用于向客户端发送数据；反之，用于向服务器端发送数据

表 12-5 中列举了 Socket 类的常用方法，其中 getInputStream（）和 getOutputStream（）方法分别用于获取输入流和输出流。当客户端和服务端建立连接后，数据是以 IO 流的形式进行交互的，从而实现通信。接下来通过图 12.7 来描述服务器端和客户端的数据传输。

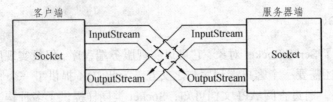

图 12.7　服务器端和客户端的数据传输

【例 12.4】下面通过一个 TCP 通信的案例来进一步学习 TCPServer 对象类的用法，并调用 listen（）方法。如文件 12-4 所示。

文件 12-4　Example04.java

```java
package cn.cswu.chapter12.example04;
importJava.io.*;
importJava.net.*;
public class Server {
public static void main（String[] args）throws Exception {
    new TCPServer（）.listen（）; // 创建 TCPServer 对象，并调用 listen（）方法
}
}
// TCP 服务端
class TCPServer {
private static final int PORT = 7788; // 定义一个端口号
public void listen（）throws Exception {// 定义一个 listen（）方法，抛出一个异常
    ServerSocket serverSocket = new ServerSocket（PORT）; // 创建 ServerSocket 对象
    Socket client = serverSocket.accept（）; // 调用 ServerSocket 的 accept（）方法接收数据
    OutputStream os = client.getOutputStream（）; // 获取客户端的输出流
    System.out.println（"开始与客户端交互数据"）;
    os.write（（"重庆城市管理职业学院欢迎你！"）.getBytes（））; // 当客户端连接到服
务端时，向客户端输出数据
    Thread.sleep（5000）; // 模拟执行其他功能占用的时间
    System.out.println（"结束与客户端交互数据"）;
    os.close（）;
    client.close（）;
}
}
```

【例 12.5】下面通过一个 TCP 通信的案例来进一步学习 TCPClient 对象，并调用 connect（）的用法。如文件 12-5 所示。

文件 12-5　Example05.java

```java
package cn.cswu.chapter12.example05;
importJava.io.*;
```

```
importJava.net.*;
public class Client {
public static void main（String[] args）throws Exception {
    new TCPClient（）.connect（）; // 创建 TCPClient 对象，并调用 connect（）方法
}
}
// TCP 客户端
class TCPClient {
private static final int PORT = 7788; // 服务端的端口号
public void connect（）throws Exception {
    // 创建一个 Socket 并连接到给出地址和端口号的计算机
    Socket client = new Socket（InetAddress.getLocalHost（），PORT）;
    InputStream is = client.getInputStream（）; // 得到接收数据的流
    byte[] buf = new byte[1024]; // 定义 1024 个字节数组的缓冲区
    int len = is.read（buf）; // 将数据读到缓冲区中
    System.out.println（new String（buf，0，len））; // 将缓冲区中的数据输出
    client.close（）; // 关闭 Socket 对象，释放资源
}
}
```

12.3.3 多线程的 TCP 网络程序

在上一节的案例中，分别实现了服务器端程序和客户端程序，当一个客户端程序请求服务器端时，服务器端就会结束阻塞状态，完成程序的运行。实际上，很多服务器端程序都是允许被多个应用程序访问的，例如，门户网站可以被多个用户同时访问，因此服务器都是多线程的。下面就通过一个图例来表示多个用户访问同一个服务器，如图 12.8 所示。

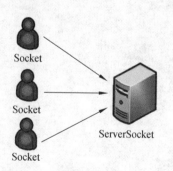

图 12.7 多个用户访问同一个服务器

图 12.8 中，代表的是多个客户端访问同一个服务器端，服务器端为每个客户端创建一个对应的 Socket，并且开启一个新的线程使两个 Socket 建立专线进行通信。

12.4　本章小结

　　本章讲解了 Java 网络编程的相关知识。首先简要介绍了网络通信协议的相关知识；然后着重介绍了与 UDP 网络编程相关的 DatagramSocket、DatagramPacket 类，并以任务的形式说明了如何通过 UDP 的相关知识来实现聊天程序；接下来讲解了 TCP 网络编程中相关的 ServerSocket、Socket 类；最后使用文件上传的任务来巩固所学知识。通过对本章的学习，读者能够了解网络编程相关的知识，并能够掌握 UDP 网络程序和 TCP 网络程序的编写。

参考文献

[1]　眭碧霞. Java 程序设计项目教程[M]. 北京：高等教育出版社, 2015.

[2]　孙莉娜. Java 语言程序设计[M]. 北京：清华大学出版社, 2017.

[3]　黑马程序员. Java 基础案例教程[M]. 北京：人民邮电出版社, 2017.

[4]　丁永卫. Java 程序设计实例与操作[M]. 北京：航空工业出版社, 2017.

[5]　宗哲玲. Java 项目开发实训教程[M]. 北京：清华大学出版社, 2018.

[6]　郑哲. Java 程序设计项目化教程[M]. 北京：机械工业出版社, 2016.

[7]　臧萌. Java 入门 123[M]. 北京：清华大学出版社, 2015.

[8]　郑莉. Java 程序设计案例教程[M]. 北京：清华大学出版社, 2014.

[9]　刘志宏. Java 程序设计教程[M]. 北京：航空工业出版社, 2018.